现代数学基础丛书 165

散乱数据拟合的模型、方法和理论

（第二版）

吴宗敏 著

科学出版社
北京

内容简介

本书是应用数学与计算数学中有关曲面及多元函数插值、逼近、拟合的入门书籍，从多种物理背景、原理出发，导出相应的散乱数据拟合的数学模型及计算方法，进而逐个进行深入的理论分析.书中介绍了多元散乱数据拟合的一般方法，包括多元散乱数据多项式插值、基于三角剖分的插值方法、Boole 和与 Coons 曲面、Sibson 方法或自然邻近法、Shepard 方法、Kriging 方法、薄板样条方法、MQ 拟插值法、径向基函数方法、运动最小二乘法、隐函数样条方法、R 函数法等. 同时还特别介绍了近年来国际上越来越热并在无网格微分方程数值解方面有诸多应用的径向基函数方法及其相关理论.

本书可供应用数学与计算数学专业的研究生阅读，也可作为水文地质、预测预报、模式识别、统计学习等工程技术领域科技人员的参考用书.

图书在版编目（CIP）数据

散乱数据拟合的模型、方法和理论/吴宗敏著. —2 版. —北京：科学出版社，2016

(现代数学基础丛书)

ISBN 978-7-03-048902-9

I. ①散… II. ①吴… III. ①数据—拟合—计算方法 IV. ①O241.5

中国版本图书馆 CIP 数据核字 (2016) 第 136490 号

责任编辑：李静科 赵彦超／责任校对：彭 涛
责任印制：张 伟／封面设计：陈 敬

科学出版社出版
北京东黄城根北街 16 号
邮政编码：100717
http://www.sciencep.com

北京教图印刷有限公司 印刷

科学出版社发行 各地新华书店经销

*

2007 年 1 月第 一 版 开本：B5(720×1000)
2016 年 6 月第 二 版 印张：12
2018 年 1 月第三次印刷 字数：227 000

定价：68.00 元

(如有印装质量问题，我社负责调换)

《现代数学基础丛书》序

对于数学研究与培养青年数学人才而言, 书籍与期刊起着特殊重要的作用. 许多成就卓越的数学家在青年时代都曾钻研或参考过一些优秀书籍, 从中汲取营养, 获得教益.

20 世纪 70 年代后期, 我国的数学研究与数学书刊的出版由于文化大革命的浩劫已经破坏与中断了 10 余年, 而在这期间国际上数学研究却在迅猛地发展着. 1978 年以后, 我国青年学子重新获得了学习、钻研与深造的机会. 当时他们的参考书籍大多还是 50 年代甚至更早期的著述. 据此, 科学出版社陆续推出了多套数学丛书, 其中《纯粹数学与应用数学专著》丛书与《现代数学基础丛书》更为突出, 前者出版约 40 卷, 后者则逾 80 卷. 它们质量甚高, 影响颇大, 对我国数学研究、交流与人才培养发挥了显著效用.

《现代数学基础丛书》的宗旨是面向大学数学专业的高年级学生、研究生以及青年学者, 针对一些重要的数学领域与研究方向, 作较系统的介绍. 既注意该领域的基础知识, 又反映其新发展, 力求深入浅出, 简明扼要, 注重创新.

近年来, 数学在各门科学、高新技术、经济、管理等方面取得了更加广泛与深入的应用, 还形成了一些交叉学科. 我们希望这套丛书的内容由基础数学拓展到应用数学、计算数学以及数学交叉学科的各个领域.

这套丛书得到了许多数学家长期的大力支持, 编辑人员也为其付出了艰辛的劳动. 它获得了广大读者的喜爱. 我们诚挚地希望大家更加关心与支持它的发展, 使它越办越好, 为我国数学研究与教育水平的进一步提高做出贡献.

杨 乐

2003 年 8 月

第二版前言

本书第一版于 2007 年 1 月出版，主要介绍基于各种几何及物理模型的散乱数据拟合方法及背后的数学原理、函数空间分析以及在微分方程数值解中的应用，特别地利用 Hermit-Birkhoff 插值方法进行微分方程数值解，更具备微分方程数值化的本质意义.

第二版主要增加了利用 MQ 拟插值进行高阶的数值求导，主要为 3.8 节与 3.9 节，其中介绍了方法的引入、误差估计及稳定性分析. 理论与数值结果都显示了这是一种比差分更加稳定的数值求导方法，并且可以在低有效位的计算软件或计算机上实现高精度的计算.

吴宗敏

2016 年 6 月

第一版前言

数学, 特别是应用数学的任务有两个: 一个是自然现象或事件的规律性数学描述, 在应用数学上表现为数学模型的建立; 另一个是自然现象或事件的计量性数学描述, 就是要具体地得到上述方程的解或数值解.

前者从一些自然规律出发, 进行数学抽象, 得到某些自然现象之间满足的一些数学关系式, 这些关系式一般是一些代数方程式或者微分方程式, 然后对这些方程式进行变形演化得到另一些方程式, 用来解释自然现象服从某种导出的新的规律, 探索未知的自然规律; 或者从方程的形式出发研究方程解的渐近行为, 从解的存在性和形态性质来解释自然现象的存在性、形态及性质. 后者希望定量地描述自然现象或事件发生的状况, 或者估计某种自然现象发生的可能性大小, 从而比较确切且定量地描述自然现象.

Roussell 曾经说过这样的话: "描述自然的问题最后一般都归结为逼近问题." 事实上, 在导出数学模型时, 人们必然地抓住那些重要的影响因子, 忽略 (或有意排除) 那些不重要的影响因子. 这是数学模型对自然现象所满足的实际数学关系的逼近 (用数学语言来说这是算子逼近). 在诸如生物、生命科学问题中, 有些过程是不可能用简单的数学方程描述的, 称之为盲模块或黑匣子, 对这样的问题, 只能用纯数学的方法进行算子逼近.

有了数学模型或方程之后, 解方程时, 如果不能得到方程的显式解, 或者显式解的数学表达式非常复杂, 一般 (不得不) 采用数值解方法, 这是利用数值解对方程理论 (真实) 解的逼近.

在众多实际问题中, 精确的数值解往往是很难得到的, 而且也可能没有实际意义. 有时获得的求解方程的信息本身就是不完全的, 这时就希望找到一个容易计算而又能比较合理地表现真实解的方法. 有时可以得到精确解, 但是获得精确解所要花费的时间或费用太大, 这时一般采用具有较高精确度而且更容易获得的数值解来模拟精确解, 这也就是对解函数用简单的函数进行模拟、拟合、逼近的背景. 在所有这类逼近问题中, 最简单的是函数的插值与逼近问题 (数学模型的建立可以看成是基于函数逼近的算子逼近问题, 一个更加抽象空间的逼近问题), 而反过来函数的插值与逼近问题也是这类相关问题 (包括算子逼近) 的基础.

本书主要讨论与多元散乱数据有关的插值和逼近问题, 进而讨论多元散乱数据插值或逼近在微分方程数值解的应用. 本书从问题的来源讲起, 将介绍多种散乱数据插值的模型. 每一种模型的导出都采用这样章节安排, 首先从某种自然现象的物理规律出发, 找出某种关系, 建立一种数学模型, 然后从这个数学模型导出一种散乱数据插值的计算方法, 最后对这种插值算法的数学性质进行讨论. 对多元散乱数据计算机拟合算法感兴趣的工程应用人员, 可以只阅读算法的导出与计算公式的描述部分 (一般是每章的开始两节), 从而就可以利用这些公式为应用服务. 另一方面, 本书也可以作为研究生教材. 为了让读者能够进入有关问题的研究, 我们在介绍了一种模型及计算方法以后要对这个方法进行深入的理论探讨, 使读者对该方法的理论有比较深刻的了解, 从而可以进行深入的理论研究, 而其余的几节会进一步讨论该方法的数学性质. 在本书的最后部分我们还介绍了函数逼近或插值方法在微分方程数值解中的应用, 特别介绍一些不同于其他微分方程数值解方法书籍中的被称为无网格方法的新方法. 所以本书既可以作为这方面科技应用人员运用这些方法编程的参考书, 也可以作为该方面研究的入门教材.

作者感谢中国科学院科学出版基金、上海市教育委员会科技出版基金的资助.

吴宗敏

2006 年 6 月

目　录

《现代数学基础丛书》序
第二版前言
第一版前言
第 1 章　多元散乱数据拟合与多项式插值……1
§1.1　问题的提出……1
§1.2　插值问题的 Haar 条件……4
§1.3　多元散乱数据的多项式插值……6
第 2 章　局部方法……9
§2.1　三角剖分和三角片上的函数表示……9
§2.2　基于剖分的拼接方法……15
§2.3　Boole 和与 Coons 曲面片……21
§2.4　针对散乱数据的细分方法……24
§2.5　Sibson 插值或自然邻近法……30
§2.6　Shepard 方法……36
第 3 章　整体方法……41
§3.1　随机函数基础……41
§3.2　Kriging 方法……45
§3.3　泛 Kriging(Universal Kriging)……51
§3.4　协 Kriging(Co-Kriging)……55
§3.5　一般线性泛函信息的插值……60
§3.6　样条函数方法……64
§3.7　Multi-Quadric 方法……71
§3.8　MQ 拟插值对高阶导数的逼近……82
§3.9　利用差商及 MQ 拟插值对高阶导数逼近的稳定性分析……87
§3.10　径向基函数……91
第 4 章　径向基函数插值的有关理论……96
§4.1　径向基函数插值的收敛性与收敛速度……96
§4.2　散乱数据径向基函数插值的收敛性问题……101
§4.3　正定径向函数的有关理论……109
§4.4　径向函数的 Bochner 定理……116

§4.5 径向函数与 Strang-Fix 条件 …… 123
第 5 章 其他的散乱数据插值方法 …… 136
§5.1 运动最小二乘法 …… 136
§5.2 Shepard 方法的收敛性分析 …… 144
§5.3 隐函数样条 …… 151
§5.4 单位分划 …… 156
§5.5 R 函数法 …… 158
第 6 章 用散乱数据插值方法求微分方程的数值解 …… 159
§6.1 泛函信息插值与微分方程的数值解 …… 159
§6.2 利用其他的多元函数逼近法求解微分方程 …… 166
参考文献 …… 171
《现代数学基础丛书》已出版书目

第 1 章　多元散乱数据拟合与多项式插值

§1.1　问题的提出

在实际工作中经常会碰到这样的问题，希望用数学中的函数来描述某一研究对象, 譬如用直线来描述光的行进路线. 但是物理学告诉我们：光只是在不受磁场影响的真空中表现为直线, 而我们所研究的光都不是在真空中的, 而且它还要受到地球、太阳的磁场影响. 所以甚至用直线描述光的行进路线这样一个一般认为是非常准确的基本方法, 事实上也是一种逼近. 但是人们一般都能够接受光线是直线这样的概念, 因为日常生活中的光线与直线非常接近, 其差别对绝大多数的科学计算都是可以忽略的. 严格地说有两条理由: 第一, 直线非常简单, 而要精确描述光的行进路线几乎是不可能的; 第二, 用直线描述光的行进路线有足够的精确度, 而用非直线的复杂函数描述光线缺少实际应用意义. 从这个例子可见, 求解逼近问题也有两条指导思想: 第一, 要选择简单的函数空间作为描述对象函数的逼近空间; 第二, 这个空间要有很好的逼近度. 如果知道某个研究对象是可以用某一类函数表示描述, 甚至已经知道了这个函数的许多测量值, 那么如何用数学方法来尽可能精确地描述这个函数呢? 或者说, 如何寻找尽可能地近似描述研究对象函数 $f(x)$ 的函数 $f^*(x)$ 呢？如果要找的函数还要求在一些测量点就等于这些测量值 (譬如 $f(x_j) = f_j$), 那么数学上就称为插值 (interpolation). 如果要求在某个函数类里寻找在某种度量下与测量值或者研究对象函数本身误差最小的函数 (譬如 $\sum(f^*(x_j) - f(x_j))^2$, $\int(f^*(x) - f(x))^2dx$ 取最小), 那么数学上就称为逼近 (approximation), 而在工程上一般通称为拟合. 显然插值是逼近的一个特殊的形式, 并且是逼近的一个基础. 有时还要求有一定的形状限制, 或者要求在形状上与研究对象函数有相像性, 譬如计算机辅助几何设计中的保凸性问题, 这类问题也统称为拟合问题. 本书主要研究对象是插值与逼近问题中与多元散乱数据有关的内容, 即函数一般是多变量的, 至少是两个变量的. 对一个变量情形或曲线的拟合问题假定读者已经有所了解, 亦可参看基础的数值逼近及计算机辅助几何设计课程的参考书[1~7].

本书把重点放在数据是多元散乱的拟合问题上, 即测量的数据一般是散乱的, 也就是说测量点不一定落在某种网格上, 否则可以用曲线的张量积方法 (或者说用曲线来织成曲面的方法) 解决. 进一步地, 本书还讨论了测量数据甚至是一些一般线性泛函值的问题. 在本书中, 我们通常是从一些物理模型出发, 导出一系列的散乱数据的拟合方法, 从而使得我们讨论的插值逼近拟合方法尽可能建立在实在的物理背景上, 然后用数学手段来分析这些方法的数学性质, 而且把最终目标放在计算机的实现上. 也就是说介绍的方法都是计算机可实现的, 很多还是当前国际流行的一些大型软件中所采用的方法. 下面通过给出一些简单的例子来说明问题的来源及应用背景, 并把这些问题抽象成数学问题.

(1) 来自应用的问题. 在石油勘探中, 经常把地层的地质渗透率作为研究对象, 从而可以判别诸如某地层是否可能蕴藏石油等问题. 也希望不仅采集油井附近的石油, 在三级采油中, 人们利用一些井灌水另一些井抽油的方法把石油赶出来. 要分析地层中石油及水的流动过程就必须研究地层的地质渗透率, 从而决定如何灌水与抽油的方案. 渗透率这个对象可以用一个三元变量的函数来表示. 实际问题中通过打井取芯获取一些井位在某些深度的数据, 要用数学方法描述这个函数. 井位一般来说不是网格型的, 有时由于岩芯的损坏, 某些深度的测量值也有缺损, 所以这是一个散乱数据的插值问题.

天气预报中需要地面气温的等值线图, 这是通过一些地面温度测量点得到的一些散乱的数据来描述温度对于地面坐标的两个变量的函数. 因为测量点一般不是网格型的, 所以这也是一个散乱数据的插值问题. 如果还要给出气温变化的趋势图, 那么我们还要通过譬如风向、地形等使温度变化的信息来描述未来的温度分布, 这是一个更加复杂的散乱数据的拟合问题.

在临摹、仿制及考古的古生物复原问题中, 人们经常要通过临摹、仿制对象的一些测量值来绘制该对象的外形, 从而制模. 由于临摹、仿制对象的形状的复杂性, 所以这也是一个散乱数据的拟合问题.

很多实际问题的数学模型可以归结为一个偏微分方程问题, 譬如传染病传染过程、热传导问题、流体问题、科学控制问题, 甚至股票涨跌、经济增长, 这些问题都可以数量化, 从而可以用函数表示. 这个函数满足某种偏微分方程, 我们还知道有关这个函数的信息, 而将该偏微分方程离散化后, 加上我们已经获得的有关这个函数的一些信息, 得到的是一系列该函数的泛函信息值. 当求解区域是不规则的时候, 实际上这也是一个散乱数据 (非函数值数据而是泛函数据) 的拟合问题. 这时如同温度的趋势图, 不仅数据是散乱的, 而且数据不是普通的函数值而是复杂的泛函值. 在本书最后也将涉及这样的问题.

(2) 数学本身要求解决的问题. 有很多复杂的函数很难用数学公式来描述, 如果还要求对这类函数积分、微分或者求与这类函数有关的微积分方程的解, 那么只能采用数值的方法, 也就是说要用简单的函数来描述、逼近复杂函数, 然后由对简单函数的运算来模拟、逼近对复杂函数的运算. 计算机虽然有很强的运算能力, 但是它只能处理离散的问题, 而且它处理的只能是有限位的二进制小数. 计算机不能精确表示三角函数或指数函数. 计算机的发展也对我们提出了这样的研究课题: 如何用简单的离散的函数表示复杂的连续函数, 这实际上都是散乱数据的拟合问题.

现在我们可以将上述问题数学抽象化了. 拟合问题的基础是插值问题.

问题 1.1.1 给定 $x_j \in \mathbb{R}^d$, $f_j \in \mathbb{R}$, $j=1,\cdots,n$, 寻找函数 $f(x)$, 满足 $f(x_j)=f_j$, $j=1,\cdots,n$.

进一步地, 我们可以讨论更一般的问题.

问题 1.1.2 λ_j 是 $C(\mathbb{R}^d)$ 上的线性泛函, 给定数据 $f_j \in \mathbb{R}$, $j=1,\cdots,n$, 希望寻找 $C(\mathbb{R}^d)$ 中的函数 $f(x)$, 满足 $\lambda_j f(x)=f_j$, $j=1,\cdots,n$.

上面的问题太庞大, 太复杂了. 有很多这样的函数 $f^*(x)$ 满足我们对要寻找函数的要求. 显然研究对象函数 $f(x)$ 本身就满足要求, 可惜这个函数往往找不到或者很难找到. 当然我们希望找到的函数与研究对象函数有很好的相似性质, 这包括误差小这个逼近性质以及形状相似这个几何性质. 另一方面, 如果找到的函数不能很好地或很快地用计算机数值描述, 也偏离了我们的目标. 所以在讨论上述问题时, 我们还要分析

(1) 在哪个函数类里寻找函数 $f^*(x)$. 我们要求这个函数类有计算机表示简单的优点, 而又能具备有效地描述研究对象函数的能力;

(2) 在函数类决定以后, 我们还要分析解的存在性、唯一性问题, 以及寻找求解的算法和讨论算法稳定性问题;

(3) 如果测量的数据越来越多, 越来越密, 那么找到的函数的渐近性质是怎么样的呢? 人们希望得到的函数越来越逼近研究对象函数, 并且有较快的收敛速度;

(4) 理论算法与计算机实现有时也会有非常大的差距, 所以我们还要讨论函数 $f^*(x)$ 有效的计算机计算与表示方法.

为了能更好地讨论多元散乱数据的拟合问题. 先引进一些多元记号:

向量及点由数组 $x^{\mathrm{T}}=(x_1,\cdots,x_d)\in\mathbb{R}^d$ 定义, 在这个 d 维空间上装备有欧几里得范数 $\|x\|=\sqrt{\sum_{j=1}^d x_j^2}$, 从而是一个距离空间.

多元记号 $\alpha=(\alpha_1,\cdots,\alpha_d)\in I^d$ 是 d 维空间的正整数点, $\alpha_j\geqslant 0,\ j=1,\cdots,d$, 定义整点的模 $|\alpha|=\sum_{j=1}^d \alpha_j$.

定义 $x^\alpha=\prod_{j=1}^d x_j^{\alpha_j}$, $xy=\sum_{j=1}^d x_j y_j$.

梯度微分算子与偏导数记为

$$\nabla = D = \left(\frac{\partial}{\partial x_1},\cdots,\frac{\partial}{\partial x_d}\right)^{\mathrm{T}},$$

$$D^\alpha f(x)=\partial^\alpha f(x)=\frac{\partial^{|\alpha|}f(x)}{\partial^{\alpha_1}x_1\cdots\partial^{\alpha_d}x_d}.$$

方向导数由

$$\frac{\partial f(x)}{\partial y}=\lim_{t\to 0}\frac{f(x+ty)-f(x)}{t}$$

定义. 用 $\Omega \subset \mathbb{R}^d$ 表示我们的讨论区域, 这一般是一个单连通的由简单连续闭曲线作为边界的区域. 上面 x_j 的下标 j 表示向量 x 的第 j 个分量. 在不引起误解的情况下也把一列点记成 $\{x_j\}$, 这时 j 表示点在点列中的编号. 当我们讨论的测量数据是函数在一些点上的取值时, $\{x_j\} \subset \Omega$ 是数据的测量点, 从而 $\{x_j, f_j\}$ 是采集的数据. 我们用

$$h = \max_{x\in\Omega}\min_{j}\{\|x - x_j\|\}$$

来描述数据点的稠密化程度, 称为数据的密度, 请注意这时数据越密 h 越小.

§1.2　插值问题的 Haar 条件

在单变量的插值问题中, 根据代数基本定理: "任给 $n+1$ 个两两不同的点 $x_j \in \mathbb{R}$ 及在 x_j 上的测量数据 f_j, 存在唯一的一个 n 次多项式, 满足 $f(x_j) = f_j$. " 从而导出了我们熟知的 Lagrange 插值方法. 当然, 在这里也可以用指数多项式代替代数多项式. 如果数据点都落在 $[0, 2\pi)$ 中, 我们还可以用三角多项式构造插值. 一般地, 如果 $b_j(x)\ \ (j = 1, \cdots, n)$ 是一列函数 (基函数), 对任何两两不同的点的集合 $\{x_j\}_{j=1}^n$, 矩阵 $(b_j(x_k))$ 都是非奇异的, 那么就可以通过解一个线性方程组

$$\sum a_j b_j(x_k) = f_k,$$

得到一个形式为

$$f^*(x) = \sum_{j=1}^{n} a_j b_j(x)$$

的插值函数, 满足 $f^*(x_j) = f_j$. Euler 可能最先研究了这样的插值方法, 我们把这样的插值方法统称为 Euler 插值方法, 对任何两两不同的数据点都存在 Euler 插值的函数系称为 Tschebyscheff 系.

为了解决多元散乱数据的插值问题, 根据以往曲线拟合的经验, 我们首先想到的是 Euler 的插值方法, 即选择一组函数 $b_j(x)$ (最好是多项式, 但也可以是其他的函数, 称为基函数), 令

$$f^*(x) = \sum_{j=1}^{n} a_j b_j(x),$$

然后通过待定系数方程

$$f^*(x_k) = \sum_{j=1}^{n} a_j b_j(x_k) = f_k, \quad k = 1, \cdots, n$$

来决定系数 a_j. 用这样的方法, 要使线性方程组对任意选定的两两不同的测量点都有解, 则要求其系数矩阵的行列式对任何两两不同的测量点都不为零. 这导出了

我们必须要考虑的对任何的两两不同的数据点插值问题解的存在唯一性条件 —— Haar 条件.

定义 1.2.1 称函数族 $\{b_j(x)\} \in \mathbb{C}(\mathbb{R}^d)$, $j=1,\cdots,n$ 满足 Haar 条件, 如果对任何两两不同的点 $x_j \in \mathbb{R}^d$, $j=1,\cdots,n$, 矩阵 $(b_j(x_k))$ 都是非奇异的.

固定维数的空间表现函数的能力总是有限的. 如果我们要利用某个函数空间逼近任何的函数, 或者希望对任何多个数据点插值问题都有解, 那么就需要一个函数系.

定义 1.2.2 函数系 $\{b_j(x)\} \in \mathbb{C}(\mathbb{R}^d)$, $j=1,\cdots,\infty$ 对任何 n 都满足 Haar 条件, 那么我们称这个函数系是一个 Tschebyscheff 系.

容易证明, 只有当函数系满足这样的条件时, 对任何位置、任何个数的数据点 x_j, 及测量值 f_j, Euler 方程有解且解是唯一的, 否则可能对某些测量值方程无解, 而对另一些数据可能是多解的. 即函数系 $\{b_j(x)\} \in \mathbb{C}(\mathbb{R}^d)$ 对任何的两两不同的数据点 Euler 方法插值存在唯一的充分必要条件是: 函数系 $\{b_j(x)\} \in \mathbb{C}(\mathbb{R}^d)$ 是一个 Tschebyscheff 系. 在一元曲线情形我们知道许多这样的函数族系, 譬如单项式 $x^j, j=0,1,\cdots,\infty$, 指数函数 $e^{jx}, j=0,1,\cdots,\infty$, 三角多项式 $e^{ijx}, j=-\infty,\cdots,0,\cdots,\infty$; $x \in [0,2\pi)$. 这样就可以导出许多类型的 Euler 插值公式. 可是在多变量情形我们却有下述定理.

定理 1.2.1 在多变量情形, 任何给定的函数族都不满足 Haar 条件. 当然更不可能存在 Tschebyscheff 系.

证明 用反证法. 如果有函数族 $\{b_j(x)\} \in \mathbb{C}(\mathbb{R}^d)$, $j=1,\cdots,n$, 对某点列 $x_j \in \mathbb{R}^d$, $j=1,\cdots,n$, 矩阵 $(b_j(x_k))$ 是非奇异的. 那么在 $\mathbb{R}^d$, $d \geqslant 2$, 可以找到两条连续的曲线连接 x_1 和 x_2, 使得这两条曲线除了起始点 x_1 和终点 x_2 外不相交, 并且也不经过其他的数据点 $x_j (j>2)$. 让 x_1 沿着一条曲线走向 x_2, 而让 x_2 同时沿着另一条曲线走向 x_1, 那么在移动过程中 n 个点始终是两两不同的. 由 Haar 条件, 矩阵 $(b_j(x_k))$ 在点列移动过程中应该始终是非奇异的. 运动的结果是交换了系数矩阵的前两行, 也就是说开始与结束这两个矩阵的行列式有相同的绝对值而符号相反. 由于函数及曲线都是连续的, 从而行列式关于点 x_1, x_2 的移动是连续的. 即行列式是关于点 x_1, x_2 移动的连续函数. 由连续函数零点存在定理, 在点的移动过程中必定存在一个中间状况的 n 个点 x_j, 矩阵 $(b_j(x_k))$ 的行列式为零. 这与函数组满足 Haar 条件矛盾. □

上述定理表明多于两个变量的散乱数据插值问题与单变量插值问题有本质上的不同. 在一元情形得到的各种插值方法一般都不能直接推广到多元情形, 这也就是为什么要把多元散乱数据的拟合作为一个独立的课题研究的原因.

本书主要分成两个部分来解决这个问题. 一类是局部的方法, 主要是分片拼接法, 即首先把研究的区域分片, 分片地解决插值问题, 然后把这些曲面片 (超曲面片)

拼接起来, 由于高次连续拼接条件的复杂性, 这个方法较常用来处理只要求低次连续的问题. 因为实际问题通常也只有低次连续的要求, 所以这些方法也是经常地被应用于实际问题 (譬如微分方程数值解的有限元方法, 计算机辅助几何设计的样条方法); 另一类方法是根据物理模型来导出数据之间的关系, 从而根据测量点 x_j 来决定基函数 $b_j(x)$, 这种方法可以达到很高的连续要求和逼近要求, 也有计算公式简单的优点, 并且有明显的物理背景, 特别是近年来径向基函数插值的研究, 使得这个方法在理论分析与实际应用中都取得了很大的突破, 引起了理论研究工作者与实际应用人员的广泛的关注与兴趣. 本书还准备介绍其他的一些散乱数据的插值方法, 使得读者对散乱数据插值有一个整体的概念并掌握各类基本方法.

§1.3　多元散乱数据的多项式插值

从这一节开始我们介绍散乱数据的插值方法. 因为单变量情形的多项式空间满足 Haar 条件, 所以多项式的 Lagrange 插值是可以实现的, 反观多变量情形, 多项式函数空间已经不再满足 Haar 条件, 所以 Lagrange 插值不是一定存在的. 多变量函数中我们最熟悉的函数类还是多项式, 多项式函数还有计算机表示简单的优点, 这一点对当今计算机的发展及计算机的应用特别重要, 而且多项式插值还可以作为分片拼接法的基础, 所以这一节我们还是要来讨论用多项式对多变量函数散乱数据插值的可能性. 为了描述方便, 我们有时只讨论两个变量的情形, 而一般的多变量情形是可以相似解决的.

定理 1.3.1　任给两两不同的测量点 $\{(x_j, y_j)\}_{j=0}^n \in \mathbb{R}^2$ 及在测量点相应的函数测量值 $\{f_j\}_{j=0}^n$, 至少存在一个关于各分量次数都不超过 n 的多项式

$$p(x, y) = \sum_{j=0}^{n}\sum_{k=0}^{n} a_{jk}x^j y^k,$$

满足 $p(x_j, y_j) = f_j$.

此时函数空间是 $(n+1)^2$ 维的, 而约束条件只有 $n+1$ 个, 所以解的唯一性就不能保证了.

证明　存在一个 $(n+1)^2$ 的网格, 使得点集 $\{(x_j, y_j)\}_{j=0}^n \in \mathbb{R}^2$ 是该网格上的节点. 在这个网格的所有节点上, 有些是没有测量值的, 而有些已经有了测量数据. 任意给定无测量值点上的值, 就可以用张量积的方法, 由单变量的多项式插值公式得到问题的解. 因为在至少 $(n+1)^2-(n+1)$ 点上的函数值可以任意给定, 所以我们得到的解有 $(n+1)^2-(n+1)$ 个自由度. □

我们还可以把这个定理推广到一般的多变量情形, 并且用一元的 Lagrange 公式给出另外一个构造性的证明.

定理 1.3.2 任给两两不同的测量点 $\{x_j\}_{j=0}^n \in \mathbb{R}^d$ 及在测量点相应的函数测量值 $\{f_j\}_{j=0}^n$, 那么至少存在一个次数和不超过 n 的 d 元多项式 $p(x)$, 满足 $p(x_j) = f_j$.

证明 任取向量 r_{jk}, 满足 $\langle r_{jk}, x_j - x_k \rangle \neq 0$, 利用单变量的 Lagrange 的插值公式构造插值公式如下:

$$p(x) = \sum_{j=0}^{n} f_j \prod_{k \neq j} \frac{\langle x - x_k, r_{jk} \rangle}{\langle x_j - x_k, r_{jk} \rangle}.$$

显然这是一个次数不超过 n 的多项式. 把数据点代入上式, 容易验证, 这是关于测量数据的插值. 向量 r_{jk} 可以特别地取为 $r_{jk} = x_j - x_k$, 这时

$$p(x) = \sum_{j=0}^{n} f_j \prod_{k \neq j} \frac{\langle x - x_k, x_j - x_k \rangle}{\langle x_j - x_k, x_j - x_k \rangle}$$

是一个各项次数和不超过 n 的插值多项式. □

注 1.3.1 前一个定理的次数是指各个分量的次数中的最大次数, 而后一个定理的次数是指各个分量的次数和. 此时这个函数空间的维数是 $\binom{n+d}{d}$, 一般地要小于前一个定理函数空间的维数. 从某种意义上说, 后一方法要优于前一方法, 但是后一方法函数空间的维数仍然大于约束条件的个数, 所以唯一性还是不能保证. 上述证明同时给出了计算机赋值的计算公式.

正如一元的多项式插值有 Lunge 现象一样, 多元情形的多项式插值也有类似现象, 所以多项式插值一般只用来作为局部的公式. 譬如, 人们可以在每个格子点的邻近利用多项式插值得到在这个格子点的函数估计值, 然后利用张量积方法 (用曲线织成曲面的方法) 构造函数的逼近, 这时人们虽然得到的不是一个插值函数, 但一般还是一个好的逼近函数. 在计算机快速发展的时代, 一个算法的计算机可实现性、快速实现性、计算稳定性、可靠性是十分重要的, 而多项式插值在多元问题上作为局部方法也如一元情形是非常有用的, 所以我们还是要讨论更快捷稳定的算法.

1. 多项式插值的 Aitken 公式

如果 $p_{j,k}(x)$ 是关于点 $x_j, \cdots, x_k$ 及数据 $f_j, \cdots, f_k$ 的多项式插值函数, 那么由递推公式

$$\begin{aligned}
&p_{j,j}(x) = f_j, \\
&p_{j,k+1}(x) = p_{j+1,k+1} \frac{\langle x - x_j, r_{k+1,j} \rangle}{\langle x_{k+1} - x_j, r_{k+1,j} \rangle} + p_{j,k} \frac{\langle x_{k+1} - x, r_{k+1,j} \rangle}{\langle x_{k+1} - x_j, r_{k+1,j} \rangle}
\end{aligned}$$

得到的 $p_{j,k+1}(x)$ 是关于点列 $x_j, \cdots, x_{k+1}$ 及数据 $f_j, \cdots, f_{k+1}$ 的次数不超过 $k+1-j$ 的多项式插值函数, 从而 $p(x) = p_{0,n}(x)$ 是一个次数不超过 n 的插值多项式. 同样地我们也可以导出 Newton 公式.

2. 多项式插值的 Newton 公式

由递推公式定义多变量函数关于一些方向 r_{jk} 的差商

$$\Delta^j(x_0, \cdots, x_j)f = \frac{\Delta^{j-1}(x_1, \cdots, x_j)f - \Delta^{j-1}(x_0, \cdots, x_{j-1})f}{\langle x_j - x_0, r_{j0}\rangle}.$$

那么 Newton 插值多项式可以表示为

$$p(x) = \sum_{j=0}^{n} \Delta^j(x_0, \cdots, x_j)f \cdot \prod_{k=0}^{j-1} \langle x - x_k, r_{jk}\rangle.$$

也如同单变量 Newton 公式一样, 我们可以获得误差估计式

$$f(x) - p(x) = \Delta^{n+1}(x_0, \cdots, x_n, x)f \cdot \prod_{k=0}^{n} \langle x - x_k, r_j\rangle,$$

其中 r_j 是任意固定 x 以后, 满足 $\langle x - x_j, r_j\rangle \neq 0$ 的向量. 读者可以利用一元情形的公式以及多元情形的不同点, 对这两个公式进行更细致的讨论与验证.

多项式插值公式虽然解决了散乱数据插值的存在性问题, 但是正如单变量多项式插值一样, 它不是一个稳定的方法, 在多变量情形甚至还会出现一些更为奇怪的结果, 所以在实际应用中, 人们并不完全采用这个方法. 但这些方法可以作为其他算法 (局部法或二步法) 的基础. 也正是这个原因, 我们把这个插值方法放在这一章中, 而不把它放在可以实际应用的方法章节中. 譬如讲我们可以采用多项式插值公式作为局部的解, 然后再用二步法构造整体解, 或者在一个局部用多项式插值估计函数在插值点邻近的高阶 (导数等) 行为, 为其他利用函数高阶信息的插值方法服务. 下面的几个章节将介绍更加实用有效的方法.

第2章 局部方法

多元散乱数据插值与一元的插值问题有本质的区别. 上一章中我们已经指出, 多元时不存在满足 Haar 条件的基函数, 那么我们如何来处理这样的多元问题呢? 科学地处理一个复杂问题的一般方法是把一个大问题分解成一些简单的小问题, 然后逐个解决. 函数在某点应该取什么样的值, 应该与数据点的影响有关, 特别地, 与较近的数据点的影响有关. 在这一章我们考虑忽略远处数据点的影响, 把在一个大区域的插值问题分解成一些小区域的插值问题, 然后把这些分片的结果拼接起来.

§2.1 三角剖分和三角片上的函数表示

在单变元情形, 如果要对数据进行拟合, 人们很容易地想到样条函数方法. 回顾在导出三次样条时的一个简单方法, 我们是在每个区间做 Hermite 插值, 然后根据拼接条件获得了分段多项式的样条函数. 多元散乱数据插值的一个简单方法也是将研究区域分割成一些小的简单区域, 在每一个小区域中解决插值问题, 然后把那些小片拼接起来. 在二维空间情形, 最简单的区域莫过于三角形区域. 我们在每个小三角形中构造插值曲面, 再把这些曲面片拼接起来, 构成一张大的插值曲面. 为了介绍这个基于剖分的拟合方法, 作为基础, 在这一节我们希望对给定的数据点 $\{x_j\}_{j=1}^n \in \mathbb{R}^2$, 把区域剖分成一些以这些数据点为顶点的三角形区域. 考虑只有四点的情况, 这时的三角剖分就已经不是唯一的了, 从而在一般情况下三角剖分肯定不是唯一的. 剖分的结果显然对拟合是有影响的, 所以要考虑选择什么样的三角剖分. 我们先用数学方法定义什么是三角剖分, 然后讨论应该采用怎样的三角剖分, 以及怎么来进行三角剖分.

定义 2.1.1 设 $P = \{x_j\}_{j=1}^n \in \mathbb{R}^2$, Ω 是这个点集的凸包. 三元整数组 $T = \{a_j, b_j, c_j\}_{j=1}^N$ 称为 P 的一个三角剖分, 如果

(1) 对任何 $1 \leqslant j \leqslant N$, $x_{a_j}, x_{b_j}, x_{c_j}$ 是 P 中不共线的三个点, 从而可以作为一个三角形的顶点;

(2) 每个三角形 $x_{a_j}, x_{b_j}, x_{c_j}$ 只包含 P 中三个点 (作为顶点), 即其他点不能在三角形的内部, 也不能在边界上;

(3) 三角形的内部是两两不交的 (没有重叠部分);

(4) 所有三角形的并是点集的凸包 Ω, 即如同铺地板, 恰好铺满.

如果数据点共有 n 个, 其中 b 个处于其凸包的边界上, 那么边界上就有 b 条

边. 对这样的数据点进行三角剖分获得了 N 个三角片, 根据 Euler 定理, 计算内部数据点的周角加上边界凸多边形内角总和, 与每个剖分三角形内角的和比较, 得到 $N\pi = 2n\pi - (b+2)\pi$, 所以三角剖分满足：三角形的个数 $N = 2n - b - 2$.

如果定义 e 是三角剖分的总边数. 分析每条内部边, 边的两边各有一个三角形, 边界上的边每边只有一个三角形, 这样把每个三角形数了三遍, 得到 $2e - b = 3N$, 从而三角剖分满足：三角剖分的边数 $e = 3n - b - 3$.

三角剖分得到的三角形个数、总边数、边界边数及总结点数满足上述关系式. 上面的讨论同时给出了在计算机里存储三角剖分的数据结构, 人们可以用 N 个三元数组来表示 P 的三角剖分, 当然人们亦可采用存三角形边的办法, 用 e 个两元数组 $t = \{u_j, v_j\}_{j=1}^{e}$ 来表示 P 的三角剖分. 为了分析邻近三角区域的关系, 翼边结构是一个非常好的数据结构.

当 $n = 4$ 时, 一般有两种剖分方法可以选择, 于是就引出了选择什么样的三角剖分与如何选择三角剖分的判别准则问题. 在实际应用中, 人们发现了各种适合于应用目的的判别准则. 因为剖分后在三角形内部的曲面与三角形顶点的数据值有比较大的关系, 又由上面的讨论, 我们希望尽可能地利用最近的数据点来描述函数, 一般认为三角剖分的形状与正三角形接近的较好, 而扁的形状则被认为是不好的 (因为这时我们利用了较远的数据点的信息来估计函数的值), 面积较小的较好. 在有关文献中常见的判别准则有：

(1) 最大外接圆最小化；(2) 最小内切圆最大化；

(3) 最小内角最大化；　(4) 最大内角最小化；

(5) 最小面积最大化；　(6) 最大面积最小化；

(7) 外接圆半径与内切圆半径之比最小化；

(8) 最大的高与最小的高之比最小化；

(9) 最长的边与最短的边之比最小化；

根据应用的需要, 人们还可以给出更多其他的判别准则, 譬如可以与节点上的函数值联系起来, 希望

(10) 三角剖分上的分片线性插值的单位法向量与 z 轴的最大夹角最小化；

(11) 三角剖分上节点周围分片线性插值单位法向量的散度最小化.

可以证明：

(1) 各种判别准则得到的三角剖分的结果一般是不同的；

(2) 各种判别准则的最优剖分都是存在的, 因为剖分是有限的；

(3) 同一种判别准则其最优剖分也不一定唯一 (譬如正方形的四个顶点).

区域三角剖分的算法根据判别准则的不同而不同, 形成了计算机算法的一个学科方向. 其基本的方法有：

(1) 考虑到邻近的点最好分在同一个三角形中, 对所有的数据点, 每两点连一

条边, 然后对这些边从短到长编号, 以这样的顺序逐条加入到三角剖分的边集合中, 使之满足三角剖分的条件 (也就是说按顺序排除那些破坏三角剖分条件的边), 从而将这个剖分作为初始剖分. 这个剖分称为贪婪的最短边剖分;

(2) 取不共线三点形成一个只有一个三角形的剖分, 逐次加入点 x_j, 并修改局部, 保证每次加入修改的剖分都是关于某种判别准则局部最优的, 得到的一般也只是一个初始剖分;

(3) 给出一个初始剖分, 然后对每两个相邻的三角形构成的四边形关于某种判别准则优化.

三角剖分方法与如何用计算机实现三角剖分是计算几何的一个重要分支. 除了研究剖分算法的可实现性外, 还要讨论计算的复杂性与速度. 在这里我们不准备逐个介绍, 感兴趣的读者可参考学术杂志 “Computational Geometry”. 我们只介绍 Delaunay 方法获得的判别准则为最大外接圆最小化的最优剖分, 因为有关的内容还要在其他方法中应用, 而且这个算法也经常作为其他三角剖分算法的基础 (见上述方法 1 作为初始剖分).

为了介绍 Delaunay 方法, 我们先介绍 Dirichlet 片. 对每个点 x_j 可以定义 Dirichlet 片

$$\Omega_j = \{x : \|x - x_j\|_2 \leqslant \|x - x_k\|_2,\ k \neq j\},$$

显然 $\cup\Omega_j = \Omega \subset \mathbb{R}^2$, 其中 Ω 是 $\{x_j\}$ 的凸包, $\Omega_j \cap \Omega_k$ 是空集或其面积为零 (只有一条边或一个点), 这些由 Dirichlet 片的边界线构成的一个图称为 Voronoi 图.Delaunay 三角剖分的一个基本算法给出如下:

(1) 如果 $\Omega_j \cap \Omega_k$ 是一条边, 那么称点 x_j, x_k 是基本邻近的. 我们在三角形边集合中加入一条边 $\overline{x_j x_k}$, 显然这时 Ω 的所有边界边都已经在三角形边的集合中了;

(2) 如果这个边集合还没有形成一个完全的三角剖分, 那么那些还没有剖分成三角形的多边形的顶点一定是共圆的, 或者说它们的平分线交于一点, 此时这些点中任何三个点的外接圆都一样大, 所以只要在这些顶点中选一个点, 然后在三角形边集合中加入这个点与多边形其他顶点的连线, 就形成了一个完全的 Delaunay 三角剖分.

Delaunay 剖分经常称为 Volonoi 图的对偶剖分. 容易证明 Delaunay 剖分, 在任何一个局部的四边形中, 都是关于判别准则 (1) 优化了的 (读者可以任取一个局部来分析), 所以它是整体关于判别准则 (1) 最优的. Delaunay 剖分的应用是很广的, 从而它是最常用的三角剖分之一. Delaunay 三角剖分也经常被用来作为其他三角剖分算法的初始剖分.

如果数据点已经三角剖分, 那么就要在一些三角片上构造函数, 然后把它们拼接起来. 为了更好地介绍基于三角剖分的拟合方法, 我们要简单介绍一些三角片上的函数表示方法 [4]. 首先要引进局部的重心坐标, 如果 $A, B, C \in \mathbb{R}^2$ 是三个不共线

的点, 那么任何点 $x \in \mathbb{R}^2$ 有仿射表示

$$x = C + u(A - C) + v(B - C).$$

从而有唯一的重心坐标表示 $x = uA + vB + wC$, 其中 $u + v + w = 1$, 称 (u, v, w) 是点 x 关于 A, B, C 的重心坐标. 如果 $(u, v, w) > 0$, 那么 x 在三角形 ABC 的内部. 在这个三角片上的任何关于 x 的次数不超过 n 的多项式函数, 等价地有一个关于 (u, v, w) 的齐 n 次多项式函数表示, 我们采用 Bernstein 基来表示这个多项式

$$B^n(x) = B(u, v, w) = \sum_{\substack{i+j+k=n \\ 0 \leqslant i,j,k}} b_{ijk} \frac{n!}{i!j!k!} u^i v^j w^k,$$

或者写成

$$B^n(x) = \sum_{\substack{i+j+k=n \\ 0 \leqslant i,j,k}} b_{ijk} B^n_{ijk}(u, v, w),$$

其中, b_{ijk} 称为该多项式的 Bezier 控制点, 而 $B^n_{ijk}(u, v, w) = \dfrac{n!}{i!j!k!} u^i v^j w^k$ 是 Bernstein 多项式基. 在三角形 ABC 上的有这样表示形式的那个多项式片就称为 Bezier 曲面片.

把 b_{ijk} 放在 $\left(\dfrac{i}{n}A + \dfrac{j}{n}B + \dfrac{k}{n}C\right)$ 上, 并且如果两个点的下标之差 $(-1, 0, 1)$ 各只出现一次, 我们就把这两个点连接起来, 这样形成的网称为该曲面片的 Bezier 控制网.

因为要对曲面片进行拼接, 所以我们就要研究 Bezier 曲面片的边界行为. 在边 AB 上 $w = 0$, 边界曲线有 Bernstein 多项式表示

$$B^n(x) = B(u, v, 0) = \sum_{i+j=n} b_{ij0} \frac{n!}{i!j!} u^i v^j,$$

其中, $x = uA + vB$, 且满足 $u + v = 1$.

可见这是在 AB 上的 n 次 Bezier 曲线. Bezier 曲面片的边界曲线由它的控制网边界上的控制点决定, 所以如果要使两个曲面片在边界上的拼接是连续的, 那么需要且只要在边界上选取相同的 Bezier 控制点.

计算偏导数, 得到

$$\frac{\partial B^n_{ijk}}{\partial u} = nB^{n-1}_{i-1,j,k},$$

$$\frac{\partial B^n_{ijk}}{\partial v} = nB^{n-1}_{i,j-1,k},$$

$$\frac{\partial B^n_{ijk}}{\partial w} = nB^{n-1}_{i,j,k-1},$$

从而

$$\frac{\partial \sum b_{ijk} B_{ijk}^n}{\partial u} = n \sum b_{i+1,j,k} B_{i,j,k}^{n-1},$$

$$\frac{\partial \sum b_{ijk} B_{ijk}^n}{\partial v} = n \sum b_{i,j+1,k} B_{i,j,k}^{n-1},$$

$$\frac{\partial \sum b_{ijk} B_{ijk}^n}{\partial w} = n \sum b_{i,j,k+1} B_{i,j,k}^{n-1},$$

定义曲面关于 $T = (T_1, T_2, T_3)(\sum T_j = 0)$ 的方向导数如下:

$$\frac{\partial f(x)}{\partial T} = \lim_{t \to 0} \frac{f(x + tT) - f(x)}{t}.$$

那么

$$\frac{\partial B(u,v,w)}{\partial T} = n \sum (T_1 b_{i+1,j,k} + T_2 b_{i,j+1,k} + T_3 b_{i,j,k+1}) B_{i,j,k}^{n-1}.$$

特别地, 在 AB 边界上

$$\frac{\partial B(u,v,0)}{\partial T} = n \sum (T_1 b_{i+1,j,0} + T_2 b_{i,j+1,0} + T_3 b_{i,j,1}) B_{i,j,0}^{n-1},$$

从而 AB 边界上的方向导数只与 $b_{i,j,0}, b_{i,j,1}$ 有关, 而在点 A 上, 有

$$\frac{\partial B(1,0,0)}{\partial T} = n(T_1 b_{n,0,0} + T_2 b_{n-1,1,0} + T_3 b_{n-1,0,1}),$$

所以 Bezier 曲面角点上的切平面就是 $\{b_{n,0,0}, b_{n-1,1,0}, b_{n-1,0,1}\}$ 决定的平面.

可以证明, 曲面片在 AB 边界上的 l 阶导数只与 $b_{ijk}, k = 0, \cdots, l$ 有关. 我们在这里要特别指出 $\mathbb{C}^1$ 的拼接条件[10]. 假设 $x = uA + vB + wC$,

$$B^n(x) = B(u,v,w) = \sum_{i+j+k=n} b_{ijk} \frac{n!}{i!j!k!} u^i v^j w^k$$

是三角形 ABC 上的 Bezier 曲面片, 而 $y = uA + vB + wD$,

$$B^n(y) = B(u,v,w) = \sum_{i+j+k=n} c_{ijk} \frac{n!}{i!j!k!} u^i v^j w^k$$

是三角形 ABD 上的 Bezier 曲面片, 那么这两张曲面可以 $\mathbb{C}^1$ 地拼接起来的, 如果在公共边界上

(1) $b_{ij0} = c_{ij0}$, 且在公共边界 $w = 0$ 上有相同的方向导数

$$\partial B^n(x)/\partial T = \partial B^n(y)/\partial T.$$

如果 $D = \hat{u}A + \hat{v}B + \hat{w}C$, T 在 ABD 上的坐标是

$$T = (T_1, T_2, T_3),$$

那么在 ABC 上的坐标是

$$T = (T_1 + T_3\hat{u}, T_2 + T_3\hat{v}, T_3\hat{w}).$$

计算方向导数 (注意 $w = 0$) 得到

$$\frac{\partial B^n(y)}{\partial T} = n\sum[T_1 b_{i+1,j,0} + T_2 b_{i,j+1,0} + T_3 c_{i,j,1}]B^{n-1}_{i,j,0}(u,v,0) \ ,$$

$$\frac{\partial B^n(x)}{\partial T} = n\sum[(T_1 + T_3\hat{u})b_{i+1,j,0} + (T_2 + T_3\hat{v})b_{i,j+1,0} + T_3\hat{w}b_{i,j,1}]B^{n-1}_{i,j,0}(u,v,0).$$

这两个方向导数相等的充分必要条件为：对任何 i,j, 有

$$\hat{u}b_{i+1,j,0} + \hat{v}b_{i,j+1,0} + \hat{w}b_{i,j,1} = c_{i,j,1}.$$

或者说

(2) 四边形 $CABD$ 与每个 $b_{i,j,1}b_{i+1,j,0}b_{i,j+1,0}c_{i,j,1}$ 是仿射等价的.

仿射等价在函数型的公式中等价地可以表述为：点

$$\left(\frac{\overset{b_{i,j,1}}{iA+jB+C}}{n}\right), \left(\frac{\overset{b_{i+1,j,0}}{(i+1)A+jB}}{n}\right), \left(\frac{\overset{b_{i,j+1,0}}{iA+(j+1)B}}{n}\right), \left(\frac{\overset{c_{i,j,1}}{iA+jB+D}}{n}\right)$$

都是共面的.

比较下述的参数型 Bezier 曲面片, Bezier 点组的共面与仿射等价在参数型 Bezier 曲面情形下不一定是等同的.

我们讨论的 Bezier 曲面片都是函数型的, 也就是说 xy 平面就是 uvw 平面. 在很多的文献中, 还可以看到更普遍的参数型的 Bezier 曲面. 如果我们分析 $ABC \subset \mathbb{R}^2 \to \mathbb{R}^3$ 的参数 Bezier 曲面, 那么可以利用上述的重心坐标定义, 而只要把公式中的 Bezier 控制点改成空间的点 ($b_{ijk} \in \mathbb{R}^d$), 就有

$$B^n(x) = B(u,v,w) = \sum_{i+j+k=n} b_{ijk}\frac{n!}{i!j!k!}u^i v^j w^k.$$

此时函数型的 Bezier 曲面片

$$B^n(x) = B(u,v,w) = \sum_{i+j+k=n} b_{ijk}\frac{n!}{i!j!k!}u^i v^j w^k,$$

在定义域作为参数域时的表达式是

$$\begin{pmatrix} x \\ B^n(x) \end{pmatrix} = \begin{pmatrix} u \\ v \\ w \\ B(u,v,w) \end{pmatrix} = \sum_{i+j+k=n} \begin{pmatrix} i/n \\ j/n \\ k/n \\ b_{ijk} \end{pmatrix} \frac{n!}{i!j!k!}u^i v^j w^k.$$

一般的区域剖分

有时为了应用的需要, 区域被剖分成一些多边形子区域, 而不一定都是三角形区域, 最常见的是三角形与四边形混合的剖分. 对四边形区域可以使用张量积的 Bezier 曲面, 这时任何点 x 在四边形 $ABCD$ 中有唯一的张量积坐标表示 $x = (1-u)(1-v)A + (1-u)vB + u(1-v)C + uvD$, 而在这个区域上的函数型 Bezier 曲面片可以表示为

$$\begin{aligned} B^n(x) &= B(u,v) \\ &= \sum_{0\leqslant j,k\leqslant n} b_{jk}\frac{n!n!}{j!k!(n-j)!(n-k)!}\cdot u^j v^k(1-u)^{n-j}(1-v)^{n-k}. \end{aligned}$$

我们也可以得到参数型的张量积 Bezier 曲面

$$\begin{aligned} B^n(x) &= B(u,v) \\ &= \sum_{0\leqslant j,k\leqslant n} b_{jk}\frac{n!n!}{j!k!(n-j)!(n-k)!}\cdot u^j v^k(1-u)^{n-j}(1-v)^{n-k}, \end{aligned}$$

其中 $b_{jk} \in \mathbb{R}^3$. 函数型曲面在定义域作为参数域时的参数型表达式是

$$\begin{aligned} \begin{pmatrix} x \\ B^n(x) \end{pmatrix} &= \begin{pmatrix} u \\ v \\ B(u,v) \end{pmatrix} \\ &= \sum_{0\leqslant j,k\leqslant n} \begin{pmatrix} j/n \\ k/n \\ b_{jk} \end{pmatrix} \frac{n!n!}{j!k!(n-j)!(n-k)!}\cdot u^j v^k(1-u)^{n-j}(1-v)^{n-k}. \end{aligned}$$

§2.2　基于剖分的拼接方法

1. 线性插值与分片线性插值

与单变量情形一样, 最简单的插值是线性插值与分片线性插值. 给定不共线三点 A, B, C(二元情形, 多元时给定一个非退化单形的顶点), 那么任何点相对于这个三角形有唯一的重心坐标表示 $x = uA + vB + wC$. 如果测量了 A, B, C 上的函数值 $\{f(A), f(B), f(C)\}$, 那么线性插值可由下式来定义:

$$f(x) = uf(A) + vf(B) + wf(C).$$

由重心坐标

$$x = uA + vB + wC$$

和线性插值

$$f(x) = uf(A) + vf(B) + wf(C)$$

得到, 点 $(x, f(x))$ 可以表示为

$$\{(A, f(A)); (B, f(B)); (C, f(C))\}$$

的线性凸组合, 也就是说这是一张平面. 当 $0 < u, v, w < 1$ 时, x 在三角形的内部, 点 $\{x, f(x)\}$ 形成一个三角形片. 如果区域已经三角剖分了, 在每个子三角区域利用线性插值公式得到一个三角形片, 那么由于边界是连接两个顶点的直线, 从而这些三角形片可以自然地拼接成 (由许多小平面组成的) 一张大曲面. 由于每个三角片的边界性质, 我们知道这是一张连续的曲面, 这张曲面称为分片线性插值. 容易看出, 分片线性插值与剖分有关, 分片线性插值因不同的剖分而不同. 这个结果与单变量情形有本质上的不同, 因为单变量时, 由于区间排列的有序性, 所以剖分是唯一的. 与单变量情形相同的结果是: 这个函数也只能达到连续, 而一般是不光滑的. 正如单变量情形分段线性插值是函数拟合的一个基础方法, 多元的分片线性插值也是一个基础的方法. 在以后讲到的其他方法中还会有应用.

在讨论单变量分段线性插值时, 曾经有一个非常重要的结果: 单变量分段线性插值有变差缩减性质, 也就是说曲线的变化较少. 注意到, 泛函分析中的变差是由

$$V(f) = \max \sum |f(x_j) - f(x_{j+1})|$$

定义的, 而计算机辅助几何设计用曲线穿过平面的次数来定义变差. 这两个定义都在一定程度上反映了曲线的复杂性, 但是都不能直接推广到曲面情形. 另一种想法是用 Lipschitz 常数

$$L = \max \frac{|f(x) - f(y)|}{|x - y|}$$

缩减来模拟变差缩减. 这样就可以在多变量时也用 Lipschitz 常数来衡量曲面的变化. 如果插值函数是 Lipschitz 常数缩减的, 那么它就有变差缩减类似的性质, 不幸的是多变量的线性插值及分片线性插值都不是 Lipschitz 常数缩减的. 例如:

$$(A, f(A)) = (0, 0, 1);\quad (B, f(B)) = (0, 1, 0);\quad (C, f(C)) = (1, 0, 0).$$

此时数据的 Lipschitz 常数是 1, 而由线性插值得到在点 $(0.5, 0.5)$ 的值是 $f(0.5, 0.5) = 0$, 所以插值函数的 Lipschitz 常数是 $\sqrt{2}$. 更详细的讨论参见 3.5 节.

2. 三次九参数法

较之于分片线性插值, 还经常采用九参数法. 如果不仅知道函数在三角形顶点的函数值, 而且知道函数在三角形顶点的两个沿三角形边的方向导数值 (有时也用

其他方法估计这些导数值), 那么如何构造插值函数来满足这些条件呢? 仍然在这个三角形的局部采用局部的重心坐标及局部的 Bezier 曲面片. 由于已经知道了函数在三角形顶点的两个方向导数值, 所以就等价地知道函数在该点的法向. 在介绍 Bezier 曲面片时得知, Bezier 曲面片的边界曲线是由其边界上的 Bezier 控制点决定的 Bezier 曲线. 分析上述的插值条件知道, 边界曲线至少是三次的, 所以我们采用三次 Bezier 曲面片. 三次 Bezier 曲面片有十个自由参数 (Bezier 控制点), 由上述的九个插值条件可以决定其九个 Bezier 点, 它们分别是在顶点上的函数值

$$b_{300} = f(A), \quad b_{030} = f(B), \quad b_{003} = f(C)$$

及由顶点的方向导数决定的六个 Bezier 控制点

$$b_{210} = f(A) + \frac{\partial f(A)}{3\partial(B-A)}, \quad b_{201} = f(A) + \frac{\partial f(A)}{3\partial(C-A)},$$

$$b_{021} = f(B) + \frac{\partial f(B)}{3\partial(C-B)}, \quad b_{120} = f(B) + \frac{\partial f(B)}{3\partial(A-B)},$$

$$b_{102} = f(C) + \frac{\partial f(C)}{3\partial(A-C)}, \quad b_{012} = f(C) + \frac{\partial f(C)}{3\partial(B-C)},$$

其中, 方向导数由

$$\frac{\partial f(x)}{\partial y} = \lim_{t\to 0} \frac{f(x+ty)-f(x)}{t}$$

定义.

由上述分析可以发现, 利用三次 Bezier 曲面片对九参数进行插值会有一个自由的参数 b_{111}, 它可以任意决定. 那么如何决定这个参数呢? 一个自然的想法是用作拼接时的连续条件. 如果区域是三角剖分了的, 在估计或已经知道了每个三角形顶点处的函数值与方向导数值以后, b_{111} 任意的选择, 分片的九参数插值都是连续的. 如果还希望整个曲面是光滑的, 那么每两个相邻的三角片的两个中间 Bezier 控制点还要满足一个连续条件, 这样方程的个数是剖分的内部边的条数 $e-b=3n-2b-3$, 而自由变量个数是剖分的三角形的个数 $N=2n-b-2$. 当数据点都是区域的边界点时 (没有内部点), 自由变量的个数多于方程个数, 所以一般可以任意选择一个初始三角形的中间 Bezier 控制点, 而其他的可以由 C^1 连续条件得到. 当数据点有一个内部点时自由变量的个数与方程个数一致, 所以一般存在唯一的解. 当内部点多于两点时, 一般是无解的. 如果分析一个局部, 只考虑一个点及其周围的点, 那么这是自由变量的个数与方程个数一致的情形. 这时, 是否有解可以作为在这个内部点附近的 C^1 连续的相容性条件. 从这些分析可见, C^1 连续条件是很难达到的. 当无解时, 通常采用最小二乘法求解来获得一个与 C^1 连续较为相像的曲面, 这个方法在一些参考文献中亦被称为 Schmidt 方法. 其基本算法是对上述的 $3n-2b-3$ 个

方程利用最小二乘法解 $2n-b-2$ 个未知参数. 这时从工程上来讲, 曲面看起来是比较光滑的.

另一个想法是, 希望有低次多项式的再生性. 如果那九个数据是采自于一个两次多项式片, 那么自然希望或要求做出的曲面片就是这个两次曲面片. 这个想法是可以实现的. 由 Bezier 曲面的升阶公式, 如果定义

$$b=(b_{210}+b_{021}+b_{201}+b_{120}+b_{102}+b_{012})/6,$$

$$c=(b_{300}+b_{030}+b_{003})/3,$$

那么, 如果曲面是由一个两次曲面升阶得到的, 就满足如下条件

$$b_{111}=\frac{3b}{2}-\frac{c}{2}.$$

反过来, 只要取

$$b_{111}=\frac{3b}{2}-\frac{c}{2},$$

就可以满足, 如果数据是采自一个两次曲面, 这样做出的曲面片就是这个两次曲面. 也就是说这样的中心 Bezier 点的选法可以保证是局部两次多项式再生的.

3. Clough-Tocher 方法

C^1 的连续性要求是很普遍的. 为了使分片三次的多项式曲面能够达到 C^1 的连续性要求, 针对三次的 Bezier 片, 如果已经有了上述顶点上的九个参数, 那么要达到 C^1 的连续条件, 可以用增加边界上一个穿越边界的导数条件的办法使之与外部其他片的拼接达到 C^1. Clough-Tocher 采用了在三角片的边界上再增加一个穿越边界的方向导数的数据的方法, 这样数据是十二个, 所以三次曲面的自由度不够了, 他们采用把这个三角片分裂成三个三次 Bezier 曲面片的办法. 在三角形内部任取一点 (为了计算的稳定一般取重心点) 连接各个顶点就得到了一个三角形的子剖分 (见图 2.1).

由顶点处的函数值及方向导数值, 如同三次九参数法, 可以决定边界上曲线的 Bezier 控制点, 也就是图 2.1 中的第一类点; 由顶点处的两个方向导数可以决定该处的切平面, 从而可以决定图中 2.1 的第二类点; 由边界的 C^1 条件可以决定靠近边界的第二排的 Bezier 控制点, 即图 2.1 中的第三类点; 由内部边界的 C^1 条件可以决定图 2.1 中的第四类点; 最后由内部边界及内部顶点的 C^1 条件来决定内部顶点处的 Bezier 控制点. 由 Bezier 曲面片的 C^1 连续条件容易证明, 这样的 Bezier 控制点的选择得到的由三个 Bezier 片形成的 Clough-Tocher 片是 C^1 连续的, Clough-Tocher 片之间的拼接也是 C^1 连续的. Clough-Tocher 片的 Bezier 控制点的计算公式是与三角剖分的形状有关的, 其基本的方法是用已有的数据及连续条

件构造平面, 然后在这个平面的相应位置上取值. 譬如用顶点处的 Bezier 点及靠近它的两个边界上的 Bezier 点作一个平面, 并在上面决定内部边界上靠近顶点处的 Bezier 控制点. 用三个第四类点作一个平面并在上面决定内部顶点处的 Bezier 控制点等, 以保持 C^1 连续的条件.

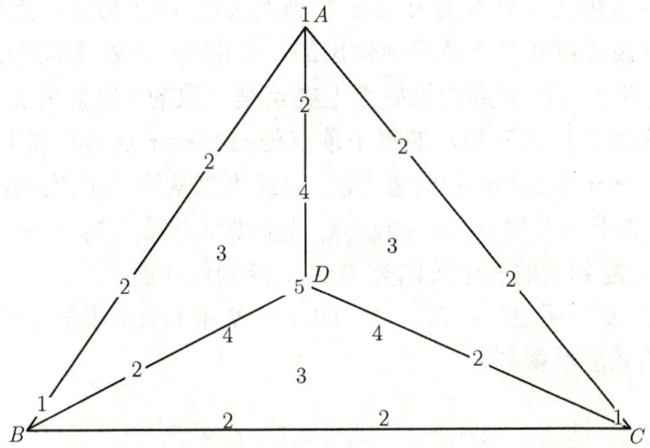

图 2.1 Clough-Tocher 片

4. Powell-Sabin 方法[8]

从上述的十二个数据出发, Powell-Sabin 也希望构造 C^1 连续的片, 但还希望降低分片多项式的次数. 他们做出了一个由分片两次的 Bezier 曲面片构成的 Powell-Sabin 片, 其算法如图 2.2 所示.

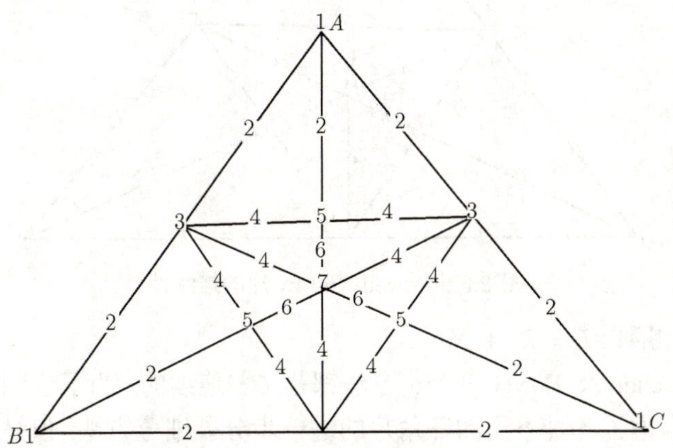

图 2.2 Powell-Sabin 片

在图 2.2 中, 第三类点处于剖分三角形边界的中点上, 第七类点是处于三角形的重心点上的 Bezier 控制点. 由顶点处的函数值先决定第一类 Bezier 控制点, 由顶点处的两个方向导数或者说顶点处的法向可以决定第二类 Bezier 控制点, 由边界曲线的光滑性得到第三类 Bezier 控制点, 由边界的穿越边界的方向导数可以决定第四类 Bezier 控制点, 第五类 Bezier 控制点可由平行于三角形边界方向的连续性条件及两个第四类 Bezier 控制点获得. 由第二类 Bezier 控制点及第五类 Bezier 控制点可以得到第六类 Bezier 控制点, 最后第七类 Bezier 控制点可由三个第四类 Bezier 控制点或者由三个第六类 Bezier 控制点决定, 除了最后一点外, 上面的算法都是在插值条件及连续条件下相容地做出的. 在最后一点处要满足曲面片的 C^1 连续性, 还要证明两种方法得到的最后第七类点是一致的. 也就是说, 要证明 C^1 连续性就要证明在细分后的三角片的每个顶点处的 Bezier 点与其周围的 Bezier 控制点是共面的. 由 Powell-Sabin 的构造方法, 已经得到从第一类点到第六类点都满足一阶连续条件. 关于第七类 Bezier 控制点, 我们要证明第六类 Bezier 控制点是与决定第七类 Bezier 控制点的三个第四类 Bezier 控制点共面.

如图 2.3, 只要证明 $2L = M + N$, 即 LMN 共线. 由子剖分的线段比及构造 Bezier 控制点的共面性得到

$$2H = I + J, \quad 2G = O + P,$$

$$4P = 3N + J, \quad 4O = 3M + I, \quad 4G = 3L + H.$$

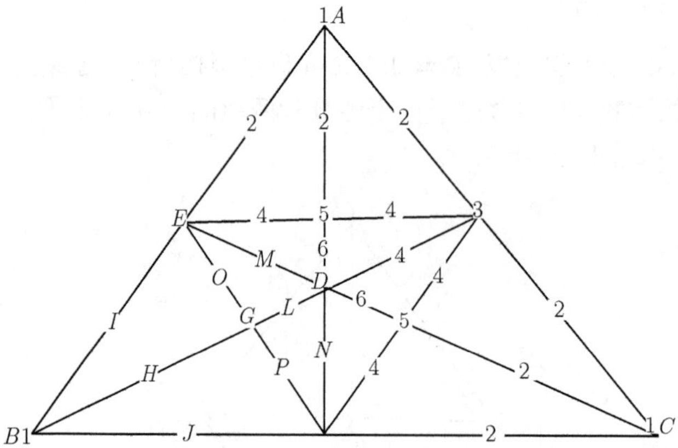

图 2.3　Powell- Sabin 片的连续性

从中验证即可得到 $2L = M + N$.

Clough-Tocher 及 Powell-Sabin 方法都是 C^1 连续的. 为了达到更高次的连续性, 许多作者考虑了各种不同的三角片的进一步分裂细分方法, 但是这些方法的计算都非常复杂, 譬如 Nielson 曾用分片三次的, 由顶点处的函数值、C^1 连续条件及使得某两次度量最小的方法获得了一张曲面, 这时需要解一个系数矩阵是稀疏的线性方程. 针对不同的实际问题可以构造一系列的类似的算法, 由于数据的散乱性, 这些方法也没有一元时样条的统一表示, 所以不在这里一一介绍[9~11].

§2.3 Boole 和与 Coons 曲面片

在许多构造曲面的实际问题中, 人们往往先构造一个框架 (譬如船舶的龙骨, 飞机、灯笼的骨架), 然后再在这些框架上糊上曲面. 局部地, 归结为构造这样的插值, 即插值这些曲多边形框架. 这一节要介绍的方法是基于区域的三角剖分, 用 Coons 曲面片构造插值曲多边形框架, 特别是曲三边形框架的方法. 在介绍 Coons 曲面片之前. 首先要介绍逼近和插值算子的 Boole 和.

假如 $\{\lambda_\alpha\}f$ 是由一组线性泛函 $\{\lambda_\alpha\}$ 表示的函数采集数据 (这里数据可能还含有高阶导数信息, 所以用泛函表示), 下标可能不是有限个或可列个 (譬如 α 是任意实数, $\{\lambda_\alpha\}$ 取到函数的自变量在一条曲线上变化的所有函数值甚至是几条线上的函数值).P 是一个逼近或插值算子, 它将一个连续函数映照到一个连续函数, $Pf = f^*$ 是根据数据 $\{\lambda_\alpha f\}$ 构造的一个逼近或插值函数 $f^*(x)$. 称 P 是一个关于插值信息 $\{\lambda_\alpha\}$ 的插值算子, 那么对给定的泛函 $\{\lambda_\alpha\}$, 它还满足 $\{\lambda_\alpha Pf = \lambda_\alpha f\}$.

$\{\lambda_\alpha f\}$ 又称为算子 P 的插值信息或者数据. 如果这个算子是插值算子, 那么它同时也一定是一个投影算子, 也就是说 $PPf = Pf$ 对任何的 f 都成立, 因为它是采用相同的采集数据用同样的方法构造出的插值. 我们说 P 是一个逼近算子, 如果在某种范数下还满足

$$\|Pf - f\| < Ch^k,$$

其中 C 是一个常数, h 是数据采集泛函 $\{\lambda_\alpha\}$ 的稠密度的度量 (譬如, 对通常的函数在某些点上的函数值信息 $\{\lambda_j f = f(x_j)\}$, 可以定义 $h = \max_{x\in\Omega} \min_j\{\|x - x_j\|\}$) 为数据的密度, k 称为这个逼近算子的逼近阶. 当然逼近算子同时也可以是一个插值算子, 插值算子也可以同时是一个逼近算子.

正如上面指出的, 这里由泛函定义的函数信息不仅可以是一些函数值, 也可以是函数在一条线上的函数值、高阶导数值、积分以及它们的线性组合等. 如果有两个针对不同的给定泛函的插值或逼近算子. 可以定义这两个算子的 Boole 和如下

$$P_1 \oplus P_2 = P_1 + P_2 - P_1P_2.$$

同理, 利用 $(P_1 \oplus P_2) \oplus P_3 = P_1 \oplus (P_2 \oplus P_3)$, 还可以构造出三个或三个以上算子的 Boole 和 (容易验证 Boole 和满足结合律). 关于这样定义的 Boole 和算子有如下的定理.

定理 2.3.1 如果 P_1 是有界的插值算子, P_2 是一个有 k 阶逼近阶的逼近算子, 那么它们的 Boole 和算子 $P_1 \oplus P_2$ 是一个关于 P_1 插值信息的插值算子, 且有 k 阶的逼近阶. 也就是说它综合了两个算子的好的性质.

证明 因为 P_1 是插值算子, 所以 P_1P_2f 在关于 P_1 的插值信息点上与 P_2f 的插值信息一致, 从而 $(P_1\oplus P_2)f$ 在 P_1 的插值信息点上与 P_1f 的插值信息一致. 再由 P_1 是插值算子, 我们证明了 $P_1\oplus P_2$ 是一个关于 P_1 的插值信息的插值算子. 对 Boole 和算子估计误差得到

$$\begin{aligned}\|P_1\oplus P_2f-f\| &= \|(P_1+P_2-P_1P_2)f-f\|\\ &\leqslant \|P_2f-f\|+\|P_1(P_2f-f)\|\\ &\leqslant \|P_2f-f\|+\|P_1\|\|(P_2f-f)\|\\ &\leqslant (1+\|P_1\|)\|(P_2f-f)\|. \end{aligned}\tag{2.1}$$

利用 P_1 的有界性及 P_2 的逼近阶得到 Boole 和算子还有 k 阶的逼近阶. □

定理 2.3.2 如果 P_1, P_2 是两个可交换的算子, P_1 是关于一些信息的插值算子, P_2 是关于另一些信息的插值算子 (可以与 P_1 的插值信息有重复), 那么它们的 Boole 和 $P_1\oplus P_2$ 是一个既关于 P_1 的插值信息又关于 P_2 的插值信息插值的插值算子.

证明 这个定理是上一个定理的直接推论. 同理还得到了下面的定理. □

定理 2.3.3 如果 P_1,P_2 是两个可交换的有界逼近算子. 那么它们的 Boole 和 $P_1\oplus P_2$ 是一个逼近算子, 且它的逼近阶至少达到 P_1 和 P_2 的逼近阶中较大的一个.

注 2.3.1 以上的插值可以是 Hermite 型插值.

Boole 和算子在曲线曲面及一般函数表示中有非常广泛的应用. 这里我们利用这些结果, 在一个剖分的区域上来构造 Coons 曲面. 其基本想法如同糊灯笼, 首先在剖分的网上 (框架上) 定义曲面的值, 这可以通过估计每个数据点的 Taylor 展式, 然后在每条剖分连接边上用 Hermite 插值的方法得到. 这些都是曲线的插值问题, 可以运用已经知道的各种曲线插值方法来实现. 譬如, 在造船或飞机制造中如果已经得到了一个骨架 (龙骨骨架或灯笼架), 那么剩下的问题是用一些合适的曲面片来填补粘贴出一整张曲面. 而 Coons 曲面就是在这个基础上用 Coons 片来填充每个网眼的方法. 具体的方法如下[12](就三角剖分进行讨论):

(1) 线性三角 Coons 片. 在三角片上定义插值算子 P_j, 它是其中一个顶点 A_j 及其对边上函数值的连线 (线性插值) 构成的一张直纹锥面. 每张这样的直纹锥面都插值了曲边三角形的一条边和一个顶点. 容易证明, 这三个插值算子是可交换的, 因为它们的乘积算子的结果都是关于三个顶点的线性插值. 构造这三个插值算子的 Boole 和, 由上面的 Boole 和的性质, 得到一张插值三条曲线边的插值曲面片, 这张曲面片称为三角线性 Coons 曲面片. 这些片自然拼成了一张连续的插值曲面. 当然这张曲面一般只是连续而不一定光滑. 这张曲面不同于分片线性插值, 它不是分片线性的, 甚至一般不是直纹面. 曲面不仅插值了顶点, 还插值骨架.

(2) 高次三角 Coons 片. 如果在所有网的连线 (骨架) 的每个点都定义了一定阶的 Taylor 展式 (高阶导数值, 譬如法向由一阶 Taylor 展式决定), 那么可以用 Hermite 插值定义插值算子 P_j. 这样得到的 Boole 和是关于定义的 Taylor 展式 (高阶导数值) 插值的. 如果定义在骨架上的 Taylor 展式是相容的, 那么最终得到的曲面有高阶的连续性. 其一般的过程可以如下给出:

已知 $\{x_j, f_j\}$ 及关于 $\{x_j\}$ 的一个剖分, 在每个 $\{x_j\}$ 已经测量了或者用估计的方法得到了一个 k 阶的 Taylor 展开式 $T_j(x)$. 任给相邻的两点及其上面的 Taylor 展式 $x_j, T_j(x)$ (譬如 $j = 1, 2$), 定义关于这些信息的 Hermite 插值

$$H_{x_1,x_2}(x) = \frac{\|x - x_2\|^{k+1}T_1(x) + \|x - x_1\|^{k+1}T_2(x)}{\|x - x_1\|^{k+1} + \|x - x_2\|^{k+1}}.$$

这样不仅在联线 $x = (1-t)x_1 + tx_2$ 给出了函数值 (构造了曲线), 同时还得到了在这条曲线上的 Taylor 展开式. 对于上述高阶 Coons 曲面的构造问题, 先在每条剖分的联线上构造这样的插值 H_{x_j,x_k}, 然后与线性 Coons 片一样, 对每个顶点及这个顶点对边上的每一个点再次构造这样的插值, 从而得到算子 P_j. 算子 P_j 是关于顶点及其对边的 Taylor 展式的插值, 这时 P_j 与 P_k 也是可交换的, 它们的 Boole 和是关于三角片边界的 Taylor 展式的插值, 所以可以拼接成 C^k 的曲面. 利用重心坐标还可以直接构造插值曲面

$$\frac{u^{k+1}P_1(u,v,w) + v^{k+1}P_2(u,v,w) + w^{k+1}P_3(u,v,w)}{u^{k+1} + v^{k+1} + w^{k+1}}.$$

这个曲面插值了顶点的 Taylor 展式. 同理如果已经有了框架上的 (相容的)Taylor 展开式 $P_{12}(u,v,w), P_{23}(u,v,w), P_{31}(u,v,w)$, 那么可以构造插值曲面

$$\frac{(vw)^{k+1}P_{23} + (wu)^{k+1}P_{31} + (uv)^{k+1}P_{12}}{(vw)^{k+1} + (wu)^{k+1} + (uv)^{k+1}}.$$

相似地, 可以定义四边形剖分上的 Coons 片. 在定义四边形剖分的 Coons 片时, 一般采用对边连接的方法, 这时只需要做两个算子的 Boole 和, 甚至比三角片还要简单. 具体算法如下:

在四边形片上, 定义插值算子 P_j, 它是两对边上函数值的连线 (线性插值) 构成的一张直纹面. 这两张直纹面相应地插值了曲边四边形的某两条对边. 容易证明这两个插值算子是可交换的, 因为它们的乘积算子的结果都是关于四个顶点的双线性插值. 构造这两个插值算子的 Boole 和, 就得到了一张插值四条曲线边的插值曲面片, 这张曲面片称为四边形 Coons 曲面片, 这些片自然拼成了一张连续的插值曲面. 当然这张曲面一般也只是连续而不一定光滑. 要获得更高阶的连续性 (光滑曲面), 可以参考上面的高次三角 Coons 片的构造. 首先在顶点有一个 Taylor 展开

式, 然后用两点的 Hermite 插值得到四边形边上的 Taylor 展开式, 继续用两点的 Hermite 插值得到插值对边的曲面, 最后利用 Boole 和得到插值.

Coons 曲面的逼近阶是由 Coons 曲面片在边界的逼近阶决定的. 容易证明, 要达到 k 阶的逼近阶, 需要精确估计 (或测量) 顶点上的 k 阶 Taylor 展式. 如果已经知道了顶点处的 k 阶 Taylor 展式, 或者用具有 k 阶逼近阶的估计方法获得顶点处的 Taylor 展开式, 那么对上述三角形片和四边形片用 Hermite 插值构造上述的算子, 再由关于 Boole 和算子的定理, 可以构造出有 k 阶逼近阶及 k 阶光滑的曲面. 这个方法也可以推广到更高维多变量情形.

§2.4 针对散乱数据的细分方法

针对散乱数据的细分算法, 其基本想法如同雕塑. 先从一个大概样子, 一般是多面体或多边形出发, 去掉多余部分, 补上不足部分, 在凸多边形情形常常表现为割角 (雕) 或补角 (塑) 的过程. 这类方法是一个过程, 人们得到的是一列函数, 这列函数最终收敛于要求的目标函数. 在计算机辅助几何设计中, 往往并不求出最终的目标函数, 而只是细分几步, 用细分到某一精度的过程中的函数作为目标函数的一个近似 (实际的雕塑工程也是这么做的). 因为分辨率的原因, 这样的方法在实际应用中是非常有效的. 这类方法有许多, 在这里只介绍比较有代表性的两种. 对应于雕的 Doo-Sabin 方法及对应于塑的蝴蝶算法.

先来介绍一种特殊的分段线性插值.

问题 2.4.1 给定 $\{t_j\}_{j=0}^n$ 及 $\{x_j\}_{j=1}^n$ 满足 $t_{j-1} < x_j < t_j$, 在 $\{x_j\}_{j=1}^n$ 上有数据 $\{f_j^0\}_{j=1}^n$. 寻找在 $\{t_j\}_{j=0}^n$ 分段的 (作为节点的) 分段线性插值, 使得分段线性曲线过 $\{x_j, f_j^0\}_{j=1}^n$.

因为 $x_j \in (t_{j-1}, t_j)$, 所以有

$$x_j = a_j t_{j-1} + b_j t_j,$$

其中

$$a_j = \frac{t_j - x_j}{t_j - t_{j-1}}, \quad b_j = \frac{x_j - t_{j-1}}{t_j - t_{j-1}},$$

满足 $0 < a_j, b_j < 1$, 且 $a_j + b_j = 1$. 寻找 $\{p_j^0\}_{j=0}^n$, 满足

$$f_j^0 = a_j p_{j-1}^0 + b_j p_j^0, \quad j = 1, \cdots, n.$$

这是一个 $n+1$ 个变量 n 个方程的线性方程组, 且系数矩阵是行满秩的, 所以这个方程是有解的, 而且解空间有一个一维的自由度. 要在这些解中要找一个合适的解, 一般地我们可以采用如下的优化判别准则:

(1) 最大的斜率绝对值最小化； (2) 斜率的平方积分最小化；
(3) 曲线的长度最小化； (4) 折线函数的最大的折角最小化；
(5) 拐点最少； (6) $\sum \|p_j - \frac{f_{j-1}+f_j}{2}\|^2$ 最小化.

类似地, 还可以根据不同的实际应用需要给出优化判别的准则, 从而解一个带插值条件的的优化问题.

1. Chaikin 方法[13]

要介绍的关于散乱数据的 Doo-Sabin 插值方法是人们熟悉的关于曲线的 Chaikin 算法的推广, 所以在这里先介绍 Chaikin 算法. 如果已知数据点 $\{f_j^0\}_{j=1}^n \in \mathbb{R}^d$, 构造分段线性插值, 使得分段点或者折点是 $\{p_j^0\}_{j=0}^n$, 而 $\{f_j^0\}_{j=1}^n$ 是分段线性插值的线段的中点, 即 $f_j^0 = (p_{j-1}^0 + p_j^0)/2$. 这可以用上述的分段线性插值方法得到 (取参数 $\{t_j = (2j+1)/2\}_{j=0}^n$, 而 $\{x_j = j\}_{j=1}^n$, 就可以得到). 现在希望在这个基础上获得一个光滑的插值, 用迭代算法得到加密的分段线性插值函数, 而数据点 $\{f_j^0\}_{j=1}^n$ 始终是下级某分段直线段的中点.Chaikin 方法的算法如下 (见图 2.4):

$$p_{2j}^{k+1} = (3p_j^k + p_{j-1}^k)/4,$$

$$p_{2j+1}^{k+1} = (3p_j^k + p_{j+1}^k)/4.$$

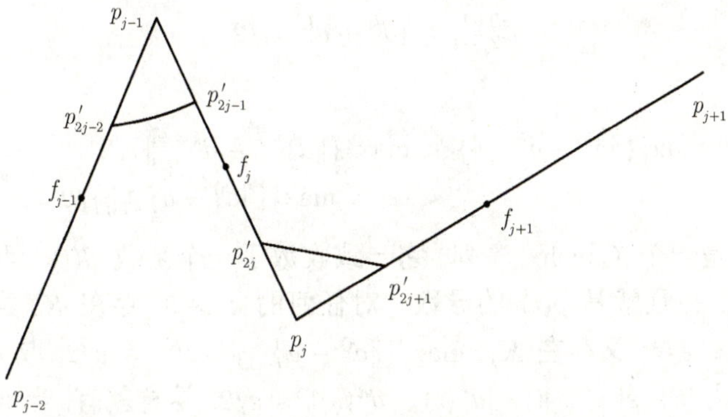

图 2.4 Chaikin 算法

可见, 这个过程每次把每个线段四等分, 然后割去四分之一的角, 或者说在每相邻的老的节点中取中点 (f 类点), 然后把每个中点与老的节点的中点作为新的节点 (p 类点). 如果把第 k 步得到的点的分段线性插值记为 $p^k(t)$, $\{p_j^k\}$ 是 $p^k(t)$ 在参数 $(j/2^k)+(1/2^{k+1})$ 上的值, 即 $p_j^k = p^k((j/2^k)+(1/2^{k+1}))$, 那么始终有 $p^k(j) = f_j^0$. 现在来分析 $p^k(t)$ 当 $k \to \infty$ 时的极限. 分析割去部分

$$\|p^k(t) - p^{k+1}(t)\| < \max_j\{\|p_j^k - p_{j-1}^k\|\}/4.$$

如果定义

$$L = \max_j \{\|p_j^0 - p_{j-1}^0\|\},$$

递推估计得到

$$\max_j \{\|p_j^k - p_{j-1}^k\|\} \leqslant 2^{-1} \max_j \{\|p_j^{k-1} - p_{j-1}^{k-1}\|\} \leqslant 2^{-k} L,$$

从而 $\|p^k(t) - p^{k+1}(t)\| \leqslant 2^{-k-2}L$, 所以 $p^k(t)$ 是一个 Cauchy 序列. 由于这列函数都是 Lipschitz 连续的, 并且它的 Lipschitz 常数都小于等于 L, 因此这个函数序列是一致等度连续的, 所以这个函数序列收敛于一个一致连续的函数 $p(t)$.

如果定义 $d^k(t)$ 为 $p^k(t)$ 的右导数, 那么

$$d_j^k = d^k(t) = 2^k(p_{j+1}^k - p_j^k),$$

当 $t \in (\frac{j}{2^k} - \frac{1}{2^{k+1}}, \frac{j}{2^k} + \frac{1}{2^{k+1}})$ 时, 有

$$\|d^k(t) - d^{k+1}(t)\| < \max_j \{\|d_j^k - d_{j-1}^k\|\}.$$

又由递推式得到

$$\begin{aligned} d_{2j}^{k+1} &= d_j^k, \\ d_{2j+1}^{k+1} &= (d_j^k + d_{j+1}^k)/2. \end{aligned} \tag{2.2}$$

从而

$$\begin{aligned} \max_j \{\|d_j^k - d_{j-1}^k\|\} &< \max_j \{\|d_j^{k-1} - d_{j-1}^{k-1}\|\}/2 \\ &< \cdots < \max_j \{\|d_j^0 - d_{j-1}^0\|\}/2^k. \end{aligned}$$

所以 $d^k(t)$ 也是一个 Cauchy 序列, 它一致收敛于一个函数 $d(t)$. 我们还要证明 $d(t)$ 是连续的, 并且就是 $p(t)$ 的导数. 对任何的 $\varepsilon > 0$, 存在 K, 当 $k > K$ 时, $\|d^k(t) - d(t)\| \leqslant \varepsilon/4$, 又存在 K_1, $\max_j\{\|d_j^0 - d_{j-1}^0\|\}/2^{K_1} \leqslant \varepsilon/2$, 取 $\delta = 2^{-K_1}$, 那么当 $k > K_1$ 及 $|t-s| \leqslant \delta$ 时, $\|d^k(t) - d^k(s)\| \leqslant \varepsilon/2$. 这样就有, 当 $|t-s| \leqslant \delta$ 时, $\|d^k(t) - d^k(s)\| \leqslant \varepsilon$. 这个公式说明 $d(t)$ 是一致连续的. 计算导数

$$\begin{aligned} p'(t) &= \lim_{\delta \to 0} \frac{p(t+\delta) - p(t)}{\delta} = \lim_{\delta \to 0} \lim_{k \to \infty} \frac{p^k(t+\delta) - p^k(t)}{\delta} \\ &= \lim_{k \to \infty} \lim_{\delta \to 0} \frac{p^k(t+\delta) - p^k(t)}{\delta} = \lim_{k \to \infty} d^k(t) = d(t). \end{aligned}$$

这里两次极限的可交换性留给读者证明. $p(t)$ 右导数是 $d(t)$, 再由 $d(t)$ 的连续性得到左导数等于右导数, 所以就得到了 $p(t)$ 导数为 $d(t)$. 事实上, 分析 $d^k(t)$ 的细分过程, 可以看到, $d^k(t)$ 在 $t = j/2^k$ 的值 (t_j^k) 是遗传给 $d^{k+1}(t)$ 的, 并且由式 (2.2),

$d^{k+1}(t)$ 在 $t=j/2^{k+1}$ 上的值可以由 $d^k(t)$ 在 $t=j/2^k$ 的值平均得到, 所以 $d(t)$ 是分段的线性函数, 从而 $p(t)$ 是一个一次连续的分段两次函数, 也就是说这是一个两次 B 样条. 分析从两次 B 样条的控制点出发得到的两次 B 样条曲线, 得到 $\{p_j^0\}$ 是这个两次 B 样条的控制点. 事实上根据细分算法我们知道任何次的等距 B 样条曲线可以由类似的迭代方法 (细分算法) 得到 (参见 Dahmen 等的文章). 细分算法还可以构造其他大量的曲线, 在这里只介绍从一元的 Chaikin 算法出发进行二元的关于散乱数据插值的推广的 Doo-Sabin 细分算法.

2. Doo-Sabin 方法[14]

现就二元情形说明 Doo-Sabin 方法. 如果已经得到一个分片多边形 (不一定共面) 网 (如同 Chaikin 的 p_j 点). 数据点处在这些多边形中 (每个网眼中有一个数据点, 最好恰是重心点, 如果某个网眼中没有数据点, 可用网眼的重心点增加一个数据点). 如同 Chaikin 算法, 在每个网眼连接每个网眼顶点与内部数据点, 取连线的中点作为新的网眼顶点. 在一元 Chaikin 算法中, 新的网眼顶点是自然有序的, 从而形成了一张新的网. 在二元情形, 有了点还要给它一个网结构.Doo-Sabin 构造网结构的方法是: 在每个原网眼, 每个原网的边及每个原网眼顶点都构造一个新的网眼 (参见示意图 2.5, 图 2.5 中粗线是老网眼, 细线是新网眼).

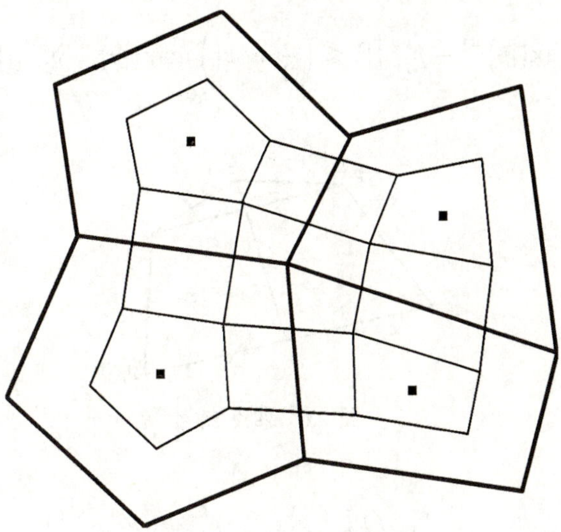

图 2.5 Doo-Sabin 片

如同上面的 Chaikin 算法, 可以连接重心点或数据点与网眼的边来填这个网眼, 得到这一级网的插值函数 $p^k(t)$. 显然, 每一级的网眼的数据点或重心点是遗传给了下一级插值函数的. 所以如果这列函数是收敛的, 那么这是关于数据点或网眼重心点的插值函数. 相似地用上面证明 Chaikin 方法收敛的技术, Doo-Sabin 证明

了 $p^k(t)$ 一致收敛于一张曲面 $p(t)$. 当所有数据点恰好都是网眼重心点时. 这列曲面收敛于一个 C^1 连续的曲面. 一般地还可以不取连线中点而用其他的比例的点来修正数据点附近的光滑性.

3. 四点法

另一个要介绍的散乱数据插值方法是对应于"塑"的蝴蝶算法, 这个方法是关于曲线的四点法的二维推广. 这两个方法都是 Dyn 等的工作. 所以从曲线的四点插值法讲起.

给定初始的数据点 $\{p_j^0\}$, 适当处理边界 (一般采用边界外再增加两点的方法). 四点法的算法如下

$$\begin{aligned} p_{2j}^{k+1} &= p_j^k, \\ p_{2j+1}^{k+1} &= \frac{p_j^k + p_{j+1}^k}{2} + \omega\left(\frac{p_j^k + p_{j+1}^k}{2} - \frac{p_{j-1}^k + p_{j+2}^k}{2}\right). \end{aligned}$$

这个过程 (见图 2.6) 每次都在保留原数据点的情形下增插了一些点. 与 Chaikin 算法的割角过程相反, 这是一个补角的过程. 如果 $p^k(t)$ 是以 $\{p_j^k\}$ 为顶点的分段线性插值, 那么 $p^k(j/2^k) = p_j^k$, 并且由迭代算法, 这些点都遗传到下一级的插值函数上 $p^l(j/2^k) = p_j^k, \forall l \geqslant k$. 有估计式

$$\max\{|p_j^{k+1} - p_{j-1}^{k+1}|\} \leqslant \left(\frac{1}{2} + |\omega|\right) \max\{|p_j^k - p_{j-1}^k|\}.$$

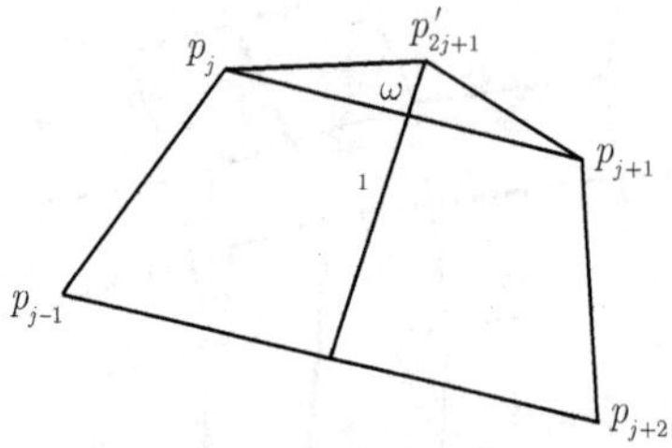

图 2.6　四点法

估计误差

$$\begin{aligned} \|p^k(t) - p^{k+1}(t)\| &\leqslant \max\left\{\left|\omega\left(\frac{p_j^k + p_{j+1}^k}{2} - \frac{p_{j-1}^k + p_{j+2}^k}{2}\right)\right|\right\} \\ &\leqslant \max\{|\omega(p_j^k - p_{j-1}^k)\} \leqslant |\omega|(0.5 + |\omega|)^k \max\{|p_j^0 - p_{j-1}^0)|\}. \end{aligned}$$

所以当 $0.5 + |\omega| < 1$, 或者说当 $|\omega| < 0.5$ 时, $p^k(t)$ 是一列 Cauchy 序列, 它一致收敛于一个连续的函数 $p(t)$. 容易得到这是一条插值的连续曲线. 特别地, 如果取 $\omega = 0$, 那么这是熟知的关于节点 $\{p_j^0\}$ 的分段线性插值.

边界的处理, 只分析曲线的一个边界, 另一个边界可以相似处理. 假设曲线是从 $t=0$ 开始的. 用低次曲线延伸的方法增加初始点 p_{-2}^0, p_{-1}^0. 譬如可以用 $p(0)=p_0^0, p(1)=p_1^0$ 及线性延拓或 $p(0)=p_0^0, p(1)=p_1^0, p(2)=p_2^0$ 抛物线延拓构造函数 $p(t)$, 进一步地令 $p_{-1}^0=p(-1), p_1^0=p(-2)$. 也可以一开始就设想原始的数据点是从下标 -2 开始的. 以后每做一步都只保留 p_{-2}^k, p_{-1}^k.

在一些文献中, 人们也研究 $\omega \geqslant 1/2$ 的结果. 这时曲线一般不收敛于一条连续曲线. 但会有某些分形性质, 从而可以用来模拟雪山草地等.

4. 蝴蝶算法

基于四点法的这个思想, Dyn 等又把它推广到二维情形. 假设已经有了一个初始的散乱数据点集并且有了基于这个数据点集的三角剖分. 希望如同四点法, 保留前一步的三角剖分顶点上的值而在每条边的中点上再加上一个值, 给定计算公式如下 (见图 2.7):

$$\begin{aligned} p(O)=&\frac{p(A)+p(B)}{2}+\eta\left(\frac{p(A)+p(B)}{2}-\frac{p(C)+p(D)}{2}\right)\\ &+\xi\left(\frac{p(A)+p(B)+p(C)+p(D)}{4}-\frac{p(E)+p(F)+p(G)+p(H)}{4}\right). \end{aligned}$$

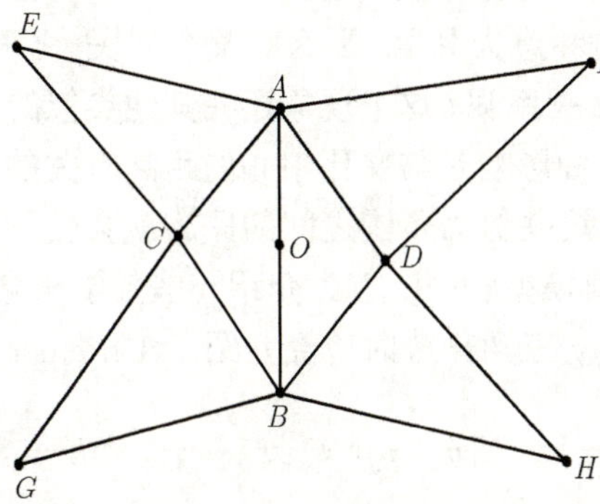

图 2.7 蝴蝶算法

然后连接三角剖分中每个三角形的三条边的中点, 把原来一个三角形分成四个三角片, 得到一个更细的三角剖分, 以及在这个剖分下的分片线性插值. 记细分 k 步的分片线性插值函数为 $p^k(t)$, 那么这个插值函数的节点上的值也是遗传给下一步的. 所以如果这列函数是收敛的, 那么它将收敛于一个关于原始数据的插值函数. 容易得到如果 $\xi=\eta=0$, 那么这是一个分片线性插值.

定义 $L_k=\max\{|p^k(t_i)-p^k(t_j)|\}$, 其中 t_i, t_j 是任何第 k 级三角剖分的同一个三角形的顶点, 那么估计有

$$\|p^k(t)-p^{k+1}(t)\|<(|\xi|+|\eta|)L_k.$$

同时比较新点与旧点及新点与新点的差得到

$$\begin{aligned} L_{k+1} &\leqslant \max\{(0.5+|\xi|+|\eta|)L_k; (0.5+1.5|\xi|+|\eta|)L_k\} \\ &= (0.5+1.5|\xi|+|\eta|)L_k, \end{aligned}$$

所以当参数都是非负时, 如果 $(0.5+1.5\xi+\eta)<1$ 或者 $(1.5\xi+\eta)<0.5$, $p^k(t)$ 是一列 Cauchy 序列, 它一致收敛于一个连续的插值函数 $p(t)$.

上述两个方法, Chaikin 方法可以看成是割角方法 (雕的过程), 四点法可以看成补角方法 (塑的过程), 曲面情形是它们的推广. 曲线情形的一个一般定理是

定理 2.4.1　任何曲线可由某个初始分段线性函数通过割角或补角得到.

定理的证明是平凡的. 只要对割角取目标函数的一些切线作为初始多边形, 对补角取目标函数上的一些点作为初始多边形的顶点就可以了.

§2.5　Sibson 插值或自然邻近法

举一个不是非常恰当的例子, 大家知道瑞士处在德国、法国及意大利之间, 而在瑞士也通用这三种语言, 划分为德语区、法语区及意语区. 靠近德国的居民会讲更多的德语, 但也有的居民会讲一些法语和意大利语. 靠近法国的居民会讲更多的法语, 但也会讲一些德语和意大利语. 那么对某个居民, 各种语言的熟练程度与他生活在瑞士的地点有什么关系呢? 这个现象还在其他类似的领域发生. 考虑这样的文化传播的影响, 如果这种影响是与文化中心的距离有关的, 各种文化已经划分了某种势力范围, 那么处于这些势力范围之间的民族就会受到不同程度的影响. 利用这个概念现在来构造插值模型[15,16]. 首先介绍一些数学概念.

我们在介绍 Delaunay 三角剖分时曾经介绍了 Dirichlet 片:

$$\Omega_j = \{x:\ \|x-x_j\| \leqslant \|x-x_k\|,\ \ \forall k \neq j\},$$

这好像一些势均力敌的文化中心划分了各自的势力范围, 满足 $\cup\Omega_j=\mathbb{R}^2$, $\Omega_j\cap\Omega_k$ 是空集或者其面积为零 (只有一条边或一个点). 如果两个集合相交于一条边, 称这两个点 (区域) 是基本邻近的 (只交一点, 不是基本邻近的).

下面定义的 Sibson 坐标就是在这个剖分的基础上的, 它体现了各势力对讨论点的影响. 当已知函数在 $\{x_j\}$ 上的值时, 对任意给定在 $\{x_j\}$ 凸包中的点 x, 函数在这个点应该取怎样大小的值. 换一句话说, 在数据点已经划分了某种势力范围 Ω_j 后, 给定的点 x 受各点的影响有多大 (加权平均的权应该取多大). 当然影响与反影响是同时存在的. 构造集合

$$\Omega_x = \{y:\ \|y-x\| \leqslant \|y-x_j\|,\quad \forall j\}.$$

Sibson 证明了 $x=\sum u_k(x)x_k$(其证明较复杂, 可参见 Sibson 的文章[16]), 其中

$$u_k(x)=\frac{\text{area}(\Omega_k\cap\Omega_x)}{\text{area}(\Omega_x)},$$

而且当 $x=x_j$ 时, 取极限 $x\to x_j$, 计算得到 $u_k(x_j)=\delta_{jk}$. 所以称 $\{u_k(x)\}$ 为 x 关于 $\{x_k\}$ 的 Sibson 坐标. 读者可以验证, 如果 $\{x_k\}$ 只有三个点, 那么 Sibson 坐标就是通常的重心坐标. 实际上也可以从 Sibson 坐标的性质及 x 关于三个点 $\{x_k\}$ 的重心坐标的唯一性得到. 由于 Dirichlet 片可在任意维空间定义, 所以 Sibson 坐标亦可以在任意维空间对任何散乱的点定义. 根据 Sibson 坐标就可以定义 Sibson 插值

$$s(x)=\sum u_k(x)f(x_k).$$

这表示函数在 x 点的取值与 Ω_x 在原势力划分 Ω_j 中所占的面积大小有关. 由 Sibson 坐标定义的连续性, 这个函数是连续的插值函数. 特别地, 读者可以验证, 在单变量情形 Sibson 插值就是分段线性插值. 也就是说, Sibson 插值是分段线性插值关于多元散乱数据的直接推广. 由 Sibson 坐标的性质容易得到这个插值有线性精度并且是平面再生的.

正如在三角剖分时介绍的 Dirichlet 片有一个对偶的 Delaunay 剖分. 每个 Dirichlet 片的顶点是一个过那些相邻的 Delaunay 片的内部节点圆的圆心, 亦称这些圆为 Delaunay 圆. 可以证明, $u_k(x)$ 的支柱是所有的以 Ω_k 的顶点为圆心的 Delaunay 圆的并, 所以 Sibson 插值的基函数是紧支柱的 (对内点), 也就是说它, 只与邻近的数据点有关. 也正是这个原因我们把它放在局部的方法这一章.

现在退回到一元情形, 通过计算得到, Sibson 插值就是一元情形的分段线性插值, 所以 Sibson 插值是分段线性插值的一种自然推广, 也就是说, 在一元情形文化影响不能跨越不同的文化中心. 在多元情形, 上面也指出了基函数的紧支柱性质, 在交通不发达时, 每一点也只能受到邻近的文化影响.

一元的分段线性插值有一个非常有用的性质, 如果定义函数的变差为

$$\text{Var}(f)_{[a,b]}=\sup\{\sum|f(x_{j+1})-f(x_j)|\},$$

$$\forall a=x_0<\cdots<x_n=b.$$

那么分段线性插值是变差缩减的. 这个性质在几何中表示为有形状的保持性质, 从而有广泛的应用. 特别是构造样条函数, 譬如用插入节点法, 样条函数是逐次分段线性插值的极限, 所以样条函数也有变差缩减性质, 从而导得了样条函数的许多好的性质. 从某种意义上讲, 变差可以说是导数的绝对值的积分, 或者说是导数的 L_1 范数. 在多元情形很难定义一个函数在一个区域的变差 (亏格是一个合理的推广, 但计算比较复杂), 当然可以定义法向与 z 轴夹角或内积的绝对值积分等来模拟变

差. 也可以用法向与 z 倾斜度的 L_∞ 范数, 或者说可以用 Lipschitz 常数来衡量函数的变化. 函数在某区域的 Lipschitz 常数定义如下

$$L_f(\Omega) = \sup_{x,y\in\Omega}\left\{\frac{|f(x)-f(y)|}{\|x-y\|}\right\}.$$

如果只在点 $\{x_j\}\in A$ 采集了一些数据 $\{f(x_j)\}$, 可以定义函数 f 在这些点上的 Lipschitz 常数

$$L_f(A) = \sup_{x,y\in A}\left\{\frac{|f(x)-f(y)|}{\|x-y\|}\right\}.$$

在一元插值问题的讨论中, 我们已经知道, 分段线性插值 $Sf(x)$ 是变差缩减的, 同时也是 Lipschitz 常数缩减的. 它满足

$$L_{Sf}(\Omega) \leqslant L_f(A) \leqslant L_f(\Omega), \quad A\subset\Omega.$$

可惜 Sibson 插值虽然是分段线性插值的一种推广, 但是并不满足这个条件. 有定理

定理 2.5.1 Sibson 插值不是 Lipschitz 常数缩减的.

证明 用反例证明. 当只有三个数据时, Sibson 插值就是线性插值. 而线性插值多元时并不满足 Lipschitz 常数缩减性质. 譬如, 对数据

$$\{(0,0),1\};\quad \{(0,1),0\};\quad \{(1,0),0\},$$

就有 $L_{Sf}=\sqrt{2}$, 而 $L_f(A)=1$. □

这个例子事实上同时也证明了线性插值在多元情形也不是 Lipschitz 常数缩减的. 那么, Lipschitz 常数缩减与平面再生究竟那个物理模型更合理一些呢？再来举一个小孩游戏的例子. 当玩堆沙堆时 (地貌的形成也是如此), 不可能出现分片平面的情形, 而更合理的是, 由于沙粒的坍落而取较小的 Lipschitz 常数, 在 Lipschitz 常数较大的地方沙子会发生坍陷, 所以从某种意义上说, Lipschitz 常数小更加确切地描述了曲面 (地貌) 的平坦度. 当然希望对多元散乱数据也要寻找插值函数是 Lipschitz 常数缩减的插值, 因为这样就有某种变差缩减性质 (某种比较平坦的性质).

1. Lipschitz 常数缩减的散乱数据插值

如何来构造 Lipschitz 常数缩减的插值函数呢？先给出一些定义, 并且分析其性质. 令

$$L_j = \max_{k\neq j}\frac{|f(x_k)-f(x_j)|}{\|x_k-x_j\|} > 0,$$

那么, $L_f(A)=\max\{L_j\}$.

对每个 j 定义两个锥面

$$C_j^+(x) = f(x_j) + L_j\|x - x_j\|, \quad C_j^-(x) = f(x_j) - L_j\|x - x_j\|.$$

由于锥面开口的大小, 可见所有的数据点都夹在这两个锥面之间, 即对任何的 j, k 满足

$$C_j^+(x_k) \geqslant f(x_k) \geqslant C_j^-(x_k).$$

求锥面 $C_j^+(x), C_j^-(x)$ 的 Lipschitz 常数, 利用距离的三角不等式得到

$$L_{C_j^+} = L_j = L_{C_j^-}.$$

定义函数

$$C^+(x) = \min\{C_j^+(x)\}, \quad C^-(x) = \max\{C_j^-(x)\},$$

那么用分段拼接计算 Lipschitz 常数得到

$$L_{C^+} = \max\{L_j\} = L_f(A) = L_{C^-}.$$

把这些讨论归结为定理.

定理 2.5.2 上面定义的函数 C^-, C^+ 是连续的 Lipschitz 常数缩减的插值函数. 并且满足下述性质:

(1) $C^-(x) \leqslant C^+(x)$;

(2) 等号在数据点成立, 即对任何的 j, 有 $C^-(x_j) = C^+(x_j)$;

(3) 函数 $w(x) = AC^-(x) + BC^+(x)$ 是一个连续的 Lipschitz 常数缩减的插值函数, 其中 $A, B > 0, A + B = 1$.

证明 连续性的证明是平凡的. 对于第一条用反证法. 如果在某点 x, 有 $C^-(x) > C^+(x)$. 那么存在两点 x_j, x_k, 满足

$$C^-(x) = f(x_j) - L_j\|x - x_j\| > f(x_k) + L_k\|x - x_k\| = C^+(x),$$

从而

$$\begin{aligned} f(x_j) - f(x_k) &> L_j\|x - x_j\| + L_k\|x - x_k\| \\ &\geqslant \min\{L_j, L_k\}\|x_j - x_k\|, \end{aligned}$$

这与 $\{L_j, L_k\}$ 的定义矛盾. 在数据点由于 $C_j^+(x_j) = f(x_j) = C_j^-(x_j)$, 且对任何 k, 有 $C_k^+(x_j) \geqslant f(x_j)$ 及 $C_k^-(x_j) \leqslant f(x_j)$, 所以 $C^+(x_j) = f(x_j) = C^-(x_j)$. 从而 C^-, C^+ 都是插值函数, 进一步地, 它的凸组合也是插值函数. 又由函数的凸组合是 Lipschitz 常数缩减的, 从而 $w(x)$ 也是一个插值的 Lipschitz 常数缩减的连续函数.□

以上是在每个数据点用一个锥面的两个部分分别做出 $C_j^-(x), C_j^+(x)$. 事实上, 可以做出两个控制更严的锥面. 令

$$L_j^+ = \max_{k\neq j} \frac{f(x_k) - f(x_j)}{\|x_k - x_j\|}, \quad L_j^- = \min_{k\neq j} \frac{f(x_k) - f(x_j)}{\|x_k - x_j\|}.$$

那么可以得到 $L_f(A) = \max\{|L_j^+|, |L_j^-|\}$. 对任何的 j 定义

$$C_j^+(x) = f(x_j) + L_j^+\|x - x_j\|, \quad C_j^-(x) = f(x_j) + L_j^-\|x - x_j\|.$$

这时对任何的 j, k, 仍然有

$$C_j^+(x_k) \geqslant f(x_k) \geqslant C_j^-(x_k),$$

求锥面的 Lipschitz 常数, 利用距离的三角不等式得到

$$L_{C_j^+} = |L_j^+| \leqslant L_j, \quad L_{C_j^-} = |L_j^-| \leqslant L_j.$$

如同上面的讨论, 定义函数

$$C^+(x) = \min\{C_j^+(x)\}, \quad C^-(x) = \max\{C_j^-(x)\}.$$

由 $C_j^+(x_k) \geqslant f(x_k) \geqslant C_j^-(x_k)$, 得到

$$C^+(x_j) = C_j^+(x_j) = f(x_j) = C_j^-(x_j) = C^-(x_j).$$

用分段拼接方法计算 Lipschitz 常数得到

$$L_{C^+} = L_{C^-} = \max\{L_j\} = L_f(A).$$

把这些讨论再归结为一个新的定理.

定理 2.5.3 上面从新定义的函数 $C^-(x), C^+(x)$ 是 Lipschitz 常数缩减的连续的插值函数, 并且

(1) $C^-(x) \leqslant C^+(x)$ 且 $C^-(x_j) = C^+(x_j)$;

(2) 函数 $w(x) = AC^-(x) + BC^+(x)$ 是一个连续的 Lipschitz 常数缩减的插值函数, 其中 $A, B > 0, A + B = 1$.

一般地, $w(x)$ 是一个分片锥面的连续函数, 不能达到更高的连续要求. 可以证明, 不可能找到更加光滑的 Lipschitz 常数缩减的插值函数!

定理 2.5.4 不存在导数连续 Lipschitz 常数缩减的插值函数. 即使在单变元时也不存在导数连续的 Lipschitz 常数缩减的插值函数 (当然也不存在导数连续的变差缩减的插值函数).

证明 只对单变元时的情形证明. 令数据是 $\{(n,|n|)\}_{n=-2}^{2}$, 数据的 Lipschitz 常数是 1. 如果插值函数是可导的, 那么在 0 点附近至少存在一点 $\bar{x}$, 其函数值小于 $|\bar{x}|$, 要不然函数在零点就表现为尖点. 从而该点与 $(-1,1)$ 或 $(1,1)$ 的连线的 Lipschitz 常数大于 1. □

以上讨论证明: 光滑插值和 Lipschitz 常数缩减不能同时成立. 那么是否可以放弃一点插值, 对预先给定的 $\varepsilon>0$, 要求寻找 $f^*(x)$, 使得

$$|f^*(x_j)-f(x_j)|<\varepsilon,$$

且 $f^*(x)$ 关于数据是 Lipschitz 常数缩减的. 这可以通过局部光滑化解决. 局部光滑过程可以用数学公式表示为

$$M_f(x)=\frac{\displaystyle\int_{t\in O}f(x+t)dt}{|O|},$$

其中 O 是包含零点的一个小区域, $|O|$ 表示这个区域的测度 (面积). 函数 M_f 的连续性要强于 f. 有

$$\begin{aligned}L_{M_f}&=\max\frac{\left|\displaystyle\int_{t\in O}f(x+t)-f(y+t)dt\right|}{|O|\|x-y\|}\\&\leqslant\max\int_{t\in O}\frac{|f(x+t)-f(y+t)|dt}{|O|\|x-y\|}\\&\leqslant\frac{\displaystyle\int_{t\in O}L_f dt}{|O|}=L_f.\end{aligned}$$

如果选择区域 O 的直径小于 δ, 那么

$$|M_f(x)-f(x)|=\frac{\displaystyle\int_{t\in O}f(x+t)-f(x)dt}{|O|}\leqslant\omega(f,\delta),$$

其中 ω 表示连续模. 特别地, 如果 f 的 Lipschitz 常数为 L, 那么, 可以选择 $\delta<\varepsilon/L$, 使得

$$|M_f(x)-f(x)|<\varepsilon.$$

这是说如果放弃插值, 允许构造的函数与数据之间有一定的误差 (任意给定误差精度), 那么可以利用通过对上述插值一个局部光滑化的方法获得一个在误差范围之内的 Lipschitz 常数缩减的逼近函数, 因为局部光滑化过程是 Lipschitz 常数缩减的.

2. Sibson 插值的收敛性定理

定理 2.5.5 如果函数满足 Lipschitz 条件 $\|f(x)-f(y)\| \leqslant L\|x-y\|$, 那么 Sibson 插值是一致一阶收敛的.

证明 就二元情形证明. 如果数据点的网眼半径是 h, 那么对任何点 x, 在以 $x+(2h,2h)$ 为形心以 $2h$ 为边长的正方形内存在至少一个数据点, 它们与 x 的垂直平分线截第一坐标轴至多长 $5h$. 由于 Dirichlet 片的划分与坐标系无关, 由坐标旋转的各向同性得到, Ω_x 的半径小于 $5h$. 所以当数据点与 x 的距离大于 $10h$ 时, 这个数据点就不是 x 的关于 Dirichlet 片的第一邻近点, 即 Sibson 插值是与离 x 的距离大于 $10h$ 的数据点无关的, 而只与离 x 的距离小于 $10h$ 的数据点有关. 上一节已经指出了 Sibson 插值的基函数是紧支柱的, 现在事实上证明了所有基函数的支柱的半径小于 $10h$. 由于 Sibson 插值是数据的凸组合, 插值函数的值介于这些数据点上的函数值的最大值与最小值之间. 又由于这些数据点之间的距离不超过 $20h$, 如果 $\|f(x)-f(y)\| \leqslant L\|x-y\|$, 那么这些数据点上的最大最小值之差小于 $20hL$. 所以

$$\begin{aligned}\|f(x)-Sf(x)\| &\leqslant \|f(x)-f(x_j)\|+\|f(x_j)-Sf(x)\| \\ &= \|f(x)-f(x_j)\|+\|Sf(x_j)-Sf(x)\| \leqslant 30hL.\end{aligned}$$ □

3. Lipschitz 常数缩减的插值收敛性定理

定理 2.5.6 如果函数满足 Lipschitz 条件, 那么 Lipschitz 常数不增的插值方法得到的插值函数 $w(x)=AC^-(x)+BC^+(x)$, 对任何的 $A,B>0$, $A+B=1$ 都是一致一阶收敛的.

证明 由 Lipschitz 常数不增性及插值性, 可以在 x 附近找到一个插值的数据点 x_j, 离 x 的距离不超过 h. 计算有

$$\|f(x)-w(x)\| \leqslant \|f(x)-f(x_j)\|+\|w(x_j)-w(x)\| \leqslant 2hL.$$ □

注 2.5.1 这两个插值方法在数据点一般只是 $\mathbb{C}^0$ 连续, 所以不能期望有更高的收敛速度.

这里可以提出一个问题: 是否能在考虑 Sibson 的基本邻近的同时考虑二阶邻近, 如同一元的抛物线插值, 得到一个更加好的关于多元散乱数据的高阶 Sibson 插值公式. 这是一个非常有意义但是尚待解决的问题.

§2.6 Shepard 方法

在插值问题的实际背景中, 被插函数经常有这样的性质: 函数在一点上的值对距它不同远近的点有不同大小的影响, 距离越近影响越大 (譬如由于热源热传导而

形成的温度分布, 由污染源产生的环境污染). Shepard 在 1968 年注意到了这个现象, 并由此提出了他的方法. 假设数据点 $\{x_j\}_{j=0}^n \in \mathbb{R}^d$ 两两不同, $\{f_j\}_{j=0}^n$ 是其上的数据值. 希望寻找插值函数 $s(x)$, 满足 $s(x_j)=f_j$ 及某种连续条件, 而函数 $s(x)$ 能体现这种依距离的远近而产生的不同大小的影响. 一个直接的想法[17,18] 是按照距离的倒数或距离的平方的倒数进行加权, 然后取其平均

$$s(x)=\sum_{j=0}^n f_j l_j(x).$$

这里 $l_j(x)$ 不是 Lagrange 多项式, 而是体现了函数在 x_j 的值 f_j 对在 x 点的函数值的影响. 譬如可以假设影响是与距离的平方的倒数成正比.

令 $r(x,y)=\|x-y\|_2^2$, $r_j(x)=\|x-x_j\|_2^2$, 那么定义权函数

$$l_j(x)=\frac{r_j^{-1}(x)}{\sum r_k^{-1}(x)}=\frac{\prod_{k\neq j} r_k(x)}{\sum_{m=0}^n \prod_{k\neq m} r_k(x)}.$$

就有

$$l_j(x_k)=\delta_{jk}.$$

得到如下定理.

定理 2.6.1

$$s(x)=\sum_{j=0}^n f_j l_j(x)=\sum_{j=0}^n f_j \frac{\prod_{k\neq j} r_k(x)}{\sum_{m=0}^n \prod_{k\neq m} r_k(x)}$$

是一个连续的函数, 并且满足插值条件.

证明 因为对任何的 x, $\sum_{m=0}^n \prod_{k\neq m} r_k(x)\neq 0$, 并且每一个 $r_j(x)$ 都是连续函数, 所以

$$l_j(x)=\frac{\prod_{k\neq j} r_k(x)}{\sum_{m=0}^n \prod_{k\neq m} r_k(x)}$$

是连续函数, 从而 $s(x)$ 也是连续函数. 对函数赋值容易验证这个函数满足插值条件. □

分析

$$l_j(x)=\frac{\prod_{k\neq j} r_k(x)}{\sum_{m=0}^n \prod_{k\neq m} r_k(x)},$$

可以得到性质:

(1) $l_j(x)$ 不是紧支柱的并且与每个 x_k 的位置有关;

(2) $l_j(x_k)=\delta_{jk}$;

(3) $1\geqslant l_j(x)\geqslant 0$;

(4) $\sum_{j=0}^{n} l_j(x) = 1$.

由 $l_j(x)$ 的这些性质可以导得插值函数的性质:

(1) 保正性: 如果所有的数据值 f_j 都大于零 (或小于零), 那么插值函数就大于零 (或小于零);

(2) 最大最小值性质: $\min f_j \leqslant s(x) \leqslant \max f_j$;

(3) 保常数性质: 如果所有的数据值 f_j 都等于 c, 那么插值函数 $s(x) \equiv c$;

(4) 连续性: 插值函数 $s(x)$ 是无限次可微的.

上面提到的那些性质都是关于函数插值的公认的非常好的性质. 从 Shepard 方法可以看到, 它既无定义域空间的维数限制, 又无数据点分布的限制. 为了应用的目的, 经常把插值公式推广为

$$s(x) = \sum_{j=0}^{n} f_j l_j(x) = \sum_{j=0}^{n} f_j \frac{\prod_{k \neq j} r_k^u(x)}{\sum_{m=0}^{n} \prod_{k \neq m} r_k^u(x)}, \quad u > 0.$$

这时分析连续性结果, 上述的性质 (4) 应该修改为

(4*) 连续性: 插值函数是 $s(x)$ 是无限次可微的, 如果 u 是整数, 否则 $s(x)$ 至少有 $-[-2u]-1$ 阶连续导数. 如果 $s(x)$ 可导, 那么其在数据点 x_j 处的导数为零.

证明 分析函数 $r_k^u(x)$, 当 u是整数时,它是无限次可微的, 否则它至少$-[-2u]-1$ 阶可微. 由 $l_j(x)$ 的分母不为零得到, $l_j(x)$ 与 $r_k^u(x)$ 有一样的可微性. 分析 $l_j(x)$ 在数据点附近的行为, 有

$$l_j(x) = \mathcal{O}(\|x - x_k\|_2^{2u}), \qquad 当\ x \to x_k,\ k \neq j;$$
$$l_j(x) = 1 - \mathcal{O}(\|x - x_j\|_2^{2u}),\ 当\ x \to x_j.$$

所以其各阶导数在数据点处为零. □

进一步地, 有

定理 2.6.2 $l_j^{(\beta)}(x_k) = \delta_{j,k}\delta_{0,\beta}$. 特别地, 给定函数 $T(x)$, 如果满足 $T^{(\beta)}(x_j) = T_{\beta,j}$, 那么

$$(T(x_k) l_j(x_k))^{(\alpha)} = \delta_{j,k} T_{\alpha,k}.$$

证明 用 Leibniz 公式求导即得. □

1. 带导数条件的 Shepard 插值

Shepard 插值的另一个缺点是: 插值函数虽然是光滑的, 但是由上述连续性质 (4*), 函数在数据点附近表现为平点 (其各阶导数为零). 这样就限制了 Shepard 插值的精度. 如果已经知道了函数在数据点的高阶导数, 那么当然还希望构造的插值函数也能重现这些数据. 譬如已经知道或者估计了 $\{f^{(\beta_k)}(x_j)\}$, $\beta_k \in A_j \subset \mathbb{Z}^d$, 那么可以通过构造如下改进的 Shepard 插值或带导数条件的 Shepard 插值来解决这

个问题:

$$s(x)=\sum_j\left(\sum_{\beta_k\in A_j}\frac{f^{(\beta_k)}(x_j)}{\beta_k!}(x-x_j)^{\beta_k}\right)l_j(x),$$

当然这里要求 $2u>\max\{|\beta_k|\}+1$, 由上述的连续性质 (4*), $l_j(x)$ 在 x_k 的各阶导数为零, 对上式求导, 容易证明, 这是一个关于各阶已知导数都插值的函数. 一般地, 如果不仅知道函数在 x_j 点的函数值, 而且还知道函数在这点附近的一个低阶 (阶数小于 $2u-1$)Taylor 展开式 $T_j(x)$, 那么函数

$$s(x)=\sum T_j(x)l_j(x)$$

是一个关于这些 Taylor 展开式的插值函数. 也就是说 $s(x)$ 在 x_j 点的 Taylor 展开式是 $T_j(x)$. 读者容易验证这个结果.

固定插值数据点 $\{x_j\}$, 令 S 是用 Shepard 方法插值的插值算子, 即 $S\{f_j\}=s(x)$, 那么可以验证

$$S\{af_j+bg_j\}=aS\{f_j\}+bS\{g_j\},$$

$$S\{S\{f_j\}\}=S^2\{f_j\}=S\{f_j\}.$$

所以 Shepard 插值算子是一个线性投影算子. 下面分析当 $x\to\infty$ 时 $s(x)$ 的渐近性质. 由于当 $x\to\infty$ 时, $r_j(x)=\mathcal{O}(x^{2u})$, 从而得到

定理 2.6.3

$$\lim_{x\to\infty}l_j(x)=1/(n+1).$$

同时也得到了 Shepard 在无穷远点的行为, 也就是

$$\lim_{x\to\infty}s(x)=\sum f_j/(n+1).$$

2. Shepard 方法的推广

Shepard 方法的第一个缺点是: 它的加权平均的权只与距离有关而与方向无关. 而实际应用中影响往往还与方向有关. 为了解决这个问题, 可以用其他的范数来代替 Euclid 距离的平方 $r(x,y)=\|x-y\|_2^2$, 以适应实际问题的需要. 譬如在讨论文化传播的影响时, 不是用地域的实际距离而是用交通所用的时间来定义距离.

Shepard 方法的第二个缺点是: $s(x)$ 的每一个值与每一个 f_j 的大小有关. 这与许多情形下的数据屏蔽性及局部可修改性矛盾. 事实上, 可以任选某种距离函数 $w(x,y)$ 代替 Shepard 方法中的距离 $r(x,y)$, 只要 $w(x,y)$ 满足 $w(x,y)=w(y,x)\geqslant 0$, 等号当且仅当在 $x=y$ 时成立, 且满足一定的连续条件, 就可以得到一个插值公式. 这时

$$s(x)=\sum_{j=0}^n f_jl_j(x)=\sum_{j=0}^n f_j\frac{\prod_{k\neq j}w(x,x_k)}{\sum_{m=0}^n\prod_{k\neq m}w(x,x_k)}.$$

通过 $w(x, y)$ 的适当选取就可以克服上述的缺点. 当 x 与 y 的距离大于某值 $r(x, y) \geqslant R^2$, 经常迫使 $w^{-1}(x, y) = 0$, 这时影响就局限在一个半径为 R 的球内. 譬如令

$$w(x,y) = \begin{cases} \dfrac{r(x,y)}{R^2 - r(x,y)}, & r(x,y) \leqslant R^2, \\ \infty, & r(x,y) > R^2. \end{cases}$$

Shepard 方法还有第三个缺点: 如果知道了函数在正三角形顶点 $\{A, B, C\}$ 上的函数值 $\{f(A), f(B), f(C)\}$, 要估计函数在三角形重心点 D 的值. 那么用 Shepard 方法由数据的等距性得到

$$s(D) = \frac{(f(A) + f(B) + f(C))}{3}.$$

这个结果直观地看是比较合理的. 如果在 A 点附近又得到了许多测量值 (譬如 m 个数据), 当然得到的值的大小近似于 $f(A)$, 那么由 Shepard 方法得到的在重心点的估计值为

$$s(D) = \frac{(mf(A) + f(B) + f(C))}{m + 2}.$$

这个结果就很难接受了. 看来 Shepard 考虑到了数据点对要估计的点的影响, 可是忽略了数据点本身的互相影响. 在 A 点附近有许多测量值时, 理应相互抵消掉才比较合理. 但 Shepard 方法却过分地加重了这些数据的权. 这就是 Shepard 方法的第三个缺点. 这个问题在以后导出 Kriging 方法时予以解决. 事实上, Shepard 方法比较适用于数据点就是污染源的情形, 其他的点都在受污染源的影响, 但是污染源之间是没有影响的, 所以说第三个缺点在分析某种特定问题时可能还是优点. 如果在 A 点附近增加了污染源, 那么上述看起来不合理的结果也就变得合理了. 由于这个方法没有数据屏蔽性质, 所以这个方法虽然是一个整体的方法, 但是人们很少把它作为整体方法使用, 而只是把它作为两步方法 (先用局部的 Shepard 方法构造一组网格型的数据, 然后用张量积构造曲面) 局部地使用.

第3章　整体方法

§3.1　随机函数基础

这一章要介绍的方法涉及随机函数及其有关的概念, 所以在这里简单介绍一下随机变量及随机函数. 有关内容的进一步了解和严格的讨论可参见有关概率论、测度论、随机过程及随机函数的书籍.

随机现象：结果的出现带有偶然性的现象, 譬如明天某地的温度分布, 分币骰子投掷的结果等.

概率：偶然性事件发生的可能性度量. 我们说某事发生的概率是 0, 那么表示这事是几乎不可能发生的. 我们说某事发生的概率是 1, 那么表示这事几乎是百分之百发生的. 概率的取值是在 0 到 1 之间. 譬如明天某地的温度是在 10 ℃至 20 ℃之间的概率是 0. 9, 表示该地温度介与 10 ℃至 20 ℃之间的可能性是很大的.

随机变量：F 称为是一个随机变量, 如果 F 取某值是一个以某概率发生的事件, 譬如明天某地的温度小于某度. 随机变量是用数学手段描述随机事件的基础. 随机变量的值落在某个集合中表示了某种随机事件.

概率分布：如果 F 取值小于等于 F_0 的概率是 P_0, 那么称由 $P_0 = P(F_0)$ 定义的函数 P 为随机变量 F 的概率分布函数. 显然在一元情形概率分布函数 P 是一个单调增加的函数, 满足 $0 \leqslant P(F) \leqslant 1$ 且 $P(-\infty) = 0, P(\infty) = 1$.

分布密度：如果函数 P 是可微的, 那么定义 $p = P'$ 为随机变量 F 的概率分布密度函数. 显然, 概率分布密度 p 是一个非负的函数, 且 $P_0 = \int_{-\infty}^{F_0} p(t)dt = \int_{-\infty}^{F_0} dP(t) = P(F_0)$. 下列各式中 $p(t)dt$ 都可由 $dP(t)$ 代替 (比较测度论中的测度定义, P 是可微的要求可以放宽到 P 是有界变差函数).

随机变量的矩：随机变量 F 的 k 阶矩由 $E^k(F) = \int t^k p(t)dt$ 定义. 当 $k = 1$ 时, $E(F) = \int tp(t)dt$ 是随机变量平均值的一个表示, 所以又称均值. 同时是在只知道随机变量的概率分布而要估计这个随机变量的可能取值的一种期望值, 从而均值又称随机变量的数学期望.

方差：随机变量的方差由 $D(F) = \int (t - E(F))^2 p(t)dt$ 定义, 描述了随机变量与期望之间的离散度或确定性. 如果随机变量的方差是零, 那么这个随机变量是以百分之百的概率取值于它的均值, 从而这是一个确定的非随机的变量, 或者说通常的数学中的变量是随机变量的一个特殊形式, 这时该随机变量的分布集中在一个点上.

随机变量函数的期望: 随机变量 F 的函数 $g(F)$ 也是随机变量, 我们可以求它的期望

$$E(g(F)) = \int g(t)p(t)dt.$$

随机向量: 分量都是随机变量的向量称为随机向量. 为了描述这个随机向量各分量之间的关系, 还要讨论随机向量的联合分布. 如果非负函数 $p(t_1, \cdots, t_n)$ 满足

$$\int_{-\infty}^{\infty} \cdots \int_{-\infty}^{\infty} p(t_1, \cdots, t_n)dt_1 \cdots dt_n = 1,$$

那么它定义了一个 n 个分量的随机向量 F 的分布, 或者说它描述了一个 n 个分量的随机向量 F, 这时满足

$$F \leqslant F^0 \ (F_j \leqslant F_j^0)$$

的概率为

$$\int_{-\infty}^{F_n^0} \cdots \int_{-\infty}^{F_1^0} p(t_1, \cdots, t_n)dt_1 \cdots dt_n.$$

这样的函数 $p(t_1, \cdots, t_n)$ 称为随机向量 F 的联合分布密度函数.

这时也可以求随机向量的函数的期望

$$E(g(F_1, \cdots, F_n)) = \int g(t_1, \cdots, t_n)p(t_1, \cdots, t_n)dt_1 \cdots dt_n.$$

条件密度函数: 如果上述随机向量中的一些分量已经确定了, 那么那些还没确定的分量构成一个低维空间的随机向量. 它的密度分布函数可由 $p(t_1, \cdots, t_n)$ 表示, 譬如它的第 n 个分量已知是 c, 那么关于前 $n-1$ 个随机分量构成的随机向量的分布密度函数为

$$\begin{aligned} & p(t_1, \cdots, t_{n-1}|F_n = c) \\ = & \frac{p(t_1, \cdots, t_{n-1}, c)}{\int_{t_1} \cdots \int_{t_{n-1}} p(t_1, \cdots, t_{n-1}, c)dt_{n-1} \cdots dt_1}. \end{aligned}$$

同理, 可以定义已知几个分量后的条件分布密度函数.

条件数学期望: 如果已经知道了随机向量的第 n 个分量取值 $F_n = c$ (或者某些分量的取值), 那么对譬如 F_1 有怎样的估计或者期望呢? 条件数学期望可以利用

条件密度函数计算:

$$E(F_1|F_n=c)$$

$$=\int_{t_1}\cdots\int_{t_{n-1}} t_1 p(t_1,\cdots,t_{n-1}|F_n=c)dt_{n-1}\cdots dt_1.$$

随机向量的均值: 记 $T=(t_1,\cdots,t_n)^{\mathrm{T}}$, 那么随机向量 F 的均值由下式定义

$$E(F)=\int_{t_1}\cdots\int_{t_n} Tp(t_1,\cdots,t_n)dt_n\cdots dt_1.$$

随机向量的协方差矩阵: 用随机向量的协方差矩阵来度量随机向量与其均值的偏差:

$$D(F)=\int_{t_1}\cdots\int_{t_n}(T-E(F))(T-E(F))^{\mathrm{T}}p(t_1,\cdots,t_n)dt_n\cdots dt_1.$$

其矩阵内的元素为

$$\int_{t_j}\int_{t_k}(t_j-E(F_j))(t_k-E(F_k))p(t_j,t_k)dt_jdt_k,$$

其中

$$p(t_j,t_k)=\int\cdots\int p(t_1,\cdots,t_n)dt_l\cdots dt_m,\quad l,m\neq j,k.$$

这时其主对角元是各随机分量的方差. 其余称为协方差, 表明了两个随机变量的相关程度. 如果分布密度满足

$$p(t_j,t_k)=p_j(t_j)p_k(t_k),$$

称随机变量 F_j 与 F_k 是独立的, 这时

$$\int_{t_j}\int_{t_k}(t_j-E(F_j))(t_k-E(F_k))p(t_j,t_k)dt_jdt_k$$

$$=\int_{t_j}\int_{t_k}(t_j-E(F_j))(t_k-E(F_k))p_j(t_j)p_k(t_k)dt_jdt_k=0.$$

随机函数: 如果 $F(x)$ 对每个固定 x 都是随机变量, 那么称它是一个随机函数. 显然如果取一些点 $\{x_j\}$, 那么 $\{F(x_j)\}$ 构成随机向量. 如果只对随机函数在某几个点上的行为感兴趣, 可以对这个随机向量利用上述的联合分布进行研究.

随机函数连续性: 讲到函数总要讨论函数的连续性, 随机函数 $F(x)$ 在点 x 称为连续的, 如果 $\lim_{\Delta x\to 0}E(F(x+\Delta x)-F(x))=0$, 且 $\lim_{\Delta x\to 0}D(F(x+\Delta x)-F(x))=$

0. 一般地, 可以定义一个 n 次连续的随机函数 $F(x)$. 利用差分方法, 如果对任何的 $k \leqslant n$, 都有

$$E\left(\sum_{j=0}^{k}(-1)^j\binom{k}{j}F(x+j\Delta x)\right)=\mathcal{O}(\Delta x)^k,$$

$$D\left(\sum_{j=0}^{k}(-1)^j\binom{k}{j}F(x+j\Delta x)\right)=\mathcal{O}(\Delta x)^{2k},$$

那么称该随机函数是 n 次连续的. 显然这时随机函数的均值函数 $E(F(x))=f(x)$ 是一个 n 次连续的普通函数.

协相关函数: 定义协相关函数 (也称自相关函数)

$$\sigma(x,y)=E[(F(x)-E(F(x)))(F(y)-E(F(y)))].$$

可见, 如果知道了随机函数的协相关函数, 那么我们可以写出关于这个随机函数在任意的一些点上的协方差矩阵. 即如果 $F=(F(x_1),\cdots,F(x_n))^{\mathrm{T}}$, 那么其协方差矩阵的元素可以用协相关函数表示, 写成矩阵得到 $D(F)=(\sigma(x_j,x_k))$. 很多情形协相关函数只与 (x,y) 的距离有关的, 满足这种性质的随机函数分布称为是各向同性. 这时 $\sigma(x,y)=\sigma(\|x-y\|)$. 典型的协相关函数有 $\sigma(h)=e^{-\alpha h^2}$. 这种随机函数也称为 Gauss 型分布随机函数. 为了讨论方便也经常假设协相关函数是各相同性的.

线性相关性: 随机向量的各分量 F_j 称为线性相关的, 如果存在不全为零的 λ_j, 使得

$$D\left(\sum\lambda_jF_j\right)=0.$$

我们讨论的随机函数对任何两两不同的点 $\{x_j\}$, 随机变量 $\{F(x_j)\}$ 一般都是线性无关的.

正定函数: 函数 $\sigma(\|x-y\|)$ 称为非负定的 (正定的), 如果对不全为零的数 λ_j 及两两不同的点 x_j, 满足

$$\sum\lambda_j\lambda_k\sigma(x_j-x_k)\geqslant(>\neq)0.$$

由方差的非负性及

$$\sum\lambda_j\lambda_k\sigma(x_j-x_k)=\lambda^{\mathrm{T}}D(F)\lambda=D\left(\sum\lambda_jF(x_j)\right)$$

得到, 协方差矩阵及协相关函数是非负定的. 当随机函数在各点的取值线性无关时, 协方差矩阵及协相关函数还是正定的. 特别地, 上述 Gauss 函数是正定的. 如果某协相关函数是非负定的 (但不是正定的), 那么存在不全为零的数 λ_j 及两两不同的点 x_j, 使得 $\sum\lambda_j\lambda_k\sigma(x_j-x_k)=D(\sum\lambda_jF(x_j))=0$, 从而 $\sum\lambda_jF(x_j)$ 是一个以概

率 1(百分之百) 取某值的变量. 这时我们说这些随机变量线性相关. 在本课程的讨论中往往排除这种在某些点上的随机变量线性相关的随机函数, 所以本书讨论的协相关函数都是正定的.

条件正定函数: 函数 $\sigma(\|x-y\|)$ 称为 l 阶条件非负定的 (正定的), 如果对不全为零的数 λ_j 及两两不同的点 x_j, 当 λ_j 及 x_j 满足 $\sum \lambda_j x_j^k = 0, \forall k \leqslant l$ 时, 成立

$$\sum \lambda_j \lambda_k \sigma(x_j - x_k) \geqslant (>\neq) 0,$$

l 称为条件正定的阶. 注意这里条件正定的定义与一般高等代数教科书关于矩阵的条件正定定义的区别. 这里的条件正定不同于非负定.

下面不带证明给出几个关于正定及条件正定函数的经典定理. $\sigma(\|\cdot\|)$ 指定义在 d 维空间的 d 变量函数. d 是参数空间的维数.

定理 3.1.1 如果 $\sigma(\|\cdot\|)$ 可以写成其 Fourier 变换的逆变换, 函数 $\sigma(\|\cdot\|)$ 是正定 (非负定的) 的充分必要条件是其作为变量函数的 Fourier 变换是可积的且大于零 (非负), 而不是几乎处处等于零.

定理 3.1.2 函数 $\sigma(\|\cdot\|)$ 是 l 阶条件正定 (非负定的) 的充分必要条件是其作为 d 变量函数的 Fourier 变换除了零点可积且大于零 (非负), 而不是几乎处处等于零, 但在零点可能是一个不超过 $2l+d-1$ 阶的极点.

定理 3.1.3 函数 $\sigma(\|\cdot\|)$ 对任何的维数 d 的参数空间都是正定 (非负定的) 的充分必要条件是 $\sigma(\cdot)$ 是一个全单调函数. 即如果 $\sigma(\cdot) = \rho(\cdot^2)$, 那么 $(-1)^k \rho^{(k)}(\cdot)$ 对任何的 k 都是几乎处处大于零 (非负). 从而它是一个无限次可微函数.

定理 3.1.4 函数 $\sigma(\|\cdot\|)$ 对任何的维数 d 的参数空间都是 l 阶条件正定 (非负定的) 的充分必要条件是 $\sigma(\cdot)$ 是一个 l 阶条件全单调函数. 如果 $\sigma(\cdot) = \rho(\cdot^2)$, 那么 $(-1)^k \rho^{(k)}$ 对任何的 $k \geqslant l$ 都是几乎处处大于零 (非负). 从而它也是一个无限次可微函数.

§3.2 Kriging 方 法

这一节介绍来自于石油勘探在地质数学被称为 Kriging 的插值方法. 这是 Krige 在 1951 年应用于南非的矿藏描述方法. 下面分析海洋性石油矿的形成过程与分布情况. 某地某处某区域是否有石油, 以及有多少石油, 这是与许多许多年前这地方是否是海洋区域, 在这个海洋区域是否生活着鱼藻类, 曾经生活在那个区域的鱼藻类是否非常丰富, 以后是否有造山运动把这些鱼藻类的遗体覆盖起来, 是否有合适的温度使得这些鱼藻类发酵, 从而由有机质转化为石油 (太冷有机质还是有机质, 太热可能会转化为天然气. 如果覆盖是沙性的, 那么天然气还会逸去) 等众多的随机因素有关的. 1951 年, Krige 把矿藏的分布函数 $f(x)$, $x \in \mathbb{R}^d$ 看成是一个

随机函数 $F(x)$ 的实现. 也就是说, 在许多许多年以前就问, 这里以后是否会有石油以及石油的含量, 那么这个函数在每个固定点都还是一个不确定的随机数, 从而是一个随机变量. 而现在这个随机函数已经实现了, 不过只看到了该函数在 x_j 上的实现值. 考虑到函数的连续性及随机因素的区域影响, 这些随机变量是互相相关的. 随着时间的推移, 这个随机函数在每个点实现了它的值. 问题就是在已知这个随机函数在一些点上的实现值的情况下用估计的方法去估计这个随机函数在每一个点上的实现. 由概率论的知识知道, 在已知这个随机函数在一些点上的实现值的情况下, 这可以用条件数学期望来求解

$$f^*(x) = E(F(x)|F(x_j) = f_j, \quad j = 1, \cdots, n).$$

这个解是一个最小方差无偏估计. 但是求条件数学期望需要 $F(x)$ 在点 $\{x_j\}_{j=1}^n$ 及 x 上的联合分布, 这在实际应用中一般是很难得到的, 而且即使在联合分布已知的条件下要求条件期望也是非常复杂的 (对每个点要求一个 n 重积分), 所以退而求其次, 求一个关于条件期望的逼近. 所谓的 Kriging 方法就是在已知随机函数 $F(x)$ 的一阶和两阶矩的条件下在线性模型

$$F^*(x) = \sum \lambda_j(x) F(x_j)$$

中, 求最小方差线性无偏估计, 英语是 Best Linear Unibiased Estimation, 其每个字的第一个字母连在一起是 BLUE (有些书称为蓝色估计), 以区别于概率问题中的白噪声 (white 完全不能确定) 及定值数学问题 Real Equation Determine (RED 可以完全确定). 从最简单的情况谈起.

若已知随机函数的一阶矩 $EF(x) = m(x)$, 及只与点的距离有关的两阶矩, 即各向同性的自相关函数 (只与点的距离有关这个条件并不是必要的, 但如果只与距离有关, 那么解有简单的表示)

$$E((F(x) - m(x))(F(y) - m(y))) = \sigma(x, y) = \sigma(\|x - y\|),$$

且当 $h \to \infty$ 时, 有 $\lim \sigma(h) = 0$, 当 $h \to 0$ 时, 有 $\lim \sigma(h) = 1$.

我们称这种随机函数是平稳的. 一般地, 协相关函数是单调下降的 (距离越远相关越少). 既然 $EF(x) = m(x)$ 是已知的, 可以对 $F(x) - m(x)$ 工作, 所以不妨假设 $EF(x) = 0$. 用线性模型构造随机函数类

$$G = \{G(x)|G(x) = \sum \lambda_j F(x_j)\},$$

其中 $F(x_j)$ 是随机的变量, 而 $\{\lambda_j(x)\}$ 是普通的实函数. 希望在这个随机函数类 G 里寻找一个关于 $F(x)$ 的逼近 $F^*(x) \in G$, 然后来求这个逼近的条件期望.

那么应该寻找怎样的逼近呢？运用最小方差无偏估计的原则，首先希望估计是无偏的，即对 $F(x)$ 的可能的实现值从概率上讲要与我们的估计有一样的期望值. 当 $EF(x)=0$ 时，由求均值是线性运算得到

$$EF^*(x)=\sum \lambda_j EF(x_j)=0=EF(x),$$

从而在讨论的随机函数类里的随机函数都满足要求.

其次当然是希望控制估计的方差. 用最小方差来描述最佳逼近. 即希望对每个固定的 x 寻找 $\{\lambda_j(x)\}$，使得下式取最小

$$\min_{\lambda} D(F^*(x)-F(x))=E(F^*(x)-F(x))^2.$$

计算得

$$\begin{aligned}
&E(F^*(x)-F(x))^2\\
=&\sum\sum \lambda_j(x)\lambda_k(x)E(F(x_j)F(x_k))-2\sum \lambda_j(x)E(F(x_j)F(x))+EF^2(x)\\
=&\sum\sum \lambda_j(x)\lambda_k(x)\sigma(x_j-x_k)-2\sum \lambda_j(x)\sigma(x-x_j)+\sigma(0).
\end{aligned}$$

这是一个关于系数函数的两次型. 固定 x 对 $\{\lambda_j(x)\}$ 求导并令为 0 得到

$$\sum \lambda_j(x)\sigma(x_j-x_k)=\sigma(x-x_k),\quad k=1,\cdots,N.$$

这个线性方程的解就是上述两次型的唯一最小值.

记 $\lambda=(\lambda_j(x))_{N\times 1}$, $A=(\sigma(x_j-x_k))_{N\times N}$, $D=(\sigma(x-x_k))_{N\times 1}$，那么最小方差无偏估计满足方程 $A\lambda=D$. 这时系数矩阵是协方差矩阵，当测量值点的随机变量 $\{F(x_j)\}$ 线性无关时，这个矩阵是对称正定的，从而是非奇异的. 这个方程的唯一解 λ^* 是一个与 x 有关的函数值向量. 同时在这个随机函数类里找到了一个最小方差无偏意义下的线性逼近 $F^*(x)=\lambda^{*\mathrm{T}}F$，其中 $F=(F(x_j))_{N\times 1}$，现在来求这个随机函数的条件期望，而这个随机函数的条件期望是容易求得的.

$$f^*(x)=E(F^*(x)|F=f)=\lambda^{*\mathrm{T}}f,$$

其中 $f=(f_j)_{N\times 1}$，或者说

$$f^*(x)=D^{\mathrm{T}}A^{-1}f,$$

其中 D 是与 x 有关的函数值向量. 当 $x=x_j$ 时，D^{T} 是 A 的第 j 行 (同时也是第 j 列). 从而

$$D^{\mathrm{T}}A^{-1}=(0,\cdots,0,1,0,\cdots,0),$$

所以 $f^*(x_j)=f_j$. 这是一个关于数据 $\{x_j,f_j\}$ 的插值函数. $f^*(x)$ 的连续性由函数 $\sigma(x-x_j)$ 的连续性决定.

上述的讨论是固定 x 求解一个线性方程得到 λ^*, 从而得到 $f^*(x)$. 这样的计算工作量是非常大的. 但是从 $f^*(x)$ 的表达式可以看到

$$f^*(x) = D^{\mathrm{T}} A^{-1} f = D^{\mathrm{T}} g,$$

其中 $A^{-1} f = g$. 对这个表达式只要求解一个线性方程组, 然后再对函数赋值, 就可以得到需要的解.

在实际工作中自相关函数往往也是未知的. 但由实践知识自相关函数的类型一般是已知的. 比较常用的是

(1) Markoff 型: $\sigma(h) = ce^{-a|h|}$;

(2) Gauss 型: $\sigma(h) = ce^{-a\|h\|^2}$;

(3) Poisson 型: 当 $h \in \mathbb{R}^3$,

$$\sigma(h) = \begin{cases} c\pi D^3 \left(1 - \dfrac{3|h|}{2D} + \dfrac{|h|^3}{2D^3}\right), & |h| < D, \\ 0, & |h| \geqslant D, \end{cases}$$

当 $h \in \mathbb{R}^2$,

$$\sigma(h) = \begin{cases} c\left[\left(\dfrac{\pi}{2} - \dfrac{|h|}{D} + \dfrac{|h|^3}{D^3}\right) - \arcsin\left(\dfrac{|h|}{D}\right)\right], & |h| < D, \\ 0, & |h| \geqslant D, \end{cases}$$

当 $h \in \mathbb{R}^1$,

$$\sigma(h) = \begin{cases} c(D - |h|), & |h| < D, \\ 0, & |h| \geqslant D. \end{cases}$$

它们各自满足某种特定的自然规律. 这些自相关函数都是正定的有界函数. 下述两个值是自相关函数的特征:

$$S = \lim_{h \to 0} \sigma(h), \qquad R = \inf\{H : |\sigma(h)| < Se^{-3}, |h| > H\}.$$

在工程实践中人们用遍历理论及数据 $\{f_j\}$ 来估计自相关函数的类型及特征 (R, S), 从而决定自相关函数.

1. 一元 Markoff 型协方差矩阵的求逆

对 Markoff 型的自相关函数, 一元时数据 x_j 可以按序排列. 令 $u_j = e^{-a|x_{j+1} - x_j|}$, $u_{jk} = e^{-a|x_k - x_j|}$, 那么当 $k > j$ 时, 有 $u_{jk} = \prod_{i=j}^{k-1} u_i$, 当 $k > j > i$ 时, 有 $u_{ik} = u_{ij} u_{jk}$. 令矩阵

$$e_n = \begin{pmatrix} 0 & u_1 & & & \\ & \ddots & \ddots & & \\ & & & & \\ & & & \ddots & u_{n-1} \\ & & & & 0 \end{pmatrix},$$

那么当 $m \geqslant n$ 时, 有 $e_n^m = 0$, 且

$$\begin{aligned} A &= \sum_{j=0}^{n}[(e_n^j)^{\mathrm{T}} + e_n^j] - I \\ &= \sum_{j=0}^{\infty}[(e_n^j)^{\mathrm{T}} + e_n^j] - I \\ &= (I - e_n)^{-1} + (I - e_n^{\mathrm{T}})^{-1} - I \\ &= (I - e_n)^{-1}(I - e_n e_n^{\mathrm{T}})(I - e_n^{\mathrm{T}})^{-1}, \end{aligned}$$

从而

$$A^{-1} = (I - e_n^{\mathrm{T}})(I - e_n e_n^{\mathrm{T}})^{-1}(I - e_n).$$

注意上述 $(I - e_n e_n^{\mathrm{T}})$ 是非奇异的对角阵, 其逆阵是容易求得的. 计算并且化简得到 Kriging 解的另一个表达式, 当 $x_j < x < x_{j+1}$,

$$\begin{aligned} f^*(x) &= D^{\mathrm{T}} A^{-1} f \\ &= (e^{-a(x-x_j)}, e^{-a(x_{j+1}-x)}) \begin{pmatrix} 1 & u_j \\ u_j & 1 \end{pmatrix}^{-1} \begin{pmatrix} f_j \\ f_{j+1} \end{pmatrix}. \end{aligned}$$

可见一元的 Markoff 型自相关函数的 Kriging 插值只与最邻近的两个数据点有关, 且正是关于这两个数据的 Kriging 插值. 这与 Markoff 型随机函数的无后效性是一致的. 多元时的张量积型数据也可以相似解决, 得到相似的结果. 对于 Kriging 方法, 即使使用其他自相关函数插值的结果也主要与较近的数据点有关. 这称为 Kriging 方法的屏蔽效应, 对多元问题也有类似现象.

2. 一元 Gauss 型协相关矩阵的 Kriging 问题求解

对 Gauss 型的自相关函数, 如果数据点是等距的, 那么 $x_j = x_0 + jh$. 令 $a = e^{-\alpha h^2}$, $u = a^{-2}$, $s = (x - x_0)/h$. 有

$$\begin{aligned} A &= (a^{(j-k)^2}) = a^{j^2-2jk+k^2} = (a^{j^2}\delta_{jk})(u^{jk})(a^{j^2}\delta_{jk}), \\ D &= (a^{(s-k)^2}) = a^{s^2-2sk+k^2} = a^{s^2}(a^{j^2}\delta_{jk})(u^{sk}). \end{aligned}$$

如果 $A\lambda = D$, 可以证明, 解 λ 有如下表达式:

$$\lambda_k(x) = e^{-\alpha(x^2-x_k^2)} \prod_{j\neq k} \frac{e^{2\alpha x h} - e^{2\alpha x_j h}}{e^{2\alpha x_k h} - e^{2\alpha x_j h}}.$$

不妨假设 $x_0 = 0$, 否则可以用数据平移解决. 那么解向量

$$\lambda = \left(a^{s^2-k^2} \prod \frac{u^s - u^j}{u^k - u^j}\right).$$

代入验证并注意 Lagrange 多项式插值的结果我们得到 $A\lambda = D$. 所以可以写出 Kriging 插值的解:

$$f^*(x) = \sum f_k e^{-\alpha(x^2-x_k^2)} \prod_{j\neq k} \frac{e^{2\alpha xh} - e^{2\alpha x_j h}}{e^{2\alpha x_k h} - e^{2\alpha x_j h}},$$

因为 Kriging 的解只与数据的相对位置有关. 如果再定义

$$h_k = f_k e^{\alpha(x_k-x_0)^2}, \quad h(x) = f^*(x) e^{\alpha(x-x_0)^2},$$
$$w = e^{2\alpha(x-x_0)/h}, \quad w_k = e^{2\alpha(x_k-x_0)/h}.$$

那么对函数

$$f^*(x) = h(x) e^{-\alpha(x-x_0)^2},$$

就有

$$h(x) = \sum h_k \prod_{j\neq k} \frac{w - w_j}{w_k - w_j}.$$

这是一个 Lagrange 插值公式, 可以用更稳定的譬如 Newton 或者 Aitken 算法计算. 这个公式也说明, Gauss 型相关函数的 Kriging 解等价于在 $h(x)$ 空间求解 Lagrange 多项式插值, 从而 Gauss 型的 Kriging 也会有 Lunge 现象.

3. Kriging 插值算子的单调性与有界性

Kriging 插值算子 K 由下式定义:

$$(Kf)(x) = f^{\mathrm{T}} A^{-1} D = D^{\mathrm{T}} A^{-1} f.$$

这个算子与自相关函数及数据点的分布有关. 希望分析这个算子的有界性与单调性.

定义 3.2.1 算子 K 称为单调的, 如果 $\forall f \leqslant g$ 有 $Kf \leqslant Kg$.

定义 3.2.2 算子 K 称为有界的, 如果 $\|Kf\| \leqslant c\|f\|$.

定理 3.2.1 Markoff 型自相关函数的 Kriging 插值算子是单调的, 且与数据点的分布无关地有界.

证明 上面我们已经计算得到了 Kriging 插值的 Lagrange 函数 $\lambda_j(x)$. 容易验证 $1 \geqslant \lambda_j(x) \geqslant 0$ 且 $\|\lambda(x)\|_1 = \sum \lambda_j(x) \leqslant 1$, 所以插值算子是单调且有界的. 进一步地有 $\|K\| = 1$. □

容易证明 Markoff 型自相关函数的 Kriging 插值还有保正性, 单调性, 它的 Lagrange 函数是紧支柱的等好的性质.

定理 3.2.2 Gauss 型自相关函数的 Kriging 插值算子既不是单调的也不是有界的.

证明 亦如上节的计算 Gauss 型自相关函数的 Kriging 插值是另一形式的多项式插值. 而多项式插值不是有界的也不是单调的. □

4. 关于协相关矩阵的条件数

Kriging 插值的过程要计算一个线性方程, 而这个方程的系数矩阵是一个协相关矩阵. 线性方程解的稳定性与矩阵的条件数有关. 由 Bochner 定理, 正定函数的 Fourier 变换是正函数. 为了计算方便, 我们估计关于 L^2 范数的条件数, 并且假设数据点就是在 $[0,1]$ 区间的等分节点 $x_j = jh$, $h = 1/n$, 自相关函数是钟形的, 即

$$\mathrm{Cond}(A) = \|A\|_2\|A^{-1}\|_2 = \sigma_1/\sigma_n,$$

其中 σ_1 是正定协相关矩阵 A 的最大特征值, σ_n 是正定协相关矩阵的最小特征值, 估计有

$$\begin{aligned}
\sigma_1 =& \rho(A) \leqslant \|A\|_\infty \leqslant \sigma(0)n, \\
\sigma_n =& \min_{\|u\|=1}\{u^T A u\} \\
=& \min_{\|u\|=1}\int_{-\infty}^{\infty}|\sum u_j e^{ijht}|^2\hat{\sigma}(t)dt \\
=& 2\min_{\|u\|=1}\int_0^{2n\pi}|\sum u_j e^{ijht}|^2\sum_k\hat{\sigma}(t+2nk\pi)dt \\
\geqslant& 2\min_{\|u\|=1}\int_0^{2n\pi}|\sum u_j e^{ijht}|^2\sum_k\hat{\sigma}(2nk\pi)dt \\
=& 4n\pi\sum_k\hat{\sigma}(2nk\pi) \geqslant 4n\pi\hat{\sigma}(2n\pi).
\end{aligned}$$

综上所述, Kriging 插值的稳定性可以用自相关函数的连续性描述. 对 [0,1] 区间等距节点, 其条件数的阶数比函数的连续阶数多 1, 所以一般地, Kriging 插值的收敛阶差不多与 Kriging 插值数值计算的条件数成反比. 这个现象在其他的逼近或插值方法中也有体现, 被称为计算数学的测不准原理. 要获得好的收敛精度必须付出较大的计算工作量, 并且有较高的不稳定性.

§3.3 泛 Kriging (Universal Kriging)

Kriging 插值要求随机函数 $F(x)$ 的期望已知, 这在很多实际问题中很难达到. 所以现在讨论更广泛的一类随机函数:

$$F(x) = M(x) + R(x) = \sum P_\alpha x^\alpha + R(x),$$

其中 $R(x)$ 是均值为零的平稳的随机函数, 满足 $E(R(x)R(x+h)) = \sigma(h)$, P_α 是未知的随机变量, $\sum P_\alpha x^\alpha$ 又称随机多项式. 更一般地甚至可以讨论这样的随机函数

$$F(x) = M(x) + R(x) = \sum P_\alpha\phi_\alpha(x) + R(x),$$

其中 $\phi^T(x) = \{\cdots, \phi_\alpha(x), \cdots\}$ 是一组普通的函数基. 在地质数学中 $M(x)$ 称为漂移 (drift), 在一些随机分析的场合也称为趋势 (trend). 这样的随机函数模型就可以近似描述许多实际问题了. 下面用两种思想来讨论这个问题.

第一种思想: 设 $\phi(x) = (\cdots, \phi_\alpha(x), \cdots)^{\mathrm{T}}$. 按照 Kriging 方法的思想, 先来估计随机函数的期望函数

$$m(x) = EF(x) = EP^{\mathrm{T}}\phi(x) = p^{\mathrm{T}}\phi(x) = \sum p_\alpha \phi_\alpha(x),$$

其中 $EP_\alpha = p_\alpha$. 这是说已经知道, 该随机函数的期望是一个多项式函数, 而希望估计这个多项式的系数或对这个多项式的系数找最小方差线性无偏估计.

设 $M^*(x) = \sum P_\alpha^* \phi_\alpha(x)$, 同样考虑线性模型, 随机多项式 $M^*(x)$ 的系数可以由随机函数 $F(x)$ 在数据点的随机变量

$$F = (F(x_1), \cdots, F(x_n))^{\mathrm{T}}$$

线性表出 (逼近、线性模型): $P^* = \Psi F$. 用矩阵记法:

$$m^*(x) = E\Big(\sum P_\alpha^* \phi_\alpha(x)\Big) = E(P^*)^{\mathrm{T}}\Phi(x).$$

由无偏条件 $EP = EP^*$ 得到

$$p = EP^* = E\Psi F = \Psi E(\Phi P + R) = \Psi\Phi p.$$

一般地, j 要多于 α, 所以这里矩阵 $\Phi = (\phi_\alpha(x_j))_{j,\alpha}$ 是一个高矩阵. 这样 $p = \Psi\Phi p$. 无偏估计要对任何的可能出现的 p 值都成立, 导出无偏条件 $\Psi\Phi = I$. 如果随机向量 P 的各分量与 $R(x)$ 是独立的, 那么估计方差 $E(P^* - P)^2$ 最小等价于 P^* 的方差最小. 如果定义

$$A = E(F - \Phi p)(F - \Phi p)^{\mathrm{T}} = (\sigma(x_j - x_k)),$$

计算 P^* 的方差得到

$$\begin{aligned}
\mathrm{Var}(P^*) &= E(P^* - EP^*)^{\mathrm{T}}(P^* - EP^*)\\
&= E(\Psi F - \Psi\Phi p)^{\mathrm{T}}(\Psi F - \Psi\Phi p)\\
&= \mathrm{tr}E(\Psi F - \Psi\Phi p)(\Psi F - \Psi\Phi p)^{\mathrm{T}}\\
&= \mathrm{tr}E\Psi(F - \Phi p)(F - \Phi p)^{\mathrm{T}}\Psi^{\mathrm{T}}\\
&= \mathrm{tr}\Psi A\Psi^{\mathrm{T}},
\end{aligned}$$

这是一个矩阵的迹. 最小方差线性无偏估计就是要在条件 $\Psi\Phi = I$ 下寻找 Ψ, 使得 $\mathrm{tr}\Psi A\Psi^{\mathrm{T}}$ 取最小. 利用 Lagrange 乘子法, 希望

$$\frac{1}{2}\sum_\alpha\sum_{jk}\Psi_{\alpha j}\sigma(x_j - x_k)\Psi_{\alpha k} - \sum_{\alpha\beta}\left(\sum_k \Psi_{\alpha k}\Phi_{k\beta} - \delta_{\alpha\beta}\right)L_{\alpha\beta}$$

取最小, 对 $\Psi_{\alpha k}$ 求导并令为 0, 得到

$$0=\sum_k \Psi_{\alpha k}\sigma(x_j-x_k)-\sum_\beta L_{\alpha\beta}\Phi_{j\beta}.$$

利用矩阵表示, 可以把上式写成 $\Psi A=L\Phi^{\mathrm{T}}$ 或 $\Psi=L\Phi^{\mathrm{T}}A^{-1}$. 又由 $\Psi\Phi=I$, 得到 $L=(\Phi^{\mathrm{T}}A^{-1}\Phi)^{-1}$, 从而

$$\Psi=(\Phi^{\mathrm{T}}A^{-1}\Phi)^{-1}\Phi^{\mathrm{T}}A^{-1},$$

这样

$$P^*=\Psi F=(\Phi^{\mathrm{T}}A^{-1}\Phi)^{-1}\Phi^{\mathrm{T}}A^{-1}F.$$

对这个式子求期望得到

$$p^*=\Psi f=(\Phi^{\mathrm{T}}A^{-1}\Phi)^{-1}\Phi^{\mathrm{T}}A^{-1}f.$$

我们求得了随机函数 $F(x)$ 期望的一个估计式:

$$m^*(x)=\phi^{\mathrm{T}}(x)p^*=\Phi^{\mathrm{T}}(x)(\Phi^{\mathrm{T}}A^{-1}\Phi)^{-1}\Phi^{\mathrm{T}}A^{-1}f.$$

记

$$m^*=(m^*(x_1),\cdots,m^*(x_n))^{\mathrm{T}}=\Phi(\Phi^{\mathrm{T}}A^{-1}\Phi)^{-1}\Phi^{\mathrm{T}}A^{-1}f.$$

用期望的估计值来代替期望, 然后对剩余求 Kriging 插值得到

$$f^*(x)=m^*(x)+D^{\mathrm{T}}A^{-1}(f-m^*).$$

计算并利用矩阵表示, 有

$$f^*(x)=(D^{\mathrm{T}},\phi^{\mathrm{T}}(x))\begin{pmatrix}A & \Phi\\ \Phi^{\mathrm{T}} & 0\end{pmatrix}^{-1}\begin{pmatrix}f\\0\end{pmatrix}.$$

把节点代入上式验证得到, 这也是一个插值公式. 在期望是多项式时, 同时它也是最小方差线性无偏估计. 这个公式事实上可以写成两个部分的和:

$$\begin{aligned}f^*(x)&=m^*(x)+R^*(x)\\&=(D^{\mathrm{T}},0)\begin{pmatrix}A & \Phi\\ \Phi^{\mathrm{T}} & 0\end{pmatrix}^{-1}\begin{pmatrix}f\\0\end{pmatrix}+(0,\phi^{\mathrm{T}}(x))\begin{pmatrix}A & \Phi\\ \Phi^{\mathrm{T}} & 0\end{pmatrix}^{-1}\begin{pmatrix}f\\0\end{pmatrix},\end{aligned}$$

它是分别关于漂移 $M(x)$ 及剩余 $R(x)$ 的最小方差无偏估计的和.

为了更好地解释这个公式的意义, 用另一种思想再推导一次.

第二种思想: 直接用线性模型

$$F^*(x) = \sum \lambda_j(x) F(x_j)$$

寻找 $\{\lambda_j(x)\}$ 以获得一个最小方差线性无偏估计. 由无偏要求

$$EF(x) = EF^*(x) = \sum \lambda_j(x) EF(x_j),$$

$$\sum p_\alpha \phi_\alpha(x) = \sum \sum \lambda_j(x) p_\alpha \phi_\alpha(x_j).$$

这个式子应该对任何的多项式 (即任何的多项式系数 p_α 成立), 从而得到无偏条件:

$$\phi_\alpha(x) = \sum \lambda_j(x) \phi_\alpha(x_j).$$

在这个条件下希望估计方差

$$\begin{aligned}
&E(F(x) - \sum \lambda_j(x) F(x_j))^2 \\
=&E[(F(x) - \sum p_\alpha \phi_\alpha(x)) - \sum \lambda_j(x)(F(x_j) - \sum p_\alpha \phi_\alpha(x_j))]^2 \\
=&E(R(x) - \sum \lambda_j(x) R(x_j))^2 \\
=&\lambda^{\mathrm{T}} A \lambda - 2\lambda^{\mathrm{T}} D + \sigma(0)
\end{aligned}$$

取最小还是用 Lagrange 乘子法, 只要使

$$\lambda^{\mathrm{T}} A \lambda - 2\lambda^{\mathrm{T}} D + \sigma(0) + 2\sum \mu_\alpha(\phi_\alpha(x) - \sum \lambda_j(x) \phi_\alpha(x_j))$$

达到最小. 对 λ 及 μ 求导并令为 0, 得到关系式

$$\begin{pmatrix} A & \Phi \\ \Phi^{\mathrm{T}} & 0 \end{pmatrix} \begin{pmatrix} \lambda \\ \mu \end{pmatrix} = \begin{pmatrix} D \\ \phi(x) \end{pmatrix},$$

从而

$$f^*(x) = (D^{\mathrm{T}}, \phi^{\mathrm{T}}(x)) \begin{pmatrix} A & \Phi \\ \Phi^{\mathrm{T}} & 0 \end{pmatrix}^{-1} \begin{pmatrix} f \\ 0 \end{pmatrix}.$$

得到了与第一个想法相同的最小方差线性无偏估计公式. 这个思想有直接的关于随机函数 $F(x)$ 的最小方差线性无偏估计的背景. 当然第一种思想同时也提供了关于随机函数的期望函数的估计方法

$$m^*(x) = \phi^{\mathrm{T}}(x) p^* = \phi^{\mathrm{T}}(x)(\Phi^{\mathrm{T}} A^{-1} \Phi)^{-1} \Phi^{\mathrm{T}} A^{-1} f.$$

这个期望在矿藏分布描述中称为漂移 (drift). 它是关于 $F(x)$ 在 $\{f_j\}$ 已知的条件下的在多项式类里一个最小方差线性无偏意义下的最佳逼近. 它在譬如走势分析意义下也描述了趋势 (trend).

如果数据 $f = \{f_j\}$ 是采自于由 $\{\phi_\alpha(x)\}$ 张成的函数空间. 那么向量 $f = \Phi p$, 函数 $f(x) = p^{\mathrm{T}}\phi(x)$. 代入泛 Kriging 插值的计算公式

$$
\begin{aligned}
f^*(x) =&(D^{\mathrm{T}}, \phi^{\mathrm{T}}(x)) \begin{pmatrix} A & \Phi \\ \Phi^{\mathrm{T}} & 0 \end{pmatrix}^{-1} \begin{pmatrix} \Phi p \\ 0 \end{pmatrix} \\
=&\phi^{\mathrm{T}}(x) p = f(x),
\end{aligned}
$$

由此得到, 由 $\phi(x) = \{\phi_\alpha(x)\}$ 张成的函数空间是泛 Kriging 算子的一个不变子空间. 这亦为插值问题带来了方便.

注 3.3.1 在很多实际问题中, 人们希望, 当数据采自某种函数类时, 插值能重现这个函数, 这就是函数类的再生问题. 利用泛 Kriging 公式如果要使插值再生一个需要的函数空间, 只要选择这个空间的一组基, 并把它添加到漂移空间 $\{\phi_\alpha(x)\}$ 中, 然后作泛 Kriging 插值. 这样, 泛 Kriging 算子就可以再现任何预先给定的 (或需要的) 函数空间.

§3.4 协 Kriging(Co-Kriging)

在地质数学中经常遇到这样的情况, 某两种或更多种的矿藏有共生现象. 譬如, 石油和天然气, 锌和铅. 从另一种角度讲, 在测量某种函数时, 可以利用多种手段测量这个函数, 从而得到不同类型的关于同一个函数的泛函值. 譬如, 可以同时测量函数在某些点上的值及函数在这些点上的导数值. 这时事实上有两个互相有关的函数 (或者更多的互相有关的函数)$f(x)$, $g(x)$. 人们已经采集了关于这两个函数在一些点 $\{x_j\}$, $\{y_k\}$ 上的值 (数据)$f(x_j)$, $g(y_k)$, 而要对其中一个函数 (譬如 $f(x)$) 做出插值 (估计). 当然可以放弃 $g(x)$ 的信息, 只用 $f(x)$ 的信息及上一节讲到的 Kriging 方法进行工作, 从而获得一个最小方差线性无偏估计作为插值, 但是这显然浪费了许多有用的信息, 因为函数 $g(x)$ 的信息对 $f(x)$ 是有影响的, 进一步地函数 $g(x)$ 的信息对估计函数 $f(x)$ 是可以提供帮助的. 在数学的很多领域涉及到向量值函数, 譬如流量场, 电磁场等问题. 这些问题的函数值向量的各分量之间也是互相作用的, 那么如何利用这些间接的信息对函数的估计有更高的精确度呢? 现在利用上节讨论的 Kriging 最小方差无偏估计的思想来讨论这个问题. 为了说明问题就两个函数的情形进行讨论, 多个函数问题可以同样地用相似的方法解决. 为了讨论方便, 也就简单 Kriging 模型讨论. 用泛 Kriging 概念也可以导出类似的关于协 — 泛 Kriging 的结果.

将这两个函数 $\{f(x),\ g(x)\}$ 看成是某两个随机函数 $\{F(x),\ G(x)\}$ 的实现. 假设这两个随机函数的期望都为零 (当期望非零时可以采用泛 Kriging 的思想), 并且已经拥有了各自的自相关函数 (单个随机函数自身的), 进一步地, 这两个随机函数之间是有关系的, 所以还有一个描述这两个随机函数之间相关程度的称之为协相关函数的函数.

$$\begin{aligned}
\sigma_1(x,y) &= E((F(x)-EF(x))(F(y)-EF(y))),\\
\sigma_2(x,y) &= E((G(x)-EG(x))(G(y)-EG(y))),\\
\sigma_{12}(x,y) &= E((F(x)-EF(x))(G(y)-EG(y))).
\end{aligned}$$

假如这些函数都已知, 在线性模型

$$F^*(x)=\sum\lambda_j(x)F(x_j)+\sum\mu_k(x)G(y_k)$$

中寻找最小方差线性无偏估计. 与简单 Kriging 一样, 上述模型已经是一个无偏的估计. 进一步要做的是, 对每个固定的 x 来求方差最小的解. 这时的估计方差可以写成

$$\begin{aligned}
&E(F^*(x)-F(x))^2\\
=&E\left(\sum\lambda_j(x)F(x_j)+\sum\mu_k(x)G(y_k)-F(x)\right)^2\\
=&\sum\lambda_j(x)\lambda_k(x)\sigma_1(x_j-x_k)+\sum\mu_j(x)\lambda_k(x)\sigma_{21}(y_j-x_k)\\
&+\sum\lambda_j(x)\mu_k(x)\sigma_{12}(x_j-y_k)+\sum\mu_j(x)\mu_k(x)\sigma_2(y_j-y_k)\\
&-2\sum\lambda_j(x)\sigma_1(x-x_j)-2\sum\mu_j(x)\sigma_{12}(x-y_j)+\sigma_1(0).
\end{aligned}$$

这也是一个关于 $\{\lambda_j(x),\ \mu_k(x)\}$ 的两次型, 所以它有唯一的极小点. 关于每个固定的 x 对 $\lambda_j(x),\ \mu_k(x)$ 求导, 并令为零. 上述极小点同时是下面线性方程的解

$$\begin{aligned}
\sum\lambda_j(x)\sigma_1(x_j-x_k)+\sum\mu_j(x)\sigma_{21}(y_j-x_k)&=\sigma_1(x-x_k),\\
\sum\lambda_j(x)\sigma_{12}(x_j-y_k)+\sum\mu_j(x)\sigma_2(y_j-y_k)&=\sigma_{12}(x-y_k),
\end{aligned}$$

对任何 k. 用矩阵记法, 如果自相关函数及协相关函数都是各向同性的, 得到

$$\begin{pmatrix}\sigma_1(x_j-x_k) & \sigma_{12}(x_j-y_k)\\ \sigma_{21}(y_j-x_k) & \sigma_2(y_j-y_k)\end{pmatrix}\begin{pmatrix}\lambda\\ \mu\end{pmatrix}=\begin{pmatrix}\sigma_1(x-x_j)\\ \sigma_{12}(x-y_j)\end{pmatrix},$$

从而

$$\begin{pmatrix}\lambda\\ \mu\end{pmatrix}=\begin{pmatrix}\sigma_1(x_j-x_k) & \sigma_{12}(x_j-y_k)\\ \sigma_{21}(y_j-x_k) & \sigma_2(y_j-y_k)\end{pmatrix}^{-1}\begin{pmatrix}\sigma_1(x-x_j)\\ \sigma_{12}(x-y_j)\end{pmatrix}.$$

我们得到了随机函数的一个线性逼近, 并用矩阵简记为 (注意这里 A, D 与以前定义的差别)

$$F^*(x) = (F(x_1), \cdots, F(x_n), G(y_1), \cdots, G(y_m))A^{-1}D.$$

对 $F^*(x)$ 求条件 $F(x_k) = f(x_k), G(x_k) = g(x_k)$ 下的期望, 得到最小方差无偏估计

$$f^*(x) = D^{\mathrm{T}} A^{-1} \begin{pmatrix} f \\ g \end{pmatrix}.$$

当 $x = x_k$ 时, 上述公式中的 D^{T} 是 A 的第 k 行, 所以这也是一个插值公式. 这个插值函数的连续性与自相关函数及协相关函数的连续性有关. 如果记

$$D_1 = \begin{pmatrix} (\sigma_{21}(x - x_j)) \\ (\sigma_2(x - y_k)) \end{pmatrix},$$

同理也可以得到关于 $g(x)$ 的一个估计式

$$g^*(x) = D_1^{\mathrm{T}} A^{-1} \begin{pmatrix} f \\ g \end{pmatrix}.$$

协 Kriging 的另一个来源是考虑测量误差. 如果 $F(x)$ 是一个平稳的随机函数, 即 $EF(x) = 0$, $E(F(x)F(x + h)) = \sigma(h)$.

由于测量误差, 我们得到的不是 $F(x)$ 的值, 而是带有某种误差, 或者说得到的是

$$G(x) = F(x) + \varepsilon(x)$$

在一些点上的实现. 其中 $\varepsilon(x)$ 是测量误差表现的随机函数, 一般是白噪声, 满足

$$\begin{aligned} &E\varepsilon(x) = 0, \\ &E\varepsilon(x)\varepsilon(x + h) = 0, \quad h \neq 0, \\ &E\varepsilon^2(x) = \rho, \end{aligned}$$

且与随机函数 $F(x)$ 无关 ($E\varepsilon(x)F(y) = 0$). 而得到了 $G(x)$ 在一些点上的实现值 $g(x_j)$. 根据最小方差线性无偏估计的思想, 可以构造线性模型

$$F^*(x) = \sum \lambda_j(x) G(x_j),$$

计算期望, 这是一个无偏估计. 计算估计方差, 有

$$\begin{aligned} &E(F^*(x) - F(x))^2 \\ =&\sum\sum \lambda_j \lambda_k (\sigma(x_j - x_k) + \delta_{jk}\rho) - 2\sum \lambda_j \sigma(x_j - x) + \sigma(0). \end{aligned}$$

再使它达到最小, 继续利用 Lagrange 乘子法计算得到

$$(\sigma(x_j - x_k) + \rho\delta_{jk})\,\lambda = (\sigma(x - x_j)),$$

从而有

$$f^*(x) = g^{\mathrm{T}}\lambda,$$

其中 λ 满足

$$\lambda = (A + \rho I)^{-1}\,(\sigma(x - x_j)).$$

这时获得的解并不是一个插值公式而是一个逼近公式.

以上的讨论都是针对漂移为零的情况. 当然还可以讨论多个相关随机函数有共生现象的情况. 在 $m(x)$ 不为零时, 结合泛 Kriging 的公式也可以导得相似的公式. 以后还将深入讨论.

1. 插值算子的无后效性

考虑这样的问题, 如果对数据 $\{x_k, f_k\}_{k=1}^n$, 采用了某种方法得到了一个插值函数 $f^*(x)$, 如果继续用数据 $\{x_k, f_k\}_{k=1}^n$ 并增加一个由该插值方法得到的新数据 $\{x_0, f^*(x_0)\}$, 用同一种插值方法构造新的插值, 那么其结果是否仍然是 $f^*(x)$ 呢? 如果结果改变了, 表示这个插值方法会混杂进某种人为的不合理信息. 经过简单的计算, 得到

(1) 多项式插值是无后效的. 这是因为多项式插值有多项式再生性质, 从而 $f^*(x)$ 也是关于数据 $\{x_k, f_k\}_{k=1}^n$, 加上数据 $\{x_0, f^*(x_0)\}$ 的解;

(2) Shepard 方法是有后效的. 参考介绍 Shepard 插值时提到的缺点, 一般地, Shepard 插值的连续性在插值点与其他点是不一样的;

(3) Lipschitz 系数非增的插值是有后效的. 因为 Lipschitz 系数非增的插值在数据点一般是尖点, 而其他点一般不是尖点;

(4) Kriging 插值是无后效的. 利用 Kriging 插值公式, 计算增加了在 x_0 点由 Kriging 插值得到的信息的插值.

$$\begin{aligned}
&(f^{\mathrm{T}}, f^*(x_0))\begin{pmatrix} A & D(x_0) \\ D^{\mathrm{T}}(x_0) & \sigma(0) \end{pmatrix}^{-1}\begin{pmatrix} D(x) \\ \sigma(x - x_0) \end{pmatrix} \\
&= f^{\mathrm{T}}(I, A^{-1}D(x_0))\begin{pmatrix} A & D(x_0) \\ D^{T}(x_0) & \sigma(0) \end{pmatrix}^{-1}\begin{pmatrix} D(x) \\ \sigma(x - x_0) \end{pmatrix} \\
&= f^{\mathrm{T}}A^{-1}(A, D(x_0))\begin{pmatrix} A & D(x_0) \\ D^{T}(x_0) & \sigma(0) \end{pmatrix}^{-1}\begin{pmatrix} D(x) \\ \sigma(x - x_0) \end{pmatrix} \\
&= f^{\mathrm{T}}A^{-1}(I, 0)\begin{pmatrix} D(x) \\ \sigma(x - x_0) \end{pmatrix} = f^{\mathrm{T}}A^{-1}D = f^*(x).
\end{aligned}$$

同理得到, 泛 Kriging 插值也是无后效的. 这说明 Kriging 估计方法没有混杂进人为的不合理信息.

2. 协 Kriging 对 Hermite 插值问题的应用

考虑一元的 Hermite 插值问题. 给定一些节点及节点上的 Hermite 型数据 $\{x_k, f_k, f'_k\}_{k=1}^n$, Hermite 插值就是要寻找函数 $f^*(x)$, 满足

$$\{f^*(x_k) = f_k,\ \ (f^*)'(x_k) = f'_k\}_{k=1}^n.$$

把函数 $f(x)$ 看成是随机函数 $F(x)$ 的实现, 函数的导数 $f'(x)$ 看成是随机函数 $F'(x) = G(x)$ 的实现. 如果知道了有关的自相关函数及协相关函数, 那么就可以利用协 Kriging 方法得到解. 所以, 问题关键是那些自相关函数及协相关函数的表示式以及它们之间的关系. 这些函数当然是不能随便选取的. 假设讨论的函数其性质都是非常好的, 即对函数的两重极限、导数、积分等都是可以交换的. 既然

$$F'(x) = \lim_{\Delta x \to 0} \frac{F(x+\Delta x) - F(x)}{\Delta x},$$

那么由极限与导数的可交换性得到

$$\begin{aligned}&E((F'(x) - EF'(x))(F(y) - EF(y)))\\ =&\frac{\partial \sigma(x,y)}{\partial x} = \frac{\partial \sigma(x-y)}{\partial x},\end{aligned}$$

如果 $F(x)$ 的自相关函数只与距离有关. 同理

$$\begin{aligned}&E((F(x) - EF(x))(F'(y) - EF'(y)))\\ =&\frac{\partial \sigma(x,y)}{\partial y} = -\frac{\partial \sigma(x-y)}{\partial x},\end{aligned}$$

$$\begin{aligned}&E((F'(x) - EF'(x))(F'(y) - EF'(y)))\\ =&\frac{\partial^2 \sigma(x,y)}{\partial x \partial y} = -\frac{\partial^2 \sigma(x-y)}{\partial x^2}.\end{aligned}$$

这表明当随机函数本身的自相关函数决定以后, 它与其导数的协相关函数及其导数的自相关函数都已经决定了. 具体的计算由上式表出, 请注意这里 $\sigma, -\sigma''$ 的对称正定性及 σ' 的反对称性. 现在不难利用协 Kriging 方法得到 Hermite 插值的解.

$$f^*(x) = D^{\mathrm{T}} A^{-1} \begin{pmatrix} f \\ f' \end{pmatrix},$$

其中

$$A = \begin{pmatrix} \sigma(x_j - x_k) & -\sigma'(x_j - x_k) \\ \sigma'(x_j - x_k) & -\sigma''(x_j - x_k) \end{pmatrix},$$

$$D = \begin{pmatrix} \sigma(x - x_j) \\ -\sigma'(x - x_j) \end{pmatrix}.$$

对函数 $f^*(x)$ 及其导数在数据点赋值得到, 这是一个关于 Hermite 数据的插值. 而且 $(f^*)'(x)$ 是关于 $f'(x)$ 的 Kriging 的解. 这些讨论也适应于利用泛 Kriging 的多元问题. 也可以类似地解决函数的数据点与导数的数据点不同的问题. 特别地, 也可以讨论与高阶导数有关的问题. 显然, 这个协 Kriging 公式比简单 Kriging 公式多利用了一些间接的信息. 如果函数 $g(x)$ 是函数 $f(x)$ 导数, 那么协 Kriging 的解不仅插值 $\{f(x_j)\}$, 而且插值 $\{f'(x_j) = g(x_j)\}$, 从而一般地有更高的精度. 如果还能测量到更高阶的导数值, 那么利用更多函数的协 Kriging 公式可以获得更好的插值函数.

§3.5 一般线性泛函信息的插值

以前讨论的插值问题, 其数据总是函数在某些点上的值. 由于实际问题测量手段的限制, 譬如用遥感、地震等手段, 人们获得的往往不是函数的函数值, 而是这个函数的一些泛函值 (本书主要讨论线性泛函). 另一种情况是, 不仅可以得到在一些点上的函数值, 而且还可以在一些点上获得某些高阶导数值. 当然函数值、导数值事实上都是函数的特殊线性泛函值. 在协 Kriging 时介绍了 Hermite 数据的插值问题, 当数据点的各阶导数信息不完全时, 又称之为 Hermite-Birkhoff 问题. 更一般地, 可以考虑线性泛函信息的插值问题[19,20]:

问题 3.5.1 如果 $f \in \mathbb{C}^k(\mathbb{R}^d)$, $\{L_j\}_{j=1}^n : L_j \in [\mathbb{C}^k(\mathbb{R}^d)]^*$ 是 $\mathbb{C}^k(\mathbb{R}^d)$ 上的线性对偶空间 $\mathbb{C}^k(\mathbb{R}^d)^*$ 中的线性泛函. 如果已经测量到了这些泛函作用到这个函数的值 $\{L_j f\}_{j=1}^n$, 希望寻找函数 $f^*(x)$ 满足关于这些泛函值的插值

$$L_j f^* = L_j f, \quad j = 1, \cdots, n.$$

仍然利用 Kriging 的思想, 我们把函数 $f(x)$ 看成是随机函数 $F(x)$ 的实现, 先考虑简单 Kriging 即随机函数及其各阶导数的期望都为零. 将线性泛函作用到这个随机函数上, 得到一列随机函数的泛函, 从而是一列随机变量 $\{L_j F\}_{j=1}^n$(由上面关于随机函数的假设及泛函的线性, 这些随机变量的期望都为零). 在随机函数类 (线性模型)

$$F^*(x) = \sum \lambda_j(x) L_j F$$

里寻找关于随机函数 $F(x)$ 的最小方差无偏估计.

在介绍协 Kriging 的应用时曾经计算过

$$E((F'(x)-EF'(x))(F(y)-EF(y)))=\frac{\partial\sigma(x-y)}{\partial x},$$

$$\begin{aligned}&E((F(x)-EF(x))(F'(y)-EF'(y)))\\=&\frac{\partial\sigma(x-y)}{\partial y}=-\frac{\partial\sigma(x-y)}{\partial x},\\&E((F'(x)-EF'(x))(F'(y)-EF'(y)))\\=&\frac{\partial^2\sigma(x-y)}{\partial x\partial y}=-\frac{\partial^2\sigma(x-y)}{\partial x^2}.\end{aligned}$$

一般地, 当随机函数高阶可导, 并且其各阶导数的性质都是非常好的时候

$$\begin{aligned}&E((F^{(l)}(x)-EF^{(l)}(x))(F^{(m)}(y)-EF^{(m)}(y)))\\=&\frac{\partial^{l+m}\sigma(x-y)}{\partial^l x\partial^m y}=(-1)^m\frac{\partial^{l+m}\sigma(x-y)}{\partial x^{l+m}}.\end{aligned}$$

更一般地, 如果 L_1,L_2 是两个线性泛函, 那么由线性泛函的 Riesz 表示定理, 可以把它表示成两个积分:

$$L_jF(x)=\int L_j(x)F(x)dx,\quad j=1,2,$$

其中函数 $L_j(x)$ 为泛函 L_j 在对偶空间的 Riesz 表示, 如果函数的性质是非常好的 (总是这样假设的), 那么这两个积分与求均值积分是可以交换的, 从而得到

$$\begin{aligned}&E((L_1F(x)-EL_1F(x))(L_2F(y)-EL_2F(y)))\\=&\int\int L_1(x)L_2(y)\sigma(x-y)dxdy=L_{1x}L_{2y}\sigma(x-y),\end{aligned}$$

其中 L_{jx} 表示泛函 L_j 对变量 x 作用, L_{jy} 表示泛函 L_j 对变量 y 作用. 对

$$F^*(x)=\sum\lambda_j(x)L_jF$$

求期望得到要求的无偏条件

$$EF(x)=\sum\lambda_j(x)EL_{jy}F(y).\tag{3.1}$$

如果有 $EF(x)=0$, 那么这个条件是自然满足的. 对误差求方差得到

$$\begin{aligned}&E(F^*(x)-F(x))^2\\=&E(\sum\lambda_j(x)EL_jF(x)-F(x))^2\\=&\sum\sum\lambda_j(x)\lambda_k(x)L_{js}L_{kt}\sigma(s-t)\\&-2\sum\lambda_j(x)L_{js}\sigma(x-s)+\sigma(0).\end{aligned}\tag{3.2}$$

对每个固定的 x 关于 λ 求导并令为 0 得到, 最小方差的解满足

$$\sum\lambda_k(x)L_{js}L_{kt}\sigma(s-t)=L_{js}\sigma(x-s),\quad\forall j.$$

如果系数矩阵是非奇异的, 那么

$$F^*(x)=D^{\mathrm{T}}A^{-1}(LF),$$

其中 $(LF)^{\mathrm{T}}=(L_1F,\cdots,L_nF)$, $A=(L_{js}L_{kt}\sigma(s-t))$, $D=(L_{js}\sigma(x-s))$.

上面的讨论是形式上的. 还需要证明矩阵

$$A=(L_{js}L_{kt}\sigma(s-t))$$

的可逆性, 从而可以得到问题的存在唯一性定理.

定理 3.5.1　如果 $\sigma(h)=\int\hat{\sigma}(t)e^{i\langle h,t\rangle}dt$ 是正定函数, 即 $\hat{\sigma}(t)$ 几乎处处大于零. $\{L_j\}$ 是一组线性无关的线性泛函, 那么矩阵 A 是非奇异的.

证明　用反证法. 如果存在向量 $c\neq 0$, 使得 $c^TAc=0$, 那么

$$0=\int\hat{\sigma}(t)|\sum c_jL_{jh}e^{i\langle h,t\rangle}|^2dt.$$

由自相关函数的正定性得到: 应该几乎对任何的 t 成立

$$0=\sum c_jL_{jh}e^{i\langle h,t\rangle}=\left(\sum c_jL_{jh}\right)e^{i\langle h,t\rangle},$$

而 $e^{i\langle h,t\rangle}$ 张成空间的闭包是全空间, 所以导得 $\sum c_jL_{jh}=0$. 这个结果与泛函的线性无关性矛盾, 从而定理得证. □

对泛 Kriging 情形, 如果 $p_j(x)$ 是漂移空间的一组基

$$F(x)=\sum B_jp_j(x)+R(x),$$

那么从无偏条件 (3.1)

$$EF(x)=\sum\lambda_j(x)EL_{jy}F(y),$$

得到

$$p_k(x) = \sum \lambda_j(x) L_{jy} p_k(y). \tag{3.3}$$

利用 Lagrange 乘子法, 在 (3.3) 这个无偏条件下使得 (3.2) 取最小. 得到

$$\sum \lambda_k(x) L_{js} L_{kt} \sigma(s-t) + \sum \mu_k L_{js} p_k(s) = L_{js}\sigma(x-s), \quad \forall j,$$

$$\sum \lambda_j(x) L_{jy} p_k(y) = p_k(x), \quad \forall k.$$

写成矩阵形式是

$$\begin{pmatrix} L_{js}L_{kt}\sigma(s-t) & L_{js}p_k(s) \\ L_{ks}p_j(s) & 0 \end{pmatrix} \begin{pmatrix} \lambda \\ \mu \end{pmatrix} = \begin{pmatrix} L_{js}\sigma(x-s) \\ p_j(x) \end{pmatrix}.$$

这样得到最小方差无偏估计

$$F^*(x) = (a,b) \begin{pmatrix} L_{js}\sigma(x-s) \\ p_j(x) \end{pmatrix},$$

其中

$$(a,b) = ((LF)^{\mathrm{T}}, 0) \begin{pmatrix} L_{js}L_{kt}\sigma(s-t) & L_{js}p_k(s) \\ L_{ks}p_j(s) & 0 \end{pmatrix}^{-1}.$$

所以带有漂移的关于泛函信息的泛 Kriging 插值可以写成

$$f^*(x) = (a,b) \begin{pmatrix} L_{js}\sigma(x-s) \\ p_j(x) \end{pmatrix},$$

其中

$$(a,b) = ((Lf)^{\mathrm{T}}, 0) \begin{pmatrix} L_{js}L_{kt}\sigma(s-t) & L_{js}p_k(s) \\ L_{ks}p_j(s) & 0 \end{pmatrix}^{-1}.$$

这时容易证明, 当矩阵 $(L_{js}p_k(s))$ 满秩时, 线性方程的系数矩阵非奇异.

由对称性, 带有漂移的关于泛函信息的泛 Kriging 插值也可以写成

$$f^*(x) = (L_{jt}\sigma(x-t), p_j(x)) \begin{pmatrix} L_{js}L_{kt}\sigma(s-t) & L_{jt}p_k(t) \\ L_{ks}p_j(s) & 0 \end{pmatrix}^{-1} \begin{pmatrix} Lf \\ 0 \end{pmatrix}.$$

对等式两边求泛函 L_{jx}, 可见这是关于泛函信息的插值.

§3.6 样条函数方法

所谓的多元样条函数方法是从一元三次样条函数衍生出来的. 在一元三次样条的导出过程中, 曲线是由样条 (具有弹性的细木条) 弯曲而成, 所以从样条的物理性质 (要求曲线的弯曲能 —— 曲率的平方积分最小) 出发, 得到了一个在插值条件下的非线性的最优问题. 样条函数插值曲线就是这个非线性最优问题的解. 由于解这个非线性问题非常困难, 用两次导数的平方积分来模拟弯曲能, 从而简化成一个两次最优问题. 这个问题的解是分段的三次多项式. 三次样条的这个结果极大地影响了以后关于样条函数的研究.

所以人们在文献中看到的样条函数一般会有两种意义:

一种就是从三次样条解的结果出发, 简单地把分片多项式满足一定连续条件的函数空间作为高次多元样条函数空间, 关于这类函数的散乱数据插值已经在分片的拼接方法中进行过一些简单的讨论. 这个方法在微分方程数值解中发展成有限元方法. 这类函数有计算机表示简单的优点, 但针对散乱数据, 它需要有一个三角剖分. 特别对高阶连续问题, 建立在三角剖分上的高阶连续的分片多项式空间将变得十分复杂. 在给定剖分下, 一定次数满足一定连续条件的分片多项式函数全体是一个线性空间, 也就是所谓的样条函数空间. Morgan-Scott 甚至给出了一个例子: 在如图 3.1 的剖分下, 分片两次多项式一阶连续的函数全体的维数有时是 6, 而有时是 7. 在这个剖分下, 样条函数空间的维数与 6 个点的互相关系有关, 当连接 Aa,Bb,Cc 的三条直线交于一点时, 样条函数空间的维数是 7, 否则便是 6. 对大量数据点的三角剖分, 很难判定在一个局部, 是不是有类似于 Morgan-Scott 剖分及这三条判别线是否相交于一点, 所以由分片一定次数的多项式构成的, 满足一定连续条件的样条函数空间, 其空间的维数在很多情形是很难确定的. 即使确定了这样的样条空间的维数, 也是非常不稳定的. 这给解插值问题带来非常大的麻烦.

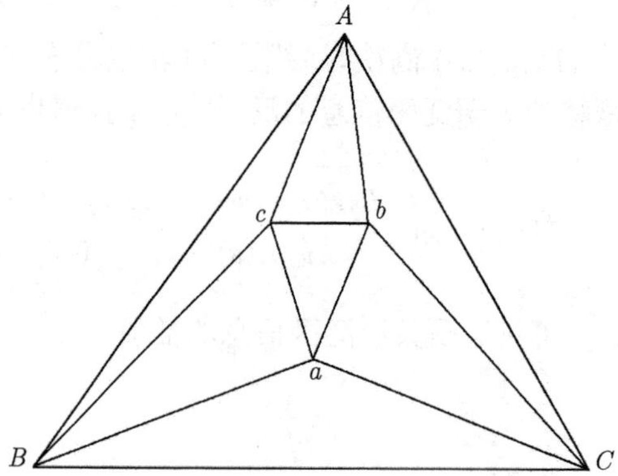

图 3.1 Morgan-Scott 剖分

在这里要讨论另一种意义下的样条函数空间，即在研究三次样条中使得样条曲线的弯曲能最小的这个本来物理意义下的解，这样的样条函数有明确的物理背景. 针对多元散乱数据，样条函数插值方法就是，针对数据 $\{x_j, f_j\}_{j=1}^n \subset \mathbb{R}^d \times \mathbb{R}$，寻找插值函数 $f^*(x)$，满足 $f^*(x_j) = f_j$，并且使得某种度量泛函 (根据真实的物理背景，譬如函数凹凸不平的程度，弯曲能等) 取最小. 一元情形的样条是从曲率的平方积分最小化开始的，因为曲率的平方是一个非线性问题，人们用两阶导数的平方来近似地代替曲率的平方，从而导出了三次样条. 在多元情形也可以讨论相似的问题. 譬如，可以认为，曲面由具有一定弹性的薄板弯曲而成. 即希望曲面的 Gauss 曲率的平方积分取最小. 如同一元样条，近似地希望曲面的两阶偏导数平方和积分为最小，这样就可以导出薄板样条. 更一般地，可以针对实际问题，根据问题的本来的物理性质，选择合适的泛函. 在这里为了讨论方便，选择度量泛函为关于函数的线性变换的内积的积分，也就是说采用一个正的两次度量来度量多元函数的弯曲和变化，从而来寻找在这种度量意义下的最优解.

假设数据提取算子是 $L : C(\Omega) \to \mathbb{R}^n$. 对函数提取数据，得到 $Lf = \{f_j\}$. 这里数据提取可以是函数取值算子 $L_j f = f(x_j)$，也可能并不一定是函数在某点的函数值，而是函数的一个一般的线性泛函值 (譬如某些高阶导数值及其线性组合等). 度量函数变化的度量泛函 G 是正两次的，即 $G(f) = M(f,f) \geqslant 0$，其中 $M(u,v) = M(v,u)$ 对称，且关于 u, v 都是线性的 (双线性). 要在 $\mathbb{C}(\Omega)$ 中两次泛函 G 有限的函数类里寻找插值函数 $f^*(x)$，满足 $Lf^* = \{f_j\}$. 进一步地，要在所有满足插值条件的函数中寻找某种最优的插值函数，即希望使得两次度量 $G(f^*) = M(f^*, f^*)$ 取最小. 用数学语言表示就是[21]

$$
\begin{aligned}
f^*(x) &= s(G,L,f) \\
&= \{s(x) | Ls = Lf,\ G(s) \leqslant G(s+h):\ \ \forall Lh = \{0\}\}.
\end{aligned}
$$

下面就要讨论这个问题解的存在性、唯一性、解的构造、解的特征等问题. 进一步地当然还要求出这个解. 首先给出一个等价性定理来描述解的特征.

定理 3.6.1 对于 $X(G) = \{v | M(v,v) < \infty\}$，下面三个命题是等价的.

(1) $s(x) \in X(G)$ 是使得上述两次泛函取最小的插值问题的解;

(2) 对任何的 $v \in X(G)$，若满足 $Lv = Ls = Lf$，就有 $M(s, v-s) = 0$;

(3) $M(s,u) = 0$，如果 $Lu = \{0\}$.

证明 (1) → (2)，因为 s 是样条插值问题的解，所以

$$
\begin{aligned}
M(s,s) &\leqslant M(s+t(v-s), s+t(v-s)) \\
&= M(s,s) + 2tM(s, v-s) + t^2 M(v-s, v-s)
\end{aligned}
$$

要对任何的 t 成立，从而 (2) 必须成立.

(2) → (3), 令 $v = s + u$, 那么由 $Lu = 0$ 即得 (3).

(3) → (1), 如果有插值函数 $\tilde{s}(x)$ 满足 $L\tilde{s} = Ls = Lf$, 那么

$$\begin{aligned} M(\tilde{s},\tilde{s}) &= M(s+(\tilde{s}-s), s+(\tilde{s}-s)) \\ &= M(s,s)+M(\tilde{s}-s,\tilde{s}-s) \geqslant M(s,s). \end{aligned}$$

所以 s 是样条插值问题的解. □

这里同时得到了样条插值问题解的唯一性定理, 把它写成一个推论.

推论 3.6.1 以上三个命题中的样条函数插值问题的解 s 是除了差一个在空间 $\{v|Lv=\{0\}, M(v,v)=0\}$ 内的函数唯一决定的. 特别地, 如果算子 $M(v,v)$ 的零空间与算子 $L(v)$ 的零空间没有不平凡的交, 那么样条函数插值问题的解 s 是唯一的. 这个推论的详细证明放在下一个定理中.

回顾一元情形, 如果两次泛函由

$$M_m(u,v) = \int_a^b u^{(m)}(t)v^{(m)}(t)dt$$

定义 (三次样条时 $m = 2$), 也就是说希望样条 s 满足 $Ls = Lf$, 并且使得 $M_m(s,s) = \int_a^b (s^{(m)}(t))^2dt$ 达到最小. 这个两次泛函的核空间是 $m-1$ 次多项式空间

$$\ker(M_m) = IP_{m-1},$$

从而如果数据点的个数大于 m, 那么样条问题唯一可解. 用分部积分法计算积分

$$I_m(x) = \int_a^b u^{(m)}(t)\left(\frac{|x-t|^{2m-1}}{(2m-1)!}\right)^{(m)}dt,$$

得到恒等式

$$2u(x) = \sum_{j=0}^{m-1}\left(u^{(j)}(a)\frac{(x-a)^j}{j!}+u^{(j)}(b)\frac{(x-b)^j}{j!}\right)+I_m(x).$$

如果定义

$$K_m(x,t) = \frac{|x-t|^{2m-1}}{2\cdot(2m-1)!},$$

那么上式可写成

$$u(x) = P_{m-1}(x) + M(u(t), K(x,t)), \tag{3.4}$$

其中 $P_{m-1}(x)$ 表示是一个次数不超过 $m-1$ 的多项式, 这个多项式是唯一地由函数 $u(x)$ 决定的, 并且这个由函数 $u(x)$ 决定 $P_{m-1}(x)$ 的变换

$$\begin{aligned} P_{m-1}(x) &= u(x) - M(u(t), K(x,t)) \\ &= \frac{1}{2}\sum_{j=0}^{m-1}\left(u^{(j)}(a)\frac{(x-a)^j}{j!}+u^{(j)}(b)\frac{(x-b)^j}{j!}\right) \end{aligned}$$

关于 $u(x)$ 是线性的. 所以可以记为

$$P_{m-1}(x)=\pi(u(x)),$$

并且容易验证这是一个投影变换, 即

$$P_{m-1}(x)=\pi(P_{m-1}(x)).$$

把数据提取算子 L 作用到公式 (3.4) 上, 由算子 M 的双线性, 得到

$$Lu(x)=LP_{m-1}(x)+M(u(t),LK(x,t)).$$

定理 3.6.2 (1) 解的存在性: 对给定的数据 $Lf=\{f_j\}\in\mathbb{R}^n$, 存在插值问题的解

$$s(G,L,f)=\{s(x)|Ls=Lf,G(s)\leqslant G(s+h):\ \forall Lh=\{0\}\}.$$

(2) 解的表示形式: 插值样条的解可以表示成

$$s(x)=P_{m-1}(x)+r^{\mathrm{T}}L_tK(x,t),$$

其中第一部分

$$P_{m-1}(x)\in\ker(M)$$

是一个次数不超过 $m-1$ 的多项式, 而第二部分的系数 r 满足

$$r^{\mathrm{T}}L\ker(M)=\{0\}.$$

如果 $p_1,\cdots,p_m$ 是空间 $\ker(M)$ 的一组基, 那么样条函数的关于数据采集算子 L 的解可以表示成

$$s(x)=s^{\mathrm{T}}(p_1,\cdots,p_m)^{\mathrm{T}}+r^{\mathrm{T}}L_tK(x,t),$$

其中 (r,s) 由

$$\begin{pmatrix} L_xL_y^{\mathrm{T}}K(x,y) & Lp_1\cdots Lp_m \\ (Lp_1\cdots Lp_m)^{\mathrm{T}} & 0 \end{pmatrix}\begin{pmatrix} r \\ s \end{pmatrix}=\begin{pmatrix} Lf \\ 0 \end{pmatrix}$$

决定.

(3) 解的唯一性: 如果 $\ker(M)\cap\ker(L)=\{0\}$, 那么解是唯一的, 这是说上面的线性方程有解, 且当 $\ker(M)\cap\ker(L)=\{0\}$ 时, 系数矩阵还是非奇异的.

证明 先证明形式 (2) 的函数是问题的解. 如果函数 $s(x)$ 有形式 (2), 那么对任何满足 $Lh(x)=0$ 函数 $h(x)$, 由于 $\pi(h)\in\ker(M)$ 及条件 $r^{\mathrm{T}}L\ker(M)=\{0\}$, 得

到 $\pi(h) \in \ker(r^{\mathrm{T}}L)$. 又由 $P \in \ker(M)$, $h \in \ker(L)$, 得到

$$\begin{aligned}M(s,h) &= M(P,h) + M(r^{\mathrm{T}}L_tK(t,x),h)\\&= 0 + r^{\mathrm{T}}L(h - \pi(h))\\&= 0 + r^{\mathrm{T}}Lh - r^{\mathrm{T}}L\pi(h) = 0.\end{aligned}$$

由等价定理, $s(x)$ 使得两次泛函最小化了. 为了证明存在性定理 (1), 只要证明算子 L 是到上的, 或者说

$$\dim\{Ls|s(x) = P(x) + r^{\mathrm{T}}L_tK(t,x)\} = n.$$

先利用反证法证明, 分解

$$Ls(x) = LP(x) + L_x(r^{\mathrm{T}}L_tK(t,x))$$

是直接和. 如若不然, 那么有

$$0 \neq LP(x) = L_x(r^{\mathrm{T}}L_tK(t,x)) := L_x(q(x)).$$

即对任何的 u, 有

$$\begin{aligned}M(u,q) &= M(u, r^{\mathrm{T}}L_tK(t,x))\\&= r^{\mathrm{T}}M(u, L_tK(t,x))\\&= r^{\mathrm{T}}(Lu - L\pi(u))\\&= r^{\mathrm{T}}Lu.\end{aligned}$$

令 $u = q$, 得到

$$M(q,q) = r^{\mathrm{T}}Lq = r^{\mathrm{T}}LP = 0,$$

即 $q \in \ker(M)$. 所以对任何的函数 u, 有 $M(u,q) = r^{\mathrm{T}}Lu = 0$, 这可推得 $r = 0$, 从而与反证假设矛盾. 由上面的讨论得到, 如果 $0 = L_x(r^{\mathrm{T}}L_tK(t,x))$, 那么就有 $r = 0$. 所以

$$\begin{aligned}&\dim\{L_xr^{\mathrm{T}}L_tK(t,x)|r^{\mathrm{T}}L(\ker(M)) = 0\}\\=&\dim\{r \in \mathbb{R}^n|r^{\mathrm{T}}L(\ker(M)) = 0\}.\end{aligned}$$

计算维数有

$$\begin{aligned}&\dim\{r \in \mathbb{R}^n|r^{\mathrm{T}}L(\ker(M)) = 0\}\\=&\dim\{L(\ker(M))\}^{\perp}\\=&n - \dim\{L(\ker(M))\}.\end{aligned}$$

$$
\begin{aligned}
&\dim\{Ls|s(x)=P(x)+r^{\mathrm{T}}L_tK(t,x)\}\\
=&\dim\{L(\ker(M))\}+n-\dim\{L(\ker(M))\}\\
=&n.
\end{aligned}
$$

这说明, 对任何的数据 $Lf\in\mathbb{R}^n$, 存在形式 (2) 的函数 $s(x)$, 使得 $Ls=Lf$, 从而 $s(x)$ 是插值问题的解. 由上一个定理进一步得到, 如果另外还有解 $\tilde{s}(x)$, 令 $s(x)-\tilde{s}(x)=h(x)$, 那么 $M(s,h)=0$, 且 $M(\tilde{s},h)=0$, 这导致 $M(h,h)=0$, 所以 h 是一个在 $\ker(M)\cap\ker(L)$ 的函数. 由 $h\in\ker(M)$, 得到 $\tilde{s}(x)$ 也有形式 (2). 特别地, 当 $\ker(M)\cap\ker(L)=\{0\}$ 时, 解是唯一的. 反之如果有函数 $0\neq h\in\ker(M)\cap\ker(L)$, 那么显然 $\tilde{s}=s+h$ 也是一个样条问题的最优解. □

以上的证明并不局限于

$$K(t,x)=|x-t|^{2m-1}/2(2m-1)!.$$

在多元情形, 如果对给定的双线性泛函 M, 存在函数 $K(t,x)$ 满足

$$u(x)=P(x)+M(u(t),K(x,t)), \tag{3.5}$$

其中 $P(x)$ 是 $u(x)$ 到 $\ker(M)$ 的一个投影. 那么上述的证明都是可以相似地通过的, 从而可以得到一个类似于一元样条的解. 解的待定系数可以由对形式 (2) 作用数据采集算子 L, 并与形式 (2) 的附加条件联立得到. 如果 $\{p_j(x)\}=P$ 是空间 $\ker(M)$ 的一组基, 那么由形式 (2) 得到

$$s(x)=s^{\mathrm{T}}(\cdots,p_j(x),\cdots)^{\mathrm{T}}+r^{\mathrm{T}}L_tK(x,t),$$

其中系数 $\{s\},\{r\}$ 可以由联立方程

$$
\begin{aligned}
Lf&=L_xP^{\mathrm{T}}(x)s+L_xL_t^{\mathrm{T}}K(x,t)r\\
0&=(L_xP^{\mathrm{T}}(x))^{\mathrm{T}}r
\end{aligned}
$$

得到, 写成矩阵形式

$$
\begin{pmatrix} L_xL_t^{\mathrm{T}}K(t,x) & L_xP^{\mathrm{T}}(x)\\ (L_xP^{\mathrm{T}}(x))^{\mathrm{T}} & 0\end{pmatrix}\begin{pmatrix} r\\ s\end{pmatrix}=\begin{pmatrix} Lf\\ 0\end{pmatrix},
$$

$$s(x)=s^{\mathrm{T}}(\cdots,p_j(x),\cdots)^{\mathrm{T}}+r^{\mathrm{T}}L_tK(t,x).$$

这里函数 $K(x,t)$ 称为关于算子 M 的再生核. 从解的存在性、解的表示形式及解的唯一性得到这个线性方程组是唯一可解的, 即如果 $\ker(L)\cap\ker(M)=\emptyset$, 其系数行列式非奇异. 注意这个条件等价于矩阵 $(L_xP^{\mathrm{T}}(x))$ 满秩.

现在来分析多元情形再生核的形式, 并且求出再生核函数. 因为双线性泛函 $M(u,v)$ 导出的两次泛函 $M(u,u)$ 是正泛函, 所以它等价于一个半范数, 从而有表达式

$$M(u,v)=\int \langle gu(x), gv(x)\rangle dx,$$

其中, $g: C(\mathbb{R}^d)\to \otimes^l C(\mathbb{R}^d)$ 是线性算子. 问题是希望找到再生核函数 $K(x,t)$, 满足: 对任何函数 $u(x)$, 有

$$u(x)=P(x)+\int \langle gu(t), gK(x,t)\rangle dt,$$

其中, $P(x)\in \ker(g)=\ker(M)$. 平移 u, 这个式子对函数 $u(x-c)$ 满足

$$u(x-c)=P(x-c)+\int \langle gu(t-c), gK(x,t)\rangle dt,$$

由变量代换得到

$$u(x)=P(x)+\int \langle gu(t), gK(x+c,t+c)\rangle dt,$$

所以 $K(x,t)$ 只与 $x-t$ 有关, 不妨仍用记号 K 把核函数记成

$$K(x-t):=K(x,t).$$

假设线性算子 g 在 Fourier 变换下对应于函数 $g(iw)$ (由线性算子的 Riesz 表示定理). 由 $P(x)\in\ker(g)$, 作用算子 g 到上述等式, 并且利用 Fourier 变换的 Plancherel 公式

$$\begin{aligned} gu(x) &= g_x\int \langle g_t u(t), g_t K(x-t)\rangle dt \\ &= g_x \int g^{\mathrm{T}}(iw)\hat{u}(w)e^{ixw}g(-iw)\hat{K}(w)dw. \end{aligned}$$

再利用 Fourier 变换

$$g(iw)\hat{u}(w)=g(iw)(g^{\mathrm{T}}(iw)g(-iw))\hat{K}(w)\hat{u}(w).$$

这个式子要对任何的 $\hat{u}(w)$ 成立, 所以

$$(g^{\mathrm{T}}(iw)g(-iw))\hat{K}(w)=1.$$

我们有定理:

定理 3.6.3　$\hat{K}(w)=1/\langle g(iw), g(iw)\rangle$.

这样对给定的线性算子 g, 可以得到核函数 K, 然后利用上述的公式得到样条问题的解.

例 3.6.1 三次样条 $gf = f''$, 所以 $\hat{K}(w) = 1/w^4$, 计算有 $K(x) = |x|^3$.

例 3.6.2 三元问题

$$gf(x,y,z) = (f_{xx}, f_{xy}, f_{xz}, f_{yx}, f_{yy}, f_{yz}, f_{zx}, f_{zy}, f_{zz}),$$

所以 $\hat{K}(w) = 1/w^4$, 计算有 $K(x) = |x|^{4-3}$.

例 3.6.3 二元薄板样条 $gf(x,y) = (f_{xx}, f_{xy}, f_{yx}, f_{yy})$, 通过计算得到 $\hat{K}(w) = 1/w^4$, 从而 $K(x) = |x|^{4-2}\ln|x|$.

注意, 上述 Fourier 变换与讨论的空间维数有关, 一般地, 读者可以根据查表得到广义 Fourier 变换的公式[22]. 这样就可以构造大量的这类样条的核函数, 从而进行样条函数插值.

例 3.6.4 希望寻找使得 $f'^2 + f''^2$ 取最小的样条插值, 这时 $gf = (f', f'')$, 所以 $\hat{K}(w) = 1/(w^2 + w^4) = 1/w^2 - 1/(1+w^2)$. 这个函数的 Fourier 逆变换留给读者去查表获得.

注 3.6.1 如果选择的二次泛函度量是各向同性的 (实际问题通常如此), 那么核函数也是各向同性的

$$K(t,x) = K(\|t-x\|),$$

从而样条函数方法的计算公式与泛 Kriging 插值的公式一致. 以后还将对这个方法的一些性质 (譬如误差估计) 进行讨论. 注意到在 Kriging 情形 σ 为自相关函数, 而解具有最小方差线性无偏估计的性质. 在样条情形两次泛函作用在核函数 K 上为 δ 函数, 而解使得该两次泛函取最小.

§3.7 Multi-Quadric 方法

前两节 Kriging 方法和薄板样条方法的插值计算公式各有其不同的物理背景, Kriging 是最小方差无偏估计, 薄板样条使得弯曲能最小. 只要用样条的核函数对应 Kriging 的自相关函数, 这两种方法的计算公式非常相似. Hardy[23] 在研究解决航天器的外形设计中碰到散乱数据插值问题时, 采用了与 Kriging 及样条函数插值相似的公式, 只是采用了 Multi-Quadric 函数作为核函数. 即采用函数 $\phi(x) = \sqrt{c^2 + \|x\|^2}$ 的平移作为一组基函数 $\{\phi(x - x_j)\}$, 在由这组基函数张成的函数空间中寻求插值

$$s(x) = \sum \lambda_j \phi(x - x_j),$$

使得

$$s(x_k) = \sum \lambda_j \phi(x_k - x_j) = f_k.$$

可见如果系数矩阵是非奇异的, 那么只要解一个线性方程组, 就可以得到插值问题的解. 其结果与用 Multi-Quadric 函数代替 Kriging 中的自相关函数或样条函数中的核函数, 利用 Kriging 公式或样条插值公式求解的结果是一样的. Hardy 在很多实际问题计算中发现, 如果数据点两两不同, 用 Multi-Quadric 函数构造插值的插值问题都是唯一有解的, 而且在很多情况下可以获得甚至比在 Kriging 方法中运用通常的自相关函数及样条函数通常的核函数更好的解. Multi-Qudric 函数还有表示简单的优点. 不过他当时不能证明这个线性方程组的唯一可解性. 在这里先来证明唯一可解性问题. 这个简单的证明方法是由 Powell[24] 给出的 (差不多同时 Micchelli[25] 用更加理论的方法, 证明了 Multi-Quadric 函数是一阶往后全单调函数, 从而证明了利用 Multi-Quadric 函数及更广泛的一类核函数插值问题的唯一可解性定理). Gauss 函数是正定的, 这是因为对 d 元 Gauss 函数

$$e^{-\|x\|^2} = (2\pi)^{d/2} \int e^{ixt} e^{-\|t\|^2/4} dt.$$

所以对任何两两不同的 x_j 及不全为零的 λ_j, 有

$$\begin{aligned}&\sum\sum \lambda_j \lambda_k e^{-\|x_j - x_k\|^2}\\ =&(2\pi)^{d/2} \int \left| \sum \lambda_j e^{ix_j t} \right|^2 e^{-\|t\|^2/4} dt > 0.\end{aligned}$$

分析积分

$$\int_0^\infty t^{-3/2}(1 - e^{-t(c^2+\|x\|^2)})dt,$$

这是一个可积函数的积分. 如果 $\sum \lambda_j = 0$, 由 Gauss 函数的正定性, 我们得到下面的两次型小于零, 计算得到

$$\begin{aligned}0 >& \sum \lambda_j \lambda_k \int_0^\infty t^{-3/2}(1 - e^{-t(c^2+\|x_j - x_k\|^2)})dt\\ =& \sum \lambda_j \lambda_k (c^2 + \|x_j - x_k\|^2)^{1/2} \int_0^\infty t^{-3/2}(1 - e^{-t})dt\\ =&C \sum \lambda_j \lambda_k (c^2 + \|x_j - x_k\|^2)^{1/2}.\end{aligned}$$

其中 C 是一个正的常数. 从而在 λ_j 不全为零, 且 $\sum_j \lambda_j = 0$ 的 $n-1$ 维空间中, 有

$$\sum_{jk} \lambda_j \lambda_k \sqrt{c^2 + \|x_j - x_k\|^2} < 0.$$

这时 Multi-Quadric 函数是零阶条件负定的. 所以矩阵

$$\left(\sqrt{c^2+\|x_j-x_k\|^2}\right)_{jk}$$

至少有 $n-1$ 个特征向量对应于负的 (非零) 特征值. 又由于当 $\lambda_j \equiv 1$ 时, 有

$$\sum_{jk}\lambda_j\lambda_k\sqrt{c^2+\|x_j-x_k\|^2}=\sum_{jk}\sqrt{c^2+\|x_j-x_k\|^2}>0,$$

所以这个矩阵至少还有一个正的 (非零) 特征值. 因此, 矩阵全部的 n 个特征值都是非零的, 从而插值方程的系数矩阵 $(\sqrt{c^2+\|x_j-x_k\|^2})$ 非奇异, 插值问题有唯一解. 特别地, 利用分块矩阵求逆的方法知道, 矩阵

$$\begin{pmatrix} \ddots & \ddots & \ddots & 1 \\ \ddots & \sqrt{c^2+\|x_j-x_k\|^2} & \ddots & \vdots \\ \ddots & \ddots & \ddots & 1 \\ 1 & \cdots & 1 & 0 \end{pmatrix}$$

也非奇异. 所以形式为

$$s(x)=C+\sum_j\lambda_j\sqrt{c^2+\|x-x_j\|^2},$$

且附加满足条件 $\sum_j\lambda_j=0$ 的插值也唯一存在. 读者可以比较泛 Kriging 的结果.

类似地这个结果还可以推广到 $\phi(x)=(c^2+\|x\|^2)^\beta$ 情形.

当 $\beta<0$ 时, 称之为逆 Multi-Quadric 函数. 逆 Multi-Quadric 函数有积分表示

$$(c^2+\|x\|^2)^\beta=C\int_0^\infty t^{-\beta-1}e^{-t(c^2+\|x\|^2)}dt.$$

这样由 Gauss 函数的正定性推得逆 Multi-Quadric 函数的正定性质.

当 $\beta>0$ 时, 分析函数 $(-1)^{[\beta]+1}(e^{-t}-\sum_{j=0}^{[\beta]}(-t)^j/j!)$, 这个函数的 $[\beta]+1$ 阶导数大于零, 各小于等于 $[\beta]$ 阶的导数在零点为零, 所以这个函数直到 $[\beta]+1$ 阶的函数值与导数值都是正的. 积分

$$\int_0^\infty t^{-\beta-1}(-1)^{[\beta]+1}(e^{-t}-\sum_{j=0}^{[\beta]}(-t)^j/j!)dt>0$$

存在. 如同上面的分析, 当 $|\alpha|\leqslant\beta$ 时, 如果 $\{\lambda_j\}$ 满足 $\sum_j\lambda_jx_j^\alpha=0$, 那么下面的积分存在, 由 Gauss 函数的正定性计算两次型得到

$$
\begin{aligned}
0 <&(-1)^{[\beta]+1}\sum\lambda_j\lambda_k\int_0^\infty t^{-\beta-1}[e^{-t(c^2+\|x_j-x_k\|^2)}\\
&-\sum_{l=0}^{[\beta]}(-t(c^2+\|x_j-x_k\|^2))^l/l!]dt\\
=&(-1)^{[\beta]+1}\int_0^\infty t^{-\beta-1}\sum\lambda_j\lambda_k\{e^{-t(c^2+\|x_j-x_k\|^2)}\\
&-\sum_{l=0}^{[\beta]}(-t(c^2+\|x_j-x_k\|^2))^l/l!\}dt\\
=&(-1)^{[\beta]+1}\int_0^\infty t^{-\beta-1}\sum\lambda_j\lambda_k(c^2+\|x_j-x_k\|^2)^\beta[e^{-t}\\
&-\sum_{l=0}^{[\beta]}(-t)^l/l!]dt\\
=&C\sum\lambda_j\lambda_k(c^2+\|x_j-x_k\|^2)^\beta,
\end{aligned}
$$

其中 $C=(-1)^{[\beta]+1}\int_0^\infty t^{-\beta-1}[e^{-t}-\sum_{j=0}^{-[\beta]-1}(-t)^l/l!]dt$ 是一个确定的正常数, 从而当 $\beta>0$, $\phi(x)$ 是一个 $[\beta]$ 阶的条件正 (或负) 定函数. 这时矩阵

$$
\begin{pmatrix}
\ddots & \ddots & \ddots & \vdots\\
\ddots & (c^2+\|x_j-x_k\|^2)^\beta & \ddots & x_j^\alpha\\
\ddots & \ddots & \ddots & \vdots\\
\cdots & x_j^\alpha & \cdots & 0
\end{pmatrix}
$$

是一个非奇异的矩阵, 其中 $j=1,\cdots,n\quad|\alpha|\leqslant\beta$. 回到插值问题得到：当 $\beta<0$, 由于系数矩阵的正定性, 形式为

$$
s(x)=\sum\lambda_j\phi(x-x_j)
$$

的插值是唯一存在的. 当 $\beta>0$, 由于系数矩阵的条件正定性, 形式为

$$
s(x)=\sum_{|\alpha|=0}^{[\beta]}c_\alpha x^\alpha+\sum\lambda_j\phi(x-x_j),
$$

且对 $|\alpha|\leqslant[\beta]$ 满足附加条件 $\sum\lambda_jx_j^\alpha=0$ 的插值是唯一存在的. 注意到这个公式与泛 Kriging 及样条函数插值的形式一致性.

解的存在性问题解决以后, 我们还要问, 为什么在实际问题的计算中, 利用 Multi-Quadric 函数经常会得到非常好的解呢? 注意到在 Multi-Quadric 函数中, 如果参数 c 趋于零, 那么插值问题在一元情形与分段线性插值一致. 而分段线性插值

除了其光滑性不够好以外, 具有很多 (譬如保形) 优点. Multi-Quadric 函数就是希望继承分段线性插值的优点, 而弥补分段线性插值的缺点, 也就是说如果参数 c(通常被称为形状参数) 很小, 那么 Multi-Quadric 的解几乎就是分段线性插值, 而又具有很高的光滑性. 所以在实际问题的计算中经常采用较小的形状参数.

注意到分段线性插值的 Euclid 帽子基函数 $\Lambda_j(x)$ 可以写成 $|x-x_j|$ 的线性组合

$$\Lambda_j(x)=\frac{|x-x_{j+1}|-|x-x_j|}{2(x_{j+1}-x_j)}-\frac{|x-x_j|-|x-x_{j-1}|}{2(x_j-x_{j-1})}.$$

这样就可以直接写出分段线性插值问题的解

$$f^*(x)=\sum f(j)\Lambda_j(x).$$

所以也希望能够不通过求解线性方程组, 而直接写出或近似写出插值问题的解. 这就导出了所谓拟插值的研究.

在下一节将讨论关于等距节点的 MQ 拟插值的一般结果. 而关于一般的拟插值理论将放在下一章详细讨论. 这里介绍利用 Multi-Quadric 函数的一元非等距节点拟插值的结果.

如果 $a=x_0<x_1<\ldots<x_n=b,\ h=\max(x_j-x_{j-1})$, 那么希望拟插值可由下式给出:

$$Qf=\sum f_j\psi_j(x),$$

其中 $\psi_j(x)$ 是函数 $\phi(|x-x_j|)$(在这里是 Multi-Quadric 函数) 的线性组合.

对 $f\in C^1[x_0,x_n]$ 及数据 $\{x_j,f_j\}_{j=0}^n$, Beatson 和 Powell[26] 构造了如下的拟插值:

$$\mathcal{L}_cf(x)=f_0\beta_0(x)+f_0'\gamma_0(x)+\sum_{j=1}^{n-1}f_j\psi_j(x)+f_n'\gamma_n(x)+f_n\beta_n(x),$$

其中

$$\psi_j(x)=\frac{\phi_{j+1}(x)-\phi_j(x)}{2(x_{j+1}-x_j)}-\frac{\phi_j(x)-\phi_{j-1}(x)}{2(x_j-x_{j-1})}$$

由 Multi-Quadric 函数 $\phi_j(x)=\phi(\|x-x_j\|)=\sqrt{c^2+\|x-x_j\|^2}$ 的线性组合而成,

$$\beta_0(x)=\frac{1}{2}+\frac{\phi_1(x)-\phi_0(x)}{2(x_1-x_0)},\qquad \beta_n(x)=\frac{1}{2}+\frac{\phi_{n-1}(x)-\phi_n(x)}{2(x_n-x_{n-1})},$$
$$\gamma_0(x)=\frac{1}{2}(x-x_0)-\frac{1}{2}\phi_0(x),\qquad \gamma_n(x)=\frac{1}{2}\phi_n(x)-\frac{1}{2}(x_n-x).$$

容易证明如下定理

定理 3.7.1 如果数据 $\{x_j,f_j\}$, f_0', f_n' 采自于一个凸函数, 那么 $\mathcal{L}_cf(x)$ 是一个凸函数.

证明　对 Multi-Quadric 函数求导得到

$$\phi_j''(x) = c^2/(c^2 + (x - x_j)^2)^{3/2} > 0.$$

对上面的拟插值 $\mathcal{L}_c f(x)$ 求导得到

$$\begin{aligned}\mathcal{L}_c'' f(x) =& f_0'\gamma_0''(x) + f_0\beta_0''(x) + f_n'\gamma_n''(x) + f_n\beta_n''(x) + \sum_{j=1}^{n-1} f_j\psi_j''(x)\\ =& \frac{1}{2}\left[\frac{f_1 - f_0}{x_1 - x_0} - f_0'\right]\phi_0''(x) + \frac{1}{2}\left[f_n' - \frac{f_n - f_{n-1}}{x_n - x_{n-1}}\right]\phi_n''(x)\\ &+ \frac{1}{2}\sum_{j=1}^{n-1}\left[\frac{f_{j+1} - f_j}{x_{j+1} - x_j} - \frac{f_j - f_{j-1}}{x_j - x_{j-1}}\right]\phi_j''(x).\end{aligned}$$

如果数据采自于一个凸函数, 那么所有的方括号项为正, 从而 $\mathcal{L}_c f$ 是一个凸函数. □

这个拟插值公式需要函数的边界导数信息, 在很多实际问题中, 测量函数值较容易, 而测量导数值较难. 我们修改上面的拟插值, 定义[27]

$$\mathcal{L}_d(x) = f_0\alpha_0(x) + f_1\alpha_1(x) + \sum_{j=2}^{n-2} f_j\psi_j(x) + f_{n-1}\alpha_{n-1}(x) + f_n\alpha_n(x),$$

这里

$$\begin{aligned}\alpha_0(x) &= \frac{1}{2} + \frac{\phi_1(x) - (x - x_0)}{2(x_1 - x_0)},\\ \alpha_1(x) &= \frac{\phi_2(x) - \phi_1(x)}{2(x_2 - x_1)} - \frac{\phi_1(x) - (x - x_0)}{2(x_1 - x_0)},\\ \alpha_{n-1}(x) &= \frac{x_n - x - \phi_{n-1}(x)}{2(x_n - x_{n-1})} - \frac{\phi_{n-1}(x) - \phi_{n-2}(x)}{2(x_{n-1} - x_{n-2})},\\ \alpha_n(x) &= \frac{1}{2} - \frac{(x_n - x) - \phi_{n-1}(x)}{2(x_n - x_{n-1})}.\end{aligned}$$

用相似的方法得到

$$\mathcal{L}_d'' f(x) = \frac{1}{2}\sum_{j=1}^{n-1}\left[\frac{f_{j+1} - f_j}{x_{j+1} - x_j} - \frac{f_j - f_{j-1}}{x_j - x_{j-1}}\right]\phi_j''(x),$$

这样就有定理

定理 3.7.2　如果数据是采自于一个凸函数那么拟插值 $\mathcal{L}_d f(x)$ 是一个凸函数.

函数 $\phi(x)$ 的一阶导数是 $x(c^2 + x^2)^{-1/2}$. 由两阶导数 $\phi''(x) > 0$ 得到 $\phi'(x)$ 是单调函数, 并且 $\lim_{x\to\pm\infty}\phi'(x) = \pm 1$, 所以

$$-1 < \phi_m'(x) < \phi_k'(x) < 1, \quad \forall\, m > k. \tag{3.6}$$

拟插值 $\mathcal{L}_d f$ 的导数为

$$(\mathcal{L}_d f)'(x) = \sum_{j=1}^{n-2} \frac{\phi_j'(x) - \phi_{j+1}'(x)}{2(x_{j+1} - x_j)}(f_{j+1} - f_j) + \frac{1 - \phi_1'(x)}{2(x_1 - x_0)}(f_1 - f_0) + \frac{1 + \phi_{n-1}'(x)}{2(x_n - x_{n-1})}(f_n - f_{n-1}). \tag{3.7}$$

如果数据是采自于一个单调函数那么式 (7) 是正的, 这样得到

定理 3.7.3 拟插值算子 $\mathcal{L}_d$ 还是保单调的.

上面构造的拟插值有两个非常好的性质 —— 保单调性与保凸性, 我们还希望知道这个拟插值的逼近精度.

定理 3.7.4 对 $C^2[a,b]$ 函数 f, 当 $h \to 0$, 有与 h 及 c 无关的常数 K_1, K_2, K_3, 使得拟插值 $\mathcal{L}_d$ 的误差满足

$$\|f - \mathcal{L}_d f\|_\infty \leqslant K_1 h^2 + K_2 ch + K_3 c^2 \log h.$$

证明 拟插值 $\mathcal{L}_d$ 可以写成

$$2\mathcal{L}_d f(x) = \sum_{j=1}^{n-1} \phi_j(x)(x_{j+1} - x_{j-1})\Delta^2(x_{j-1}, x_j, x_{j+1})f + f_0 + f_n + (x - x_0)\Delta^1(x_0, x_1)f - (x_n - x)\Delta^1(x_{n-1}, x_n)f,$$

其中 Δ 是差商算子. 如果 $\mathcal{L}f$ 是关于 f 的分段线性插值, 那么

$$2(\mathcal{L}_d f - \mathcal{L}f)(x) = \sum_{j=1}^{n-1} (\phi_j(x) - |x - x_j|)(x_{j+1} - x_{j-1})\Delta^2(x_{j-1}, x_j, x_{j+1})f,$$

估计函数

$$\begin{aligned} 0 \leqslant I(x) &:= \sum_{j=1}^{n-1} (\phi_j(x) - |x - x_j|)(x_{j+1} - x_{j-1}) \\ &= \sum_{j=1}^{n-1} (\sqrt{c^2 + (x - x_j)^2} - |x - x_j|)(x_{j+1} - x_{j-1}). \end{aligned}$$

把和式分成 $|x - x_j| \leqslant h$ 及 $|x - x_j| > h$ 两部分, 并且注意

$$\sqrt{c^2 + y^2} - |y| \leqslant c, \qquad c \geqslant 0,$$
$$\sqrt{c^2 + y^2} - |y| \leqslant \tfrac{c^2}{2|y|}, \qquad c \geqslant 0, y \neq 0,$$

得到

$$\begin{aligned} I(x) &\leqslant c \sum_{|x - x_j| \leqslant h} (x_{j+1} - x_{j-1}) + \frac{c^2}{2} \sum_{|x - x_j| > h} \frac{x_{j+1} - x_{j-1}}{|x - x_j|} \\ &\leqslant 8ch + c^2 \int_{|x-t|>h} \frac{1}{|x - t|} dt + \mathcal{O}(h). \end{aligned}$$

这样得到

$$I(x) \leqslant 8ch + \mathcal{O}(c^2 \log h) + \mathcal{O}(c^2 h),$$

从而 $|(\mathcal{L}_d f - \mathcal{L} f)(x)| \leqslant \|f''(x)\| I(x)$, 利用 $|(f - \mathcal{L} f)(x)| \leqslant \mathcal{O}(h^2)$, 可以得到定理的误差估计式. □

推论 3.7.1　当 $c^2 \log h = \mathcal{O}(h^2)$ 时, $|\mathcal{L}_d f(x) - f(x)| = \mathcal{O}(h^2)$. 当 $c = \mathcal{O}(h)$ 时, $|\mathcal{L}_d f(x) - f(x)| = \mathcal{O}(h^2 \log h)$.

关于等距节点的进一步讨论

现在来讨论针对等距节点的拟插值保形性问题及误差估计. 如果

$$x_j = jh, \quad j \in (-\infty, \infty),$$

$$\psi_j(x) = (\phi_{j+1}(x) - 2\phi_j(x) + \phi_{j-1}(x))/2h,$$

容易得到, 当 $x \to \infty$, $\psi_j(x) = \mathcal{O}(x^{-3})$. 如果 $f_j \leqslant \mathcal{O}(j^2)$, 和式 $\sum_{-\infty}^{\infty} f_j \psi_j(x)$ 收敛. 定义拟插值

$$\mathcal{Q} f(x) = \sum_{-\infty}^{\infty} f_j \bar{\psi}_j(x), \tag{3.8}$$

其中 $\bar{\psi}_j(x)$ 是函数 $\psi_j(x)$ 的线性组合

$$\bar{\psi}_j(x) = \sum_{k=-m}^{M} b_k \psi_{j-k}(x), \tag{3.9}$$

其中 b_k 是给定的常数. 那么式 (3.8) 亦收敛.

定理 3.7.5　如果式 (3.9) 中的 $b_k \geqslant 0$, 那么由式 (3.8) 定义的拟插值是保形的.

证明

$$\begin{aligned}
\mathcal{Q} f(x) &= \sum f_j \sum b_k \psi_{j-k}(x) \\
&= \sum b_k (\sum f_j \psi_{j-k}(x)) \\
&= \sum b_k \sum f_j [(\phi_{j+1-k}(x) - 2\phi_{j-k}(x) + \phi_{j-1-k}(x))]/2h \\
&= \sum b_k \sum (f_j - f_{j+1})(\phi_{j+1-k}(x) - \phi_{j-k}(x))/2h.
\end{aligned} \tag{3.10}$$

对式 (3.10) 求导得到

$$(\mathcal{Q} f)'(x) = \sum b_k \sum (f_j - f_{j+1})(\phi'_{j+1-k}(x) - \phi'_{j-k}(x))/2h. \tag{3.11}$$

如果数据 f_j 单调, 由式 (3.6) 得 $\mathcal{Q}f' > 0$, 进一步得到, 拟插值 $\mathcal{Q}$ 是保单调的. 把式 (3.11) 整理成

$$\mathcal{Q}f'(x) = \sum b_k \sum [f_j - 2f_{j+1} + f_{j+2}]\phi'_{j-k+1}(x)/2h,$$

并对它求导得到

$$\mathcal{Q}f''(x) = \sum b_k \sum [f_j - 2f_{j+1} + f_{j+2}]\phi''_{j-k+1}(x)/2h,$$

从而拟插值 $\mathcal{Q}$ 也是保凸的. □

以上的讨论是在整个实数定义域的. 事实上这里针对保凸的讨论是形式上的, 因为这时和式 (3.8) 可能并不收敛. 但是如果在一个有限区间讨论, 而在区间外用线性函数延拓, 这样的讨论就有意义了. 也就是说给定适当边界条件, 使得可以线性延拓. 那么就可以用上述的拟插值进行保形逼近. 同时, 因为区域外是线性延拓, 所以其数值可以由边界上的函数值及导数值决定, 从而可以写成如同上面 $\mathcal{L}_c$,$\mathcal{L}_d$ 的边界处理公式.

下面讨论拟插值的逼近阶. 利用 Multi-Quadric 函数 $\phi(x) = \sqrt{c^2 + x^2}$, 定义

$$\psi(x) = \frac{\phi(x+1) - 2\phi(x) + \phi(x-1)}{2}.$$

希望利用采集的数据 $f(j/n)$ 及拟插值公式 (3.8) 得到一个高精度的逼近. 计算有 $\psi(x) = \mathcal{O}(x^{-3})$, 利用 $\sqrt{1+y}$, $y = c/x$ 的 Taylor 展开递推得到

$$\psi^{(k)}(x) = \mathcal{O}(x^{-(k+3)}), \quad x \to \infty. \tag{3.12}$$

为了得到高精度逼近, 引进一个伴随函数和一个伴随插值. 令

$$\sqcap(x) = \begin{cases} 1, & x \in (0,1), \\ 0, & x \notin (0,1), \end{cases}$$

及伴随函数

$$\hat{\psi}_l(x) = \overbrace{\sqcap * \cdots * \sqcap}^{l+1} * \psi(x) = \int B^l(s)\psi(x-s)ds, \tag{3.13}$$

其中 B^l 是次数为 l 的等距 B 样条函数. 利用这个函数定义伴随拟插值

$$\hat{f}_n = \sum_{-\infty}^{\infty} f(\frac{j}{n})\hat{\psi}_l(nx - j). \tag{3.14}$$

比较式 (3.13) 及式 (3.12), 得到

$$\hat{\psi}_l^{(k)}(x) = \mathcal{O}(x^{-(k+3)}). \tag{3.15}$$

首先估计误差 $\|f^{(k)}-\hat{f}_n^{(k)}\|_\infty$. 如果函数 f 是 $\mathcal{C}^l$ 函数, 且对 $k\leqslant l$, $f^{(k)}$ 有 Fourier 表示

$$f^{(k)}=\int_{-\infty}^{\infty}e^{ixt}(it)^k\tilde{f}(t)dt,\quad k\leqslant l,$$

$$\begin{aligned}\hat{f}_n^{(k)}&=\sum_{-\infty}^{\infty}f(\frac{j}{n})\hat{\psi}_l^{(k)}(nx-j)n^k\\&=\sum_{-\infty}^{\infty}\int_{-\infty}^{\infty}\tilde{f}(t)e^{ijt/n}\hat{\psi}_l^{(k)}(nx-j)n^k dt\\&=\int_{-\infty}^{\infty}\tilde{f}(t)e^{ixt}[\sum_{-\infty}^{\infty}e^{-i(x-\frac{j}{n})t}\hat{\psi}_l^{(k)}(nx-j)n^k]dt.\end{aligned}$$

令

$$\sum_{-\infty}^{\infty}e^{-i(x-\frac{j}{n})t}\hat{\psi}_l^{(k)}(nx-j)n^k=I_{kn},$$

证明

$$|I_{kn}|\leqslant \mathrm{const}\cdot|t|^k,\tag{3.16}$$

且

$$I_{kn}\to(it)^k.$$

由式 (3.15) 得到 $\sum|\hat{\psi}^{(k)}(nx-j)|\leqslant A_k$, 其中 A_k 是一些常数, 这意味着 $|I_{kn}|\leqslant A_kn^k$. 这样, 当 $t\geqslant n$ 时, 得到 (3.16) 的第一个结果. 当 $t\leqslant n$ 时, 函数 I_{kn} 是关于 x 周期连续的. 因此可以把函数 I_{kn} 展开成 Fourier 级数

$$I_{kn}=\sum C_{jn}(t)e^{i2\pi jnx},$$

其中的系数可以计算得到

$$C_{jn}(t)=\left[i\left(\frac{t}{n}-2j\pi\right)\right]^k n^k\tilde{\tilde{\psi}}\left(\frac{t}{n}-2j\pi\right).$$

由 (3.13) 得 $\tilde{\tilde{\psi}}=\left(\dfrac{1-e^{-it}}{-it}\right)^{l+1}\tilde{\psi}$ 有界. $\tilde{\tilde{\psi}}(0)=1$ 且 $2\pi j$ 为 $l+1$ 阶的零点. 所以 $|C_0n|$ 由 $(t^k)\|\tilde{\tilde{\psi}}\|$ 界定, 并且

$$\sum_{j\neq 0}|C_{jn}|\leqslant\sum_{j\neq 0}(|t/n|+|2j\pi|)^k|\tilde{\hat{\psi}}(t/n-2j\pi)|n^k$$

$$=n^k\sum_{j\neq 0}\sum_{r=0}^{k}\binom{k}{r}|t/n|^{k-r}|2j\pi|^r|\tilde{\hat{\psi}}^{(r)}(-2j\pi+\lambda\frac{t}{n})|(t/n)^r/r!$$

$$=\sum_{r}\left[\binom{k}{r}/r!\right]|t^k\left|\sum_{j\neq 0}(2j\pi)^r|\tilde{\hat{\psi}}^{(r)}\left(-2j\pi+\lambda\frac{t}{n}\right)\right|$$

$$\leqslant\text{const}\cdot|t^k|,$$

其中 $\lambda\in(0,1)$, 由 Taylor 展开及 $|\lambda t/n|\leqslant 1$ 和 $\tilde{\hat{\psi}}(2j\pi)\in\mathcal{C}^{l+1}$ ， $\tilde{\hat{\psi}}(2j\pi)\sim\exp^{-j}$ 当 $j\to\infty$ 时, 得到

$$\sum|(2j\pi)^r\tilde{\hat{\psi}}^{(r)}(-2j\pi+\lambda t/n)|$$

收敛. 这样证明了 $|I_{kn}|\leqslant\text{const}\cdot|t|^k$, 并且与 n 及 x 无关. 对固定的 t 关于 n 取极限, 得到

$$C_0=(it)^k\tilde{\hat{\psi}}\left(\frac{t}{n}\right)\overset{n\to\infty}{\to}(it)^k.$$

又由于 $2j\pi$ 是 $\tilde{\hat{\psi}}$ 的零点, 还得到 $\sum_{j\neq 0}|C_j|\to 0$. 由控制收敛定理可以把上述讨论归结为如下定理

定理 3.7.6 伴随拟插值 $\hat{f}_n^{(k)}$ 对任何的 $k\leqslant l$ 与 x 无关地一致收敛于 $f^{(k)}$.

$$\|\hat{f}_n^{(k)}-f^{(k)}\|_\infty\to 0.$$

现在用数值积分公式来构造拟插值. 由数值积分公式我们知道存在 a_{jn}, 满足

$$\begin{aligned}(\hat{\psi}_{ln})^{(k)}(x)&=\int B^l(s)\psi^{(k)}(x-s)ds\\&=\sum a_{jn}B^l\left(\frac{j}{n}\right)\psi^{(k)}\left(x-\frac{j}{n}\right)+\mathcal{O}\left(\frac{1}{n}\right)^l.\end{aligned}\tag{3.17}$$

既然 $B^L*\psi^{(k)}$ 是 $\mathcal{C}^{l+1}$ 函数, 并且有界. 定义拟插值

$$f_{ln}^*=\sum_{k=-\infty}^{\infty}f\left(\frac{j}{n}\right)\psi_{ln}^*(nx-j),\tag{3.18}$$

其中

$$\psi_{ln}^*(x)=\sum a_{jn}B^l\left(\frac{j}{n}\right)\psi\left(x-\frac{j}{n}\right).$$

利用 (3.17) 估计这个拟插值与伴随拟插值的误差得到

$$\begin{aligned}&\|(f_{ln}^*)^{(k)} - (\hat{f}_{ln})^{(k)}\| \\ \leqslant& \sum |f(j/n)| \|(\psi_{ln}^*)^{(k)} - (\hat{\psi}_{ln})^{(k)}\| n^k \\ \leqslant& \mathrm{const}_k \sum |f(j/n)| n^{k-l}.\end{aligned}$$

综合上述讨论有

定理 3.7.7　如果函数 f 是 C^l, 那么由 (3.18) 定义的拟插值收敛于函数 f, 并且其阶数不超过 l 的各阶导数也收敛于 f 的各相应阶导数. 那么, 导数的误差可以用数学公式严格表示为: 对任何的 $k \leqslant l$,

$$\|(f_{ln}^*)^{(k)} - f^{(k)}\|_\infty \to 0.$$

上面一系列的讨论从某些方面说明了为什么采用 Multi-Quadric 函数的插值或拟插值会得到比较好的结果. 这些讨论都是针对一元或者多元网格数据的. 针对多元散乱数据的问题, 我们以后还要进行讨论.

§3.8　MQ 拟插值对高阶导数的逼近

考虑上一节提到的 MQ 拟插值, 这里先讨论一般形式

$$(\mathcal{L}f)(x) = \sum_{j=-\infty}^{\infty} f(x_j)\psi_j(x), \tag{3.19}$$

前面已经证明: 如果 $f(x)$ 是两次可导的, 即 $\|f'(x)\|_\infty$ 及 $\|f''(x)\|_\infty$ 有界, 那么

$$\|(\mathcal{L}f)(x) - f(x)\|_\infty \leqslant \mathcal{O}(h^2)$$

成立. 根据上式的证明, 下式的证明也是平凡的. 可以取合适的 c 使得

$$\|(\mathcal{L}f)'(x) - f'(x)\|_\infty \leqslant \mathcal{O}(h)$$

也成立. □

现在我们希望获得 $(\mathcal{L}f)^{(k)}(x)$ 对 $f^{(k)}(x)(k \geqslant 2)$ 的逼近阶. 请注意, 函数有 2 阶的逼近阶, 一般地甚至在绝大多数情形, 我们不能期望 2 阶导数还是一个逼近. 但对于 MQ 拟插值, 幸运的是, 我们还可以获得两阶甚至更高阶导数的逼近性质.

先来讨论函数 $\varphi(x) = \sqrt{1+x^2}$.

引理 3.8.1　$\varphi(x)$ 的 k 次导数 $(k \geqslant 2)$ 由下式控制

$$|\varphi^{(k)}(x)| \leqslant \frac{C_k}{(1+x^2)^{\frac{k+1}{2}}},$$

这里 C_k 是一个与 k 有关的常数.

证明 $\varphi''(x)=1/(1+x^2)^{3/2}$. 记 k 次多项式为 $P_k(x)$. 如果

$$\varphi^{(k)}(x)=P_{k-2}(x)/(1+x^2)^{(2k-1)/2},$$

那么

$$\begin{aligned}\varphi^{(k+1)}(x)&=\varphi^{(k)\prime}(x)\\&=P_{k-3}(x)/(1+x^2)^{(2k-1)/2}+2xP_{k-2}(x)/(1+x^2)^{(2k+1)/2}\\&=P_{k-1}(x)/(1+x^2)^{(2k+1)/2}.\end{aligned}$$

这样由数学归纳法得到

$$|\varphi^{(k)}(x)|\leqslant\left|\frac{P_{k-2}(x)}{(1+x^2)^{(2k-1)/2}}\right|\leqslant\frac{C_k}{(1+x^2)^{\frac{k+1}{2}}}. \tag{3.20}$$

而带形状参数 c 的 MQ 函数为

$$\phi(x)=\sqrt{c^2+x^2}=c\cdot\varphi\left(\frac{x}{c}\right),$$

所以它的导数满足

$$|\phi^{(k)}(x)|\leqslant\frac{C_k\cdot c^2}{(c^2+x^2)^{\frac{k+1}{2}}}.$$

□

容易获得下述两个估计式

$$|\phi^{(k)}(x)|\leqslant\frac{C_k\cdot c^2}{|x|^{k+1}},$$

$$|\phi^{(k)}(x)|\leqslant\frac{C_k}{c^{k-1}}.$$

下面的引理是逼近论中的基本结果.

引理 3.8.2 如果 f 可以由 Fourier 逆变换表示, $f(x)=\displaystyle\int e^{ixw}\hat{f}(w)dw$, $\displaystyle\int\hat{f}(w)w^kdw$ 存在, 而且

$$|\widehat{\Phi}(\omega)-1|\leqslant\mathcal{O}(\omega^k),\quad\omega\to0, \tag{3.21}$$

而 $\widehat{\Phi}(\omega)$ 是 $\Phi(x)$ 的 Fourier 变换, 那么存在 C 满足

$$|(\Phi_\varepsilon*f)(x)-f(x)|<C\cdot\varepsilon^k,$$

这里 $\Phi_\varepsilon(x)=(1/\varepsilon)\cdot\Phi(x/\varepsilon)$. □

定义 $\Phi(x)=\dfrac{1}{2(1+x^2)^{\frac{3}{2}}}=\dfrac{\varphi''(x)}{2}$, 那么

$$\Phi_c(x):=\frac{\varphi''\left(\dfrac{x}{c}\right)}{2c}=\frac{\phi''(x)}{2}.$$

注意 $\Phi(x)$ 的 Fourier 变换满足

$$|\widehat{\Phi}(\omega)-1|\leqslant \mathcal{O}(\omega^2),\quad \omega\to 0,$$

我们有如下推论.

推论 3.8.1 如果 $f\in C^2(R)$, 那么

$$\left|\int_{-\infty}^{\infty} f(t)\cdot\frac{\phi''(x-t)}{2}dt-f(x)\right|\leqslant \mathcal{O}(c^2).$$ □

现在我们给出 MQ 拟插值对高阶导数逼近的逼近阶[53].

定理 3.8.1 (收敛性定理) 如果 $f(x)\in C^{(k+2)}(R)$ 且 $|f^{(j)}(x)|$ 小于某 $k+2-j$ 次多项式, 那么

$$|(\mathcal{L}f)^{(k)}(x)-f^{(k)}(x)|\leqslant \mathcal{O}(h^{\frac{2}{k+1}}).$$

证明 计算有

$$\begin{aligned}
\mathcal{L}f(x)&=\sum_{j=-\infty}^{\infty} f(x_j)\psi_j(x)\\
&=\sum_{j=-\infty}^{\infty} f(x_j)\cdot\left[\frac{\phi_{j+1}(x)-\phi_j(x)}{2(x_{j+1}-x_j)}-\frac{\phi_j(x)-\phi_{j-1}(x)}{2(x_j-x_{j-1})}\right]\\
&=\sum_{j=-\infty}^{\infty}\left[\frac{f(x_{j+1})-f(x_j)}{2(x_{j+1}-x_j)}-\frac{f(x_j)-f(x_{j-1})}{2(x_j-x_{j-1})}\right]\cdot\phi_j(x),
\end{aligned}$$

那么

$$(\mathcal{L}f)^{(k)}(x)=\sum_{j=-\infty}^{\infty}\left[\frac{f(x_{j+1})-f(x_j)}{2(x_{j+1}-x_j)}-\frac{f(x_j)-f(x_{j-1})}{2(x_j-x_{j-1})}\right]\cdot\phi_j^{(k)}(x).$$

由于

$$\frac{f(x_{j+1})-f(x_j)}{x_{j+1}-x_j}=f'(x_j)+\frac{1}{2}f''(x_j)\cdot(x_{j+1}-x_j)+\frac{1}{6}f'''(\xi_j)\cdot(x_{j+1}-x_j)^2,$$

$$\frac{f(x_j)-f(x_{j-1})}{x_j-x_{j-1}}=f'(x_j)-\frac{1}{2}f''(x_j)\cdot(x_j-x_{j-1})+\frac{1}{6}f'''(\eta_j)\cdot(x_j-x_{j-1})^2,$$

这里 $\xi_j\in(x_j,x_{j+1})$, $\eta_j\in(x_{j-1},x_j)$, 我们有

$$\begin{aligned}
(\mathcal{L}f)^{(k)}(x)=&\sum_{j=-\infty}^{\infty} f''(x_j)\cdot\frac{(x_{j+1}-x_{j-1})}{2}\cdot\phi_j^{(k)}(x)\\
&+\sum_{j=-\infty}^{\infty}\left[\frac{1}{6}f'''(\xi_j)(x_{j+1}-x_j)^2+\frac{1}{6}f'''(\eta_j)(x_j-x_{j-1})^2\right]\cdot\phi_j^{(k)}(x).
\end{aligned}$$

在区间 $\left[\frac{x_{j-1}+x_j}{2}, \frac{x_j+x_{j+1}}{2}\right]$ 利用积分中值定理

$$
\begin{aligned}
I :=& \left|\int_{-\infty}^{\infty} f''(t)\cdot\frac{\phi^{(k)}(x-t)}{2}dt - \sum_{j=-\infty}^{\infty} f''(x_j)\cdot\frac{(x_{j+1}-x_{j-1})}{2}\cdot\phi_j^{(k)}(x)\right| \\
=& \left|\sum_{j=-\infty}^{\infty}\int_{\frac{x_{j-1}+x_j}{2}}^{\frac{x_j+x_{j+1}}{2}} f''(t)\cdot\frac{\phi^{(k)}(x-t)}{2}dt - \sum_{j=-\infty}^{\infty} f''(x_j)\cdot\frac{(x_{j+1}-x_{j-1})}{2}\cdot\phi_j^{(k)}(x)\right| \\
=& \left|\sum_{j=-\infty}^{\infty}[f''(\xi_j)\phi^{(k)}(x-\xi_j)-f''(x_j)\phi^{(k)}(x-x_j)]\frac{(x_{j+1}-x_{j-1})}{2}\right| \\
=& \left|\sum_{j=-\infty}^{\infty}[f'''(\eta_j)\phi^{(k)}(x-\eta_j)+f''(\eta_j)\phi^{(k+1)}(x-\eta_j)]\cdot(\xi_j-x_j)\frac{(x_{j+1}-x_{j-1})}{2}\right| \\
\leqslant& h\sum_{j=-\infty}^{\infty}|f'''(\eta_j)\phi^{(k)}(x-\eta_j)+f''(\eta_j)\phi^{(k+1)}(x-\eta_j)|\frac{(x_{j+1}-x_{j-1})}{2}.
\end{aligned}
$$

注意估计式 (3.20) 及定理的条件将积分分成 $|x-x_j|\leqslant c$ 部分及剩余部分, 我们有

$$|\phi^{(k)}(x)|\leqslant\frac{C_k}{c^{k-1}}$$

$$|\phi^{(k)}(x)|\leqslant\frac{C_k\cdot c^2}{|x|^{k+1}}$$

从而

$$I\leqslant\mathcal{O}(h/c^{k-1}),$$

相似地, 由 $\phi_j^{(k)}(x)$ 及 $f'''(x)$ 的条件, 得到

$$\sum_{j=-\infty}^{\infty}\left[\frac{1}{6}f'''(\xi_j)(x_{j+1}-x_j)^2+\frac{1}{6}f'''(\eta_j)(x_j-x_{j-1})^2\right]\cdot\phi_j^{(k)}(x)\leqslant\mathcal{O}(h/c^{k-1}).$$

这样, 我们有

$$
\begin{aligned}
(\mathcal{L}f)^{(k)}(x) &= \int_{-\infty}^{\infty} f''(t)\cdot\frac{\phi^{(k)}(x-t)}{2}dt+\mathcal{O}(h/c^{k-1}) \\
&= \int_{-\infty}^{\infty} f^{(k)}(t)\cdot\frac{\phi''(x-t)}{2}dt+\mathcal{O}(h/c^{k-1})
\end{aligned}
\tag{3.22}
$$

如果 $f(x)$ 满足引理 3.8.2 的条件, 那么由推论 3.8.1 我们可以简化成

$$\left|\int_{-\infty}^{\infty} f^{(k)}(t)\cdot\frac{\phi''(x-t)}{2}dt - f^{(k)}(x)\right|\leqslant\mathcal{O}(c^2).$$

这就是说

$$|(\mathcal{L}f)^{(k)}(x)-f^{(k)}(x)|\leqslant \mathcal{O}(c^2)+\mathcal{O}(h/c^{k-1}).$$

取 $c=\mathcal{O}(h^{\frac{1}{k+1}})$, 那么可以得到最佳误差估计式:

$$|f^{(k)}(x)-(\mathcal{L}f)^{(k)}(x)|\leqslant \mathcal{O}(h^{\frac{2}{k+1}}).\qquad\square$$

进一步地可以得到一个推论.

推论 3.8.2 如上取形状参数 c, 那么对任何 $l\leqslant k$, 有

$$|f^{(l)}(x)-(\mathcal{L}f)^{(l)}(x)|\leqslant \mathcal{O}(h^{\frac{2}{k+1}});$$

当 $l=k+1$ 时, 还有

$$|f^{(l)}(x)-(\mathcal{L}f)^{(l)}(x)|\leqslant \mathcal{O}(h^{\frac{1}{k+1}}).\qquad\square$$

上面的讨论是针对定义域为整个实数轴的, 对于有限区间 $\{x_0,\cdots,x_N\}$, 我们可以在该区间利用两端的信息构造 Hermlte 插值 $P(x)$, 使得

$$\bar{f}(x)=\begin{cases} f(x)-P(x), & x\in[x_0,x_N]\\ 0, & \text{其他}\end{cases}$$

是一个有限支柱的 k 次连续函数. 从而我们可以用

$$(\mathcal{L}_{\mathcal{E}}f)(x)=\mathcal{L}\bar{f}(x)+P(x)=\sum_{j=0}^{N}[f(x_j)-P(x_j)]\psi_j(x)+P(x)$$

构造拟插值, 得到

$$(\mathcal{L}_{\mathcal{E}}f)^{(k)}(x)=\mathcal{L}\bar{f}^{(k)}(x)+P^{(k)}(x)=\sum_{j=0}^{N}[f(x_j)-P(x_j)]\psi_j^{(k)}(x)+P^{(k)}(x)$$

来逼近 f 的 k 阶导数, 并且获得上述定理一样的逼近阶

$$|(\mathcal{L}_{\mathcal{E}}f)^{(k)}(x)-f^{(k)}(x)|\leqslant \mathcal{O}(h)^{\frac{2}{k+1}}.$$

需要再一次指出的是, 通常的函数逼近方法, 如果函数逼近只有 2 阶的逼近阶, 那么一般地, 我们不能期望 2 阶导数还有逼近性质. 而利用 MQ 拟插值, 只要我们适当地选取形状参数 c, 那么我们不仅可以获得 2 阶导数的逼近, 而且还可以获得更高阶导数的逼近. 这是一个十分有趣甚至可以说幸运的结果, 这样我们就获得了一个简单的算法来模拟高阶导数, 这是数值计算及应用中最为基础的公式. 下面我们还要给出, 这样的导数逼近还是更为稳定的.

数值求导是计算数学的基本研究对象, 最常用的是差商方法, 也就是用高阶差商模拟高阶导数, 可以证明它的逼近阶还达到了 2 阶. 差商方法本质上是用局部的多项式插值的导数来模拟真实的导数. 由于多项式插值是不稳定的, 所以较常用的只是用一阶两阶差商模拟一阶两阶导数. 而很少用再高阶的差商来数值模拟高阶导数. 现在我们可以用 MQ 拟插值的高阶导数来模拟函数真实的高阶导数. 上面的讨论告诉我们, MQ 拟插值对 k 导数的逼近阶是 $2/(k+2)$. 看起来其逼近阶不如利用差商方法得到的高. 下面我们将严格地计算逼近阶与稳定性的关系, 从而证明利用 MQ 拟插值的高阶导数来逼近函数真实的高阶导数是一个更好的数值逼近方法.

§3.9　利用差商及 MQ 拟插值对高阶导数逼近的稳定性分析

函数在测量或者采样时 $f(x_j)$ 总是带有误差的, 甚至输入到计算机也总是带有 0 溢出误差. 譬如讲 128 位的计算机, 那么小于 2^{-128} 的值, 会被计算机认为这是 0. 也就是说, 我们获得的是 $\{f^*(x_j)=f(x_j)+\varepsilon_j\}$, 而 ε_j 是噪声误差. 问题归结为用带随机误差的采样 $\{f^*(x_j)\}$ 来构造 $f^{(n)}(x)$ 的逼近式. 我们假设误差为白噪声, 其方差为 σ. 这里记 ϵ 为随机变量, 而用 $E(\epsilon)$ 作为随机变量 ϵ 的均值或期望, 用 $\sigma^2(\epsilon)$ 记随机变量的方差. 噪声误差 ε_j 将满足

$$E\varepsilon_j=0 \tag{3.23}$$

及

$$E\varepsilon_j\varepsilon_k=\begin{cases}\sigma^2, & j=k,\\ 0, & j\neq k.\end{cases} \tag{3.24}$$

我们要研究, 一个期望是零的噪声误差 $\{\varepsilon_j\}$ 被添加在 f_j 上, 而导致用差商或 MQ 拟插值计算的 $f^{(n)}(x)$ 方法所带来的误差结果.

先来进行差商模拟导数的稳定性分析.

令 $\{x_j; j=0,1,\cdots,n\}$ 为任何 $(n+1)$ 个在 $[a,b]$ 中两两不同的点, 函数 $f\in C[a,b]$. 多项式 $p\in\mathscr{P}_n$ 满足插值条件

$$p(x_j)=f(x_j),\qquad j=0,1,\cdots,n, \tag{3.25}$$

所以其首项系数是关于 $\{x_j,f_j\}$ 的 n 阶差商, 记为 $[x_0,x_1,\cdots,x_n]f$. 如果记 $l_k(x)$ 为多项式插值的 Lagrange 函数, 即

$$l_k(x)=\frac{\prod_{j\neq k}(x-x_j)}{\prod_{j\neq k}(x_k-x_j)},\qquad a\leqslant x\leqslant b, \tag{3.26}$$

那么满足插值条件的插值函数是

$$p(x)=\sum_{k=0}^{n}f(x_k)l_k(x), \tag{3.27}$$

其首项系数是

$$[x_0,x_1,\cdots,x_n]f=\sum_{k=0}^{n}\frac{f(x_k)}{\prod\limits_{j\neq k}(x_k-x_j)}. \tag{3.28}$$

绝大多数的数值计算及实际应用中, 人们通常利用差商作为高阶导数的逼近, 即

$$[x_0,x_1,\cdots,x_n]f=f^{(n)}(\xi)/n!. \tag{3.29}$$

这样我们就有

$$\begin{aligned}E[f^{*(n)}(x)-f^{(n)}(x)]^2&=E[f^{*(n)}(\xi)-f^{(n)}(\xi)]^2\\&=(n!)^2\cdot E\left(\sum_{k=0}^{n}\frac{f^*(x_k)}{\prod\limits_{j\neq k}(x_k-x_j)}-\sum_{k=0}^{n}\frac{f(x_k)}{\prod\limits_{j\neq k}(x_k-x_j)}\right)^2\\&=(n!)^2\cdot E\left(\sum_{k=0}^{n}\frac{\varepsilon_j}{\prod\limits_{j\neq k}(x_k-x_j)}\right)^2\\&=(n!)^2\cdot\sigma^2\cdot\sum_{k=0}^{n}\frac{1}{\prod\limits_{j\neq k}(x_k-x_j)^2}\end{aligned} \tag{3.30}$$

如果 $\{x_j;j=0,1,\cdots,n\}$ 是均匀分布的, 且 h 为步长, 那么利用差商逼近导数的稳定性误差是

$$\begin{aligned}E(f^{*(n)}(\xi)-f^{(n)}(\xi))^2&=(n!)^2\cdot\sigma^2\cdot\sum_{k=0}^{n}\frac{1}{(k!(n-k)!h^n)^2}\\&=\sigma^2\cdot\frac{1}{h^{2n}}\sum_{k=0}^{n}\left(\frac{n!}{k!(n-k)!}\right)^2\\&=\sigma^2\cdot\frac{1}{h^{2n}}\sum_{k=0}^{n}(C_n^j)^2\\&=\sigma^2\cdot\frac{1}{h^{2n}}\cdot C_{2n}^n\end{aligned} \tag{3.31}$$

从而我们可以得到定理

定理 3.9.1 如果 $\{x_j;\ j=0,\cdots,n\}$ 是一致分布的而 H 是步长, $|x-\xi|\sim\mathcal{O}(H)$, 那么

$$E[(\mathcal{D}f^*)^{(n)}(x)-f^{(n)}(x)]^2\leqslant\mathcal{O}\left(\frac{\sigma^2}{H^{2n}}\right)+\mathcal{O}(H^2),$$

这里 $\mathcal{D}$ 是关于 $[x_0,x_1,\cdots,x_n]$ 的 n 次多项式插值算子. 而 f^* 是 f 添加有噪声的插值多项式.

证明 我们有

$$E[(\mathcal{D}f^*)^{(n)}(x)-f^{(n)}(x)]^2=E[(\mathcal{D}f^*)^{(n)}(x)-(\mathcal{D}f)^{(n)}(x)+(\mathcal{D}f)^{(n)}(x)-f^{(n)}(x)]^2$$
$$=\mathcal{O}\left(\frac{\sigma^2}{H^{2n}}\right)+\mathcal{O}(H^2). \tag{3.32}$$

□

如果数据点不是等距分布的, 那么其稳定性更差. 从定理可以看到, 如果期望保证噪声项不会由于步长的变小而变得比理论误差更大, 那么我们应该要求

$$\sigma_{\mathcal{D}}^2\leqslant\mathcal{O}(H^{2n+2}).$$

反过来, 对于一个 128 位的计算机, 譬如我们要模拟 5 次导数, 那么 H 应该大于 1/1000. 或者说, 由于计算机的舍入误差, H 不能再小了, 同时, 最佳的误差也就是 10^{-6}. 如果是 8 位精度的计算机或计算机软件, 还是取 1/100 作为步长, 那么要求 $10^{-16}<10^{-4n-4}$. 这只能用来计算三阶差商. 要计算四阶差商, 被略去的第 9 位小数就要发挥很大的破坏作用了. 所以我们只能用差商来估计低阶的导数, 否则将导致不精确性及不稳定性.

上一节已经给出了 MQ 拟插值计算高阶导数的公式, 现在我们来分析这个公式的稳定性. 定义

$$h=\max_{0\leqslant j\leqslant n}(x_{j+1}-x_j).$$

引理 3.9.1 令 $c=\mathcal{O}(h^{\frac{1}{n+1}})$, 那么下面不等式成立

$$\int_{-\infty}^{+\infty}[\phi^{(n)}(x)]^2dx\leqslant\mathcal{O}\left(\frac{1}{h^{\frac{2n-3}{n+1}}}\right).$$

证明 我们有

$$\begin{aligned}\int_{-\infty}^{+\infty}[\phi^{(n)}(x)]^2dx&=\int\limits_{|x|\leqslant c}[\phi^{(n)}(x)]^2dx+\int\limits_{|x|>c}[\phi^{(n)}(x)]^2dx\\&\leqslant\int_{-c}^{c}\left[\frac{C_n}{c^{n-1}}\right]^2dx+2\int_{c}^{+\infty}\frac{[C_n\cdot c^2]^2}{x^{2(n+1)}}dx\\&=\left(\frac{C_n}{c^{n-2}}\right)^2-\frac{[C_n\cdot c^2]^2}{2n+1}\cdot\frac{1}{x^{2n+1}}\Big|_c^{\infty}\\&\leqslant\mathcal{O}\left(\frac{1}{c^{2n-4}}\right)+\mathcal{O}(\frac{1}{c^{2n-3}})\\&=\mathcal{O}\left(\frac{1}{c^{2n-3}}\right)\end{aligned}$$

$$
= \mathcal{O}\left(\frac{1}{h^{\frac{2n-3}{n+1}}}\right). \tag{3.33}
$$

□

所以得到如下定理

定理 3.9.2 (稳定性定理) 如果取 $c=\mathcal{O}(h^{\frac{1}{n+1}})$, 那么利用 MQ 拟插值估计 n 阶导数算子 $\mathcal{L}$ 的误差为

$$
E[(\mathcal{L}f^*)^{(n)}(x)-f^{(n)}(x)]^2 \leqslant \mathcal{O}\left(\frac{\sigma^2}{h^{\frac{n}{n+1}}}\right)+\mathcal{O}(h^{\frac{4}{n+1}})
$$

这里 f^* 是 f 添加噪声后的 MQ 拟插值逼近

证明 我们有

$$
\begin{aligned}
&E[(\mathcal{L}f^*)^{(n)}(x)-f^{(n)}(x)]^2\\
&=E[(\mathcal{L}f^*)^{(n)}(x)-(\mathcal{L}f)^{(n)}(x)+(\mathcal{L}f)^{(n)}(x)-f^{(n)}(x)]^2\\
&=E\left[\sum_{j=-\infty}^{+\infty} f^*(x_j)\psi_j^{(n)}(x)-\sum_{j=-\infty}^{+\infty} f(x_j)\psi_j^{(n)}(x)+\sum_{j=-\infty}^{+\infty} f(x_j)\psi_j^{(n)}(x)-f^{(n)}(x)\right]^2
\end{aligned}
$$

成立, 注意

$$
E\left[\sum_{j=-\infty}^{+\infty} f^*(x_j)\psi_j^{(n)}(x)-\sum_{j=-\infty}^{+\infty} f(x_j)\psi_j^{(n)}(x)\right]=0,
$$

我们得到

$$
\begin{aligned}
&E[(\mathcal{L}f^*)^{(n)}(x)-f^{(n)}(x)]^2\\
&=E\left[\sum_{j=-\infty}^{+\infty} f^*(x_j)\psi_j^{(n)}(x)-\sum_{j=-\infty}^{+\infty} f(x_j)\psi_j^{(n)}(x)\right]^2+\left[\sum_{j=-\infty}^{+\infty} f(x_j)\psi_j^{(n)}(x)-f^{(n)}(x)\right]^2\\
&\leqslant \sigma^2\sum_{j=-\infty}^{+\infty}[\psi_j^{(n)}(x)]^2+\mathcal{O}(h^{\frac{2}{n+1}})^2\\
&=\frac{\sigma^2}{4}\sum_{j=-\infty}^{+\infty}\left[\frac{\phi_{j+1}^{(n)}(x)-\phi_j^{(n)}(x)}{(x_{j+1}-x_j)}-\frac{\phi_j^{(n)}(x)-\phi_{j-1}^{(n)}(x)}{(x_j-x_{j-1})}\right]^2+\mathcal{O}(h^{\frac{4}{n+1}})\\
&=\frac{\sigma^2}{4}\sum_{j=-\infty}^{+\infty}\left\{\left[\frac{\dfrac{\phi_{j+1}^{(n)}(x)-\phi_j^{(n)}(x)}{(x_{j+1}-x_j)}-\dfrac{\phi_j^{(n)}(x)-\phi_{j-1}^{(n)}(x)}{(x_j-x_{j-1})}}{\dfrac{x_{j+1}-x_{j-1}}{2}}\right]^2\cdot\left(\frac{x_{j+1}-x_{j-1}}{2}\right)^2\right\}+\mathcal{O}(h^{\frac{4}{n+1}})\\
&\leqslant\frac{\sigma^2}{4}\sum_{j=-\infty}^{+\infty}\left\{[\phi^{(n+2)}(x-\xi_j)]^2\cdot\left(\frac{x_{j+1}-x_{j-1}}{2}\right)^2\right\}+\mathcal{O}(h^{\frac{4}{n+1}})
\end{aligned}
$$

这里 $\xi_j \in (x_{j-1}, x_{j+1})$. 利用证明 MQ 拟插值的收敛性定理的证明技术

$$
\begin{aligned}
E[(\mathcal{L}f^*)^{(n)}(x) - f^{(n)}(x)]^2 &\leqslant \mathcal{O}(\sigma^2 h)\int_{-\infty}^{+\infty}[\phi^{(n+2)}(x)]^2 dx + \mathcal{O}(h^{\frac{4}{n+1}}) \\
&\leqslant \mathcal{O}\left(\frac{\sigma^2}{h^{\frac{n}{n+1}}}\right) + \mathcal{O}(h^{\frac{4}{n+1}}) \qquad (3.34)
\end{aligned}
$$

从而完成定理的证明. □

定理中我们取 $h^{\frac{2}{n+1}} = H$. 如果希望得到一样的 H^2 级的误差, 那么对噪声应该要求

$$
\sigma_{\mathcal{L}}^2 \leqslant \mathcal{O}(H^{\frac{n}{2}+2}).
$$

可见 $\sigma_{\mathcal{D}}^2 << \sigma_{\mathcal{L}}^2$. 粗略地说 $\sigma_{\mathcal{D}}^2 \sim (\sigma_{\mathcal{L}}^2)^4$. 也就是说, 差商对计算机的精度要求更高, 甚至是 MQ 拟插值的 4 次方级的. 当 MQ 拟插值可以用一个 64 位的计算机完成的精度, 利用差商就需要一个 256 位的计算机完成. 另一种比较是 $\sigma_{\mathcal{D}}^2 \sim H^{3n/2}\sigma_{\mathcal{L}}^2$. 达到一样的计算精度, 差商与 MQ 拟插值比, 越是高阶的导数, 越是需要更高精度的计算机. 当然 MQ 拟插值需要更多的采样数据.

在实际计算中, 譬如用一个只有 8 位有效数字的计算机或计算机软件来模拟 2 次导数, 在 $[0,1]$ 用等距的 1/100 步长. 利用 MQ 拟插值就明显地比利用差商精确, 众多的算例都表现了差商的误差函数比 MQ 的误差函数有更大的振幅与更高的频率. 而一般地, 对于更高阶的导数, 用差商已经不能获得可信的结果, 而利用 MQ 拟插值还可以进行计算, 并且还保持有可信的结果 (参见 [54]).

§3.10 径向基函数

应用数学的根本任务是用函数、函数的性质以及它们的关系 (一般表现为微分方程) 来表示及描述自然界的事物及规律. 由于事物的复杂性, 一般来说确切的描述事物的函数很难用简单函数表示. 函数表达式一般只是具体事物的一个抽象或逼近, 也就是说我们总是预先选定一个函数空间, 然后用事物的一些已知的信息在这个空间寻找一个尽可能描述该事物的函数. 那么应该选用什么样的函数空间及函数基来描述一个复杂事物呢? 经典的方法有很多, 譬如人们熟悉的多项式函数空间, 它是用一个简单的函数 x 及其自身的乘积 x^n 然后作线性组合得到的. 再如三角多项式函数空间, 它也是用一个简单的波函数 e^{ix} 及其自身的乘积, 或者说参数的拉伸 e^{inx}, 然后作线性组合得到的. 可见它们都具有只用本质上的单一函数来生成函数空间, 而这个函数空间可以逼近几乎所有我们感兴趣的对象函数的特点或者说优点. 这个优点在现在计算机飞跃发展的时代显得特别重要. 譬如可以使用并行算法, 可以比较容易地把算法用硬件实现等等. 就是在同一个函数空间, 选取什

么样的基底也是一个十分重要的问题. 譬如多项式函数空间可以有一般的单项式基底, 也可以选取各种正交多项式基底. 在函数表示上单项式有表示简单的优点, 而正交多项式有计算稳定的优点. 在计算机辅助设计中, 更多地采用 Bernstein 函数基, 因为它有较好的形状再现性质. 经典的函数空间也有一些缺点譬如：对最简单的插值问题, Lunge 给出了一个例子, 说明了对某些插值方法, 并不是信息越多越好. 譬如单变量多项式或三角多项式的 Lagrange 插值问题的解就是不收敛的. 特别地, 任何给定的函数基在多元情形都不能满足 Haar 条件, 从而其 Lagrange 插值问题在多元情形甚至并不能保证总是有解的, 从而即使有解往往也不是稳定的.

那么在多元情形应该选取什么样的函数空间与函数的基底呢[28,29]？

首先希望函数空间也是由一个比较简单的函数 $\Phi(\cdot)$ 经过一些简单运算就可以生成. 从上几个章节的 Multi-Quadric 方法、Kriging 方法、薄板样条方法的讨论中. 我们发现径向函数 $\Phi(\cdot)=\phi(\|\cdot\|)$ 是一种可以说最简单的多元函数, 这个多元函数事实上是由一元函数生成的, 或者说是事实上的一元函数. 用它在计算机里表现多元函数就有明显的计算简单的优点. 考虑到多元的 Haar 条件, 函数基的选取要与数据点有关, 最简单的与数据点有关的运算无过于变量关于数据点的平移 $\phi(\|\cdot-x_j\|)$. 所谓的径向基函数的研究就是要研究形如 $\phi(\|\cdot-x_j\|)$ 的函数张成的函数空间及其性质和如何利用这个函数空间来解决一般事物的函数描述问题.

1. 径向基函数插值

径向基函数的研究是从径向基函数插值开始的. 所以这方面的工作也就最多. 本书将介绍一些主要的内容. 读者还可以参见 Buhmann、Dyn、Light、Powell、Schaback 等分别撰写的综述性文章[24,30~34] 及 Golberg 收集的参考文献目录[35].

首先考虑径向基函数插值的一些不同领域的来源. 最早的可能是 Krige, 他在 1951 年把矿藏的沉积看成是一个各向同性的稳定的随机函数的实现, 从而导出了广泛应用于矿藏分析的 Kriging 方法 (见前几章及其各类地质数学的杂志). 在这方面的理论深入主要是由 Matheron 完成的. 1971 年 Hardy[23] 利用径向基函数 Multi-Quadric 来处理飞机外形设计曲面拟合问题, 取得了非常好的效果. 1975 年, Duchon[21] 从样条弯曲能最小的理论出发导出了多元问题的薄板样条. 这些从不同领域导出的方法事实上都是径向基函数的插值方法, 归结起来就是:

给定函数 $\phi:\mathbb{R}_+\to\mathbb{R}$, 对于数据 $\{x_j,f_j\}\in\mathbb{R}^d\otimes\mathbb{R}$, 寻找形如如下的函数:

$$f(x)=\sum a_j\phi(\|x-x_j\|),\ \text{满足}\ f_k=\sum a_j\phi(\|x_k-x_j\|).$$

在文献中经常用的径向基函数有:

- Kriging 方法的 Gauss 分布函数: $\phi(r)=e^{-c^2r^2}$;
- Kriging 方法的 Markoff 分布函数: $\phi(r)=e^{-c|r|}$, 及其他概率分布函数;
- Hardy 的 Multi-Quadric 函数: $\phi(r)=(c^2+r^2)^{\beta}$;

- Hardy 的逆 Multi-Quadric 函数: $\phi(r) = (c^2 + r^2)^{-\beta}$ (其中 β 是正的实数);
- Duchon 的薄板样条: $\phi(r) = r^{2k} \log r$, $\phi(r) = r^{2k+1}$;
- 紧支柱正定径向基函数 (见以后的章节).

Frank 曾做了大量的各种散乱数据插值方法的实例比较, 认为径向基函数插值的结果最能使人满意[36].

2. 径向基函数插值的存在性问题[25,37~39]

给定数据 $\{x_j, f_j\}$, 关于径向基函数最简单的插值公式可以表示为

$$f^*(x) = \sum \lambda_j \phi(\|x - x_j\|),$$

且满足插值条件

$$\sum \lambda_j \phi(\|x_k - x_j\|) = f_k. \tag{3.35}$$

显然上述插值方程对任何数据 $\{x_j, f_j\} \in \mathbb{R}^d \otimes \mathbb{R}$, 当 x_j 两两不同时都有解的充分必要条件是: 对任何的两两不同的 x_j, 对称矩阵 $(\phi(\|x_j - x_k\|))$ 都是非奇异的. 如果假设径向函数是连续的, 且 $\phi(\infty) = 0$, 那么, 可以利用归纳方法得到: 适当取符号假设 $\phi(0) > 0$. 当有两个数据点时, 设想两个点的距离非常远, 那么由 $\phi(\infty) = 0$ 得到这个两阶矩阵的行列式大于零. 然后让这两个点移近, 由函数的连续性得到这是一个两阶的正定矩阵. 一般地, 如果已经有 n 个数据点, 方程 (3.35) 的系数矩阵为正定阵, 其直至 n 的各阶主子式都大于零. 当再增加一个数据点时, 让这个新增加的点从很远的地方向所在位置移动. 那么 $n+1$ 个数据点的 $n+1$ 阶系数矩阵行列式在第 $n+1$ 个点的运动开始时大于零, 而在运动中保持不为零. 这样得到, 任何 $n+1$ 个两两不同数据点的 $n+1$ 阶系数矩阵的各阶主子式都大于零, 从而由归纳法得到, 任何形式为 $(\phi(\|x_k - x_j\|))$ 的矩阵都必须是正定矩阵. 有定理

定理 3.10.1 函数 $\phi : \mathbb{R}_+ \to \mathbb{R}$ 是连续的, $\lim_{r\to\infty} \phi(r) = 0$. 那么对 d 元的径向基函数插值总是存在唯一解的条件是: 矩阵 $(\phi(\|x_j - x_k\|))$ 都是正定矩阵.

对 d 维空间的变元 x, 定义 $\Phi(x) = \phi(\|x\|)$, 并且假设这个函数是可以由 Fourier 积分 $\Phi(x) = \int_{\mathbb{R}^d} e^{ixt} \hat{\Phi}(t) dt$ 表示. 那么当 x_j 两两不同, λ_j 不全为零时, 二次型

$$\sum \lambda_j \lambda_k \phi(\|x_k - x_j\|) = \int \left| \sum \lambda_j e^{ix_j t} \right|^2 \hat{\Phi}(t) dt > 0.$$

而由经典的三角函数逼近知识知道, $|\sum \lambda_j e^{ix_j t}|^2$ 可以逼近几乎任何的正函数, 所以径向基函数插值对任何两两不同的数据点都存在唯一解的充分必要条件是: $\hat{\Phi}(t)$ 几乎处处非负, 且至少在一个正测度上大于零.

满足这种性质的函数 $\phi(\|\cdot\|)$ 称为 d 变元的正定函数. 利用上述关于正定函数的讨论得到了一个重要的定理[40].

定理 3.10.2(Bochner) 函数 $\Phi(x)$ 是正定函数的充分必要条件是其 Fourier 变换 $\hat{\Phi}(t)$ 几乎处处非负, 且至少在一个正测度上大于零.

这个定理说明, 要判别函数 ϕ 是否可以用来构造 d 元的正定函数 Φ, 需要求一个 d 元的积分.

一般地, 函数 $\Phi_d(x) = \phi(\|x\|)$, $x \in \mathbb{R}^d$ 是一个正定函数, 并不能导得 $\Phi_{d+1}(x) = \phi(\|x\|)$, $x \in \mathbb{R}^{d+1}$ 也是一个正定函数. 现在还不准备详细证明这个定理, 以后在关于紧支柱径向基函数的讨论中还要面对这个问题, 有兴趣的读者也可参见有关文献. 这个定理是由 Fourier 变换描述的, 如果我们采用 Laplace 变换表示 $\psi(r) = \int e^{-rt}\hat{\psi}(t)dt$, 其中 $\psi(r^2) = \phi(r)$. 那么对任意维空间函数 $\phi(\|x\|)$ 都是正定函数的充分必要条件是 $\hat{\psi}$ 几乎处处非负, 且至少在一个正测度上大于零, 还可以相似地不加详细证明得到另一个重要定理.

定理 3.10.3(Micchelli)[25] 如果定义 $\psi(r^2) = \phi(r)$, 那么 $\phi(\|x\|)$ 对任何维空间的 x 都是正定函数的充分必要条件是 $\psi(r)$ 是全单调函数, 即 $\psi \in \mathbb{C}^\infty$ 且

$$(-1)^k\psi^{(k)}(r) > 0.$$

可见 Gauss 函数, 逆 Multi-Quadric 在任意维空间都是正定函数. Multi-Quadric, 薄板样条不是正定函数. 但是, 它们的广义 Fourier 变换还是大于零, 只是在零点有一个极点. 如果极点是 γ 阶的, 那么当满足条件 $\sum \lambda_j x_j^\alpha = 0$, $\forall |\alpha| \leqslant \gamma$ 时, 二次型仍然可以用积分表示

$$\sum \lambda_j \lambda_k \phi(\|x_k - x_j\|) = \int \left|\sum \lambda_j e^{ix_j t}\right|^2 \hat{\Phi}(t)dt > 0.$$

这类函数称为 γ 阶的条件正定函数. 定义矩阵

$$A = \begin{pmatrix} (\phi(\|x_j - x_k\|)) & (x_j^\alpha) \\ (x_k^\beta) & (0) \end{pmatrix}.$$

其中 $0 \leqslant |\alpha|, |\beta| \leqslant \gamma$. 还要证明, 这个矩阵当 (x_j^α) 满秩时, 矩阵 A 也是非奇异的. 用反证法, 如若不然, 那么存在 (λ^T, μ^T), 满足 $(\lambda^T, \mu^T)A = 0$. 由 (x_j^α) 满秩得到 $\lambda^T \neq 0$, 否则 $\lambda = 0$ 会导致 $\mu = 0$. 同时得到 $\sum \lambda_j x_j^\alpha = 0$, $\forall |\alpha| \leqslant k$. 计算有 $(\lambda^T, \mu^T)A(\lambda^T, \mu^T)^T = \lambda^T(\phi(\|x_j - x_k\|))\lambda > 0$, 与反证假设矛盾.

对条件正定径向函数, 如果把插值方程作适当的修改, 添加上一个多项式项

$$f^*(x) = \sum a_j \phi(\|x - x_j\|) + \sum b_\alpha x^\alpha,$$

满足

$$f_k = \sum a_j \phi(\|x_k - x_j\|) + \sum b_\alpha x_k^\alpha,$$

及附加条件

$$\sum a_j x_j^\alpha = 0$$

的解唯一存在, 容易验证这也是一个插值公式. 上式中 α 的选取范围与条件正定的阶数有关. 确切地说如果要包含条件正定的阶数要求, 需要选取所有的 $\{\alpha||\alpha|<\gamma\}$, 并且还可以再添加上一些, 那么上述方程都唯一可解.

相似地可以证明对任何的数据, 上述插值问题有解的条件是 ϕ 为条件正定函数.

对于条件正定函数也有两个与正定函数相对应的定理.

定理 3.10.4 $\Phi(x)$ 作为 d 变元的函数是 k 阶条件正定函数的充分必要条件是其 Fourier 变换 $\hat{\Phi}(t)$ 几乎处处非负, 且至少在一个正测度上大于零, 且在零点是一个不超过 $k+d-1$ 阶的极点.

定理 3.10.5 如果定义 $\psi(r^2)=\phi(r)$, 那么 $\phi(\|x\|)$ 对任何维空间的 x 都是 k 阶条件正定函数的充分必要条件是: $\psi(r)$ 是 k 阶的全单调函数, 即 $\psi\in\mathbb{C}^\infty$ 且

$$(-1)^l\psi^{(l)}(r)>0,\qquad \forall l>k.$$

一般地, 如果再选择一些函数 $\beta_j(x), j=1,\cdots,b$, 那么当矩阵 $(x_j^\alpha|\beta_k(x_j))$ 满秩时

$$f^*(x)=\sum a_j\phi(\|x-x_j\|)+\sum b_\alpha x^\alpha+\sum c_j\beta_j(x),$$

满足

$$f_k=\sum_j a_j\phi(\|x_k-x_j\|)+\sum_\alpha b_\alpha x_k^\alpha+\sum_j c_j\beta_j(x_k),\quad \forall k,$$

及附加条件

$$\sum a_j\beta_k(x_j)=0,\quad \forall k;\quad \sum a_j x_j^\alpha=0,\quad \forall\alpha.$$

的解也是唯一存在的. 而且这个公式也是一个插值公式. 并且进一步地由方程的系数矩阵非奇异性得到解的唯一性定理. 容易验证, 如果数据是采自一个形如

$$f(x)=\sum b_\alpha x^\alpha+\sum c_j\beta_j(x)$$

的函数, 即 $f_k=\sum b_\alpha x_k^\alpha+\sum c_j\beta_j(x_k)$, 那么

$$f^*(x)=f(x)=\sum b_\alpha x^\alpha+\sum c_j\beta_j(x).$$

这是说如果希望插值方法有某类函数空间再生性质, 那么只要将这类函数加入到 β_j 这个类里就可以了. 这是一个十分重要的性质, 特别对实际问题有着非常广泛的应用前景.

第4章　径向基函数插值的有关理论

§4.1　径向基函数插值的收敛性与收敛速度

径向基函数插值, 不仅有用事实上的一元函数描述多元函数的计算机表示简单的优点, 而且还有最小方差无偏估计这个统计意义上的最优解及薄板样条弯曲能两次泛函最小这个物理意义上的最优解, 这两个非常明确合理的物理意义。如果适当选取自相关函数或者合适的两次泛函度量, 那么在某种意义下, 径向基函数插值有某种最优性. 有了这样的插值方法, 还希望从纯数学的角度估计插值的误差, 或者讨论当数据密集化时的收敛速度. 这个课题主要有两个方面的工作, 一种是网格上数据的径向基函数拟插值的研究, 一种是直接对散乱数据问题进行研究. 下面从这两个方面进行讨论:

拟插值,Strang-Fix 条件及平移不变空间[41]

因为散乱数据插值的复杂性, 一开始只能退一步, 讨论径向基函数插值对网格数据的收敛性问题, 又由于网格数据是无限的, 所以插值问题的解很难用数学公式表示, 有关径向基函数插值的误差估计很多是从讨论网格数据点上的拟插值开始的. 所谓的拟插值在多变量情形是形如

$$f_h(x) = \sum f(\alpha h)\psi\left(\frac{x}{h} - \alpha\right)$$

的函数, 其中 ψ 是某个径向函数的平移的线性组合, α 是多元的网格整点. 因为网格数据可以表示为一元问题的张量积形式, 为了讨论方便, 这里只讨论一元的拟插值

$$f_h(x) = \sum f(jh)\psi\left(\frac{x}{h} - j\right),$$

多元问题容易由张量积得到解决.

可见函数 $f_h(x)$ 是在 $\{\psi(\frac{x}{h} - \alpha)\}$ 张成的空间中, 而 $\psi(x)$ 是某径向函数 $\phi(x)$ 平移的线性组合, 所以 $f_h(x)$ 当然也是径向函数 $\phi(x)$ 经过拉伸压缩后平移的线性组合. 所有 $\phi(\frac{x}{h} - \alpha)$ 的线性组合构成的函数空间是一个平移不变空间, 即如果某函数是这个函数空间的元素, $g(x) \in \{\psi(\frac{x}{h} - \alpha)\}$, 那么这个函数以 h 为步长的各基本方向的平移 $g(x + \beta h) \in \{\psi(\frac{x}{h} - \alpha)\}$ 也是这个空间的元素. 在这里不准备对平移不变空间进行深入的讨论, 读者可以参见 de Boor 等的文章及有关小波的讨论. 小波分析中的多测度分析空间也是平移不变空间.

这里要讨论的是, 当 h 趋于 0 时, 上述拟插值的收敛性问题. 也就是说要估计 $\|f_h(x)-f(x)\|$ 的误差. 为了讨论方便就只对一元情形关于 L^2 范数讨论, 读者容易用张量积推广到多元网格数据问题. 如果函数 f 本身及函数 ψ 的 Fourier 变换分别有如下的积分表示

$$f(x)=\int e^{ixt}\hat{f}(t)dt,$$

$$\hat{\psi}(t)=\int e^{-ixt}\psi(x)dx,$$

那么把插值误差用 Fourier 积分表示得到

$$\|f_h(x)-f(x)\|=\left\|\int e^{ixt}\left(\sum e^{i(jh-x)t}\psi\left(\frac{x}{h}-j\right)-1\right)\hat{f}(t)dt\right\|.$$

分析函数

$$I_h(x,t)=\sum e^{i(jh-x)t}\psi\left(\frac{x}{h}-j\right)-1,$$

这是一个关于 x 周期为 h 的周期函数. 可以把它展开成 Fourier 级数

$$I_h(x,t)=\sum a_j e^{2ij\pi x/h},$$

当 $j\neq 0$,

$$\begin{aligned}a_j=&h^{-1}\int_0^h I_h(x,t)e^{-2ij\pi x/h}dx\\=&h^{-1}\int_0^h\left(\sum_k e^{i(kh-x)t}\psi\left(\frac{x}{h}-k\right)\right)e^{-2ij\pi x/h}dx\\=&h^{-1}\int_{-\infty}^{\infty}\psi\left(\frac{x}{h}\right)e^{-ixt-2ij\pi x/h}dx\\=&\hat{\psi}(ht+2j\pi),\end{aligned}$$

同理当 $j=0$ 时, 有

$$a_0=\hat{\psi}(ht)-1.$$

由 Fourier 级数的性质, 函数 $I_h(x,t)$ 的 L^∞ 范数与 Fourier 展开系数的 L^1 范数 $\sum|a_j|$ 等价. 这样得到了拟插值的误差估计式

$$\|f_h(x)-f(x)\|=\left\|\int e^{ixt}\left[\sum\hat{\psi}(ht+2j\pi)e^{2ij\pi x/h}-1\right]\hat{f}(t)dt\right\|. \tag{4.1}$$

利用 $I_h(x,t)$ 的 Fourier 级数展开式得到

$$\begin{aligned}|f_h(x)-f(x)| &\leqslant \int |I_h(x,t)||\hat{f}(t)|dt\\ &\leqslant \int \|I_h(x,t)\|_\infty |\hat{f}(t)|dt\\ &\equiv \int \Big(\sum_{j\neq 0}|\hat{\psi}(ht+2j\pi)|+|\hat{\psi}(ht)-1|\Big)|\hat{f}(t)|dt.\end{aligned}$$

称函数 ψ 满足 l 阶的 Strang-Fix 条件, 如果

$$\begin{cases}\hat{\psi}(t)=1+\mathcal{O}(t^l), & t\to 0,\\ \hat{\psi}(2j\pi+t)=\mathcal{O}(t^l), & t\to 0\end{cases}$$

称为完全的 Strang-Fix 条件, 这里在零点 $\hat{\psi}(t)=1+\mathcal{O}(t^l)$ 不是非常重要的. 如果这个条件没有满足, 还是可以寻找 ψ 平移的线性组合使得它满足 Strang-Fix 条件. 只要 $\hat{\psi}$ 在零点不为零, 那么就可以重新构造 (用它的平移的线性组合)ψ, 使得它满足完全的 l 阶 Strang-Fix 条件. 现在首先来解决这个问题. 分析 $\hat{\psi}$ 在零点的行为, 如果 $\hat{\psi}$ 在零点附近至少 l 阶连续, 因为它不为零, 所以有多项式 p 满足 $p(0)\neq 0$, 而有 Taylor 展开 $\hat{\psi}(t)=p(t)+\mathcal{O}(t^l)$. 因为讨论的函数是径向的, 所以 p 是对称的. 令多项式 $q(t)$ 是 $1/p(t)$ 在零点的 l 阶 Taylor 展式, 那么 $q(t)\hat{\psi}(t)=1+\mathcal{O}(t^l)$, 而 $q(t)$ 也是对称函数. 在零点附近对称多项式 $q(t)$ 可以用三角多项式 $r(e^{it})$ 逼近, 即存在三角多项式 $r(e^{it})$ 满足

$$r(e^{it})=q(t)+\mathcal{O}(t^l),$$

所以存在三角多项式 $r(e^{it})$, 使得 $r(e^{it})\hat{\psi}(t)=1+\mathcal{O}^l(t)$. 这样就存在 $\psi(x)$ 平移的线性组合, 使得它的 Fourier 变换是 $r(e^{it})\hat{\psi}(t)$, 从而如果 $r(e^{it})=\sum r_j e^{ijt}$, 那么 $\sum r_j\psi(x+j)$(函数 ψ 的平移的线性组合) 满足 l 阶完全的 Strang-Fix 条件. 条件

$$\begin{cases}\hat{\psi}(t)\neq 0\ (\neq\infty), & t\to 0,\\ \hat{\psi}(2j\pi+t)=\mathcal{O}(t^l), & t\to 0\end{cases}$$

也称为不完全的 Strang-Fix 条件. 上面的讨论说明, 如果函数满足不完全的 Strang-Fix 条件, 那么存在它的平移的线性组合满足完全的 Strang-Fix 条件,当函数满足完全的 Strang-Fix 条件时, 得到

定理 4.1.1 如果 $\psi(x)$ 满足 l 阶的 Strang-Fix 条件, 且 $\hat{\psi}\in\mathbb{C}^l$. 数据 $f(jh)$ 采自于一个次数不超过 l 的多项式 $f(x)$, 那么

$$\sum f(jh)\psi\left(\frac{x}{h}-j\right)=f(x).$$

证明 事实上要证明多项式再生性

$$\sum (jh)^k \psi\left(\frac{x}{h}-j\right)=x^k, \quad \forall k\leqslant l.$$

令 $y=x/h$, 要证明

$$\sum j^k\psi(y-j)=y^k, \quad \forall k\leqslant l.$$

因为 $\hat{\psi}\in\mathbb{C}^l$, 所以 ψ 有超过 $l+1$ 阶的下降速度, 从而这个和式是有意义的. 由上面的讨论可见, $\sum\psi(y-j)$ 是一个周期为 1 的周期函数, 它有 Fourier 级数表示

$$\sum \psi(y-j)=\sum a_j e^{2\pi ijy}.$$

计算 Fourier 级数的系数, 并且注意 Strang-Fix 条件得到

$$\begin{aligned} a_j &= \int_0^1 \sum_k \psi(y-k)e^{-2\pi ijy}dy \\ &= \int_{-\infty}^{\infty}\psi(y)e^{-2\pi ijy}dy=\hat{\psi}(2\pi j)=\delta_{0j}. \end{aligned}$$

所以 $\sum\psi(y-j)=1$. 一般地, 利用 Fourier 积分表示函数 ψ 得到

$$\sum j^k\psi(x-j)=\sum_j j^k\int_{-\infty}^{\infty}e^{i(x-j)t}\hat{\psi}(t)dt,$$

利用分部积分法得到

$$\begin{aligned} \sum_j j^k\psi(x-j) &= \sum_j\int_{-\infty}^{\infty}(-i)^k e^{-ijt}(e^{ixt}\hat{\psi}(t))^{(k)}dt \\ &= \sum_j\int_{-\infty}^{\infty}(-i)^k\left(\sum_{n=0}^{k}\binom{k}{n}(ix)^n e^{i(x-j)t}\hat{\psi}^{(k-n)}(t)\right)dt \\ &= \sum_{n=0}^{k}\binom{k}{n}(ix)^n\sum_j\int_{-\infty}^{\infty}(-i)^k e^{i(x-j)t}\hat{\psi}^{(k-n)}(t)dt \\ &= \sum_{n=0}^{k}\binom{k}{n}(ix)^n I_{kn}(x). \end{aligned}$$

其中

$$I_{kn}(x):=\sum_j\int_{-\infty}^{\infty}(-i)^k e^{i(x-j)t}\hat{\psi}^{(k-n)}(t)dt$$

都是关于 x 的周期函数, 并且有 Fourier 级数展开式

$$I_{kn}(x)=(-i)^k\sum\hat{\psi}^{(k-n)}(2\pi j)e^{2\pi ijx}=(-i)^k\delta_{kn},$$

从而

$$\sum_j j^k \psi(x-j) = x^k. \qquad \square$$

下面的定理说明了 Strang-Fix 条件与拟插值收敛阶的关系.

定理 4.1.2 如果函数 ψ 满足 l 阶完全的 Strang-Fix 条件, 那么当 $\int t^l \hat{f}(t)dt$ 可积时

$$\|f_h(x) - f(x)\|_2 < \mathcal{O}(h)^l,$$

反之, 如果对任何满足 $\int t^l \hat{f}(t)dt$ 可积的函数 f, 都有

$$\|f_h(x) - f(x)\|_2 < \mathcal{O}(h)^l,$$

那么函数 ψ 满足 l 阶的 Strang-Fix 条件.

证明 由式 (4.1) 得到, 对任何的满足条件的 f, 都有

$$\|f_h(x) - f(x)\|_2 < \mathcal{O}(h)^l$$

与

$$|\hat{\psi}(ht) - 1| + \sum_{j \neq 0} |\hat{\psi}(ht + 2\pi j)| < \mathcal{O}(ht)^l$$

等价. 分析和式中的每一项得到, 上式与 l 阶的 Strang-Fix 条件等价. $\square$

现在的问题是, 如何从函数 (譬如径向函数)ϕ 出发, 用函数 ϕ 平移的线性组合构造函数 ψ, 使之满足 Strang-Fix 条件. 如果径向函数 ϕ 是 k 阶条件正定的, 且讨论的函数定义域是 d 维空间, 那么径向函数的 Fourier 变换在零点是一个 $d+k$ 阶的极点, 显然存在 $c_\alpha; |\alpha| \leqslant k+d$, 使得

$$\begin{cases} \sum c_\alpha \alpha^\beta = 0, & \forall \|\beta\| < k+d, \\ \sum c_\alpha \alpha^\beta = 1, & \forall \|\beta\| = k+d, \end{cases}$$

所以 $\sum c_\alpha e^{-it\alpha}$ 在 $t = 2\pi\beta$ 是一个 $k+d$ 重的零点. 适当乘以一个常数, 由 Fourier 变换分析得到, 有 ϕ 的平移的线性组合 $\sum c_\alpha \phi(\|x-\alpha\|)$ 满足 Strang-Fix 条件 ($d+k$ 阶的).

特别地, 分析一元情形, 如果 ϕ 的 Fourier 变换在零点是一个偶次 ($2l$ 次) 的极点, 那么 $(\Delta)^l \phi(x)$ 满足 $2l$ 阶的 Strang-Fix 条件 (不完全的 Strang-Fix 条件, 如同上面讨论, 在零点可以作适当处理, 得到完全的 Strang-Fix 条件). 这里

$$\Delta\phi(x) = \frac{\phi(x+1) - 2\phi(x) + \phi(x-1)}{2}.$$

上面的讨论说明, 针对条件正定的函数容易得到一个拟插值公式, 它的基底满足 Strang-Fix 条件, 那么对正定函数是否有相似的结果呢? 可惜其答案是否定的. 关于这个问题将在以后的章节中, 介绍径向函数的性质后, 再进行讨论.

§4.2 散乱数据径向基函数插值的收敛性问题[37~39]

上一部分讨论了网格数据拟插值的收敛性问题, 得到了利用径向函数网格点平移的线性组合作为拟插值基的收敛速度, 其误差估计阶可以达到与径向函数的条件正定阶一致. 这一节要讨论的问题是: 针对散乱数据插值的收敛阶或误差估计.

只要数据点两两不同, 散乱数据径向基插值问题是唯一可解的. 它的解可以写成

$$f^*(x) = \sum a_j\phi(\|x - x_j\|) + \sum b_j p_j(x),$$

满足

$$f^*(x_k) = f_k = \sum_j a_j\phi(\|x_k - x_j\|) + \sum_j b_j p_j(x_k),$$

及附加的约束条件

$$\sum a_j p_k(x_j) = 0.$$

这个函数同时有一个 Lagrange 表示

$$f^*(x) = \sum_{j=1}^{M} f(x_j)u_j(x).$$

如果定义

$$\begin{aligned}
R(x) =&(\phi(\|x - x_1\|), \cdots, \phi(\|x - x_M\|))^T,\\
U(x) =&(u_1(x), \cdots, u_M(x))^T,\\
V(x) =&(v_1(x), \cdots, v_Q(x))^T,\\
S(x) =&(p_1(x), \cdots, p_Q(x))^T,\\
A =&(\phi(\|xj - x_k\|),\\
P =&(p_k(x_j))_{jk},
\end{aligned}$$

那么径向基插值的 Lagrange 基满足

$$\begin{pmatrix} A & P \\ P^T & 0 \end{pmatrix}\begin{pmatrix} U(x) \\ V(x) \end{pmatrix} = \begin{pmatrix} R(x) \\ S(x) \end{pmatrix}.$$

把 $V(x)$ 看成是 Lagrange 乘子, 那么径向基函数插值的 Lagrange 表示 $U(x)$ 同时是在给定 x 时两次条件最优问题

$$\min\{U^{\mathrm{T}}AU - 2U^{\mathrm{T}}R(x) + \phi(0) \mid U \in \mathbb{R}^M, P^{\mathrm{T}}U = S(x)\}$$

的解. 这个两次条件最优问题是唯一可解的, 并且它的解就是径向基函数插值的解. 这里给出了径向基函数插值的另一个物理意义 (Kriging 意义). 如果 ϕ 是 $2m$ 次可微的, 定义 $\Phi(x) = \phi(||x||)$, 那么 $U(x)$ 的导数 $U^{(\mu)}(x)$ 满足下列线性方程组

$$\begin{pmatrix} A & P \\ P^{\mathrm{T}} & 0 \end{pmatrix} \begin{pmatrix} U^{(\mu)}(x) \\ V^{(\mu)}(x) \end{pmatrix} = \begin{pmatrix} R^{(\mu)}(x) \\ S^{(\mu)}(x) \end{pmatrix},$$

从而它是在给定 x 时两次条件最优问题

$$\min\{U^{(\mu)^{\mathrm{T}}} AU^{(\mu)} - 2U^{(\mu)^{\mathrm{T}}} R^{(\mu)}(x) + \Phi^{(2\mu)}(0)\}, \tag{4.2}$$

在限制条件

$$U^{(\mu)} \in \mathbb{R}^M, \qquad P^{\mathrm{T}}U^{(\mu)} = S^{(\mu)}(x)$$

下的解. 为了深入讨论散乱数据的径向基插值问题, 给出如下定义.

定义 4.2.1 $\phi(r)$ 是 q 阶条件正定的函数, 并假设 $\phi \in C^{2m}[0, \infty)$, 那么对于 $0 \leqslant |\mu| \leqslant m$ 及数据点 $x_1, \cdots, x_M$, 函数

$$\kappa_q^{(\mu)}(x) := \min\{U^{(\mu)^{\mathrm{T}}} AU^{(\mu)} - 2U^{(\mu)^{\mathrm{T}}} R^{(\mu)}(x) + \Phi^{(2\mu)}(0)\},$$

其中 U 满足下述条件限制

$$U^{(\mu)} \in K_{\mu,q}(x),$$

称为在点 x 的 μ 阶的 Kriging 函数. 这里集合

$$K_{\mu,q}(x) := \left\{ u \in \mathbb{R}^M \,\middle|\, \sum_{j=1}^{M} u_j p(x_j) = p^{(\mu)}(x), \quad \forall\, p \in \mathbb{P}_q \right\} \tag{4.3}$$

称之为允许向量集合. 从而条件最优问题在允许向量集合中使得 Kriging 函数取到最小值. 事实上, Kriging 函数是径向基插值误差在一个 Hilbert 再生核空间下的范数.

我们希望证明:

(1) 径向基插值的误差可以由 Kriging 函数控制;

(2) Kriging 函数有一个积分表示式;

(3) 存在 $K_{\mu,q}(x)$ 中的允许向量, 使得这个积分表达式由 $h_r(x)$ 的次方控制.

前两点可以用 Fourier 变换得到, 即利用合适允许向量 $U \in K_{\mu,q}(x)$ 的广义 Fourier 变换.

如果 $\phi(\|\cdot\|)$ 是一个绝对可积函数, 并且有非负的 Fourier 变换 $\hat{\Phi}$, 满足

$$\phi(\|x\|) = \int_{\mathbb{R}^n} e^{i\langle x,t\rangle}\hat{\Phi}(t)dt, \qquad x \in \mathbb{R}^n,$$

可以得到恒等式

$$U^{\mathrm{T}}AU - 2U^{\mathrm{T}}R(x) + \Phi(0) = \int_{\mathbb{R}^n}\left|\sum_{j=1}^{M} u_j e^{i\langle x_j,t\rangle} - e^{i\langle x,t\rangle}\right|^2 \hat{\Phi}(t)dt. \tag{4.4}$$

这是两次最优问题或者 Kriging 范数的 Fourier 表示. 进一步有

$$\begin{aligned}&U^{(\mu)^{\mathrm{T}}}AU^{(\mu)} - 2U^{(\mu)^{\mathrm{T}}}R^{(\mu)}(x) + \Phi^{(2\mu)}(0)\\&= \int_{\mathbb{R}^n}\left|\sum_{j=1}^{M} u_j^{(\mu)} e^{i\langle x_j,t\rangle} - (it)^{\mu}e^{i\langle x,t\rangle}\right|^2 \hat{\Phi}(t)dt.\end{aligned} \tag{4.5}$$

这样就用一个积分表示了 Kriging 函数.

在一般情形, 函数 ϕ 并不一定是绝对可积的 (只是局部可积),

$$g(t) := \sum_{j=1}^{M} u_j e^{i\langle x_j,t\rangle} - (it)^{\mu}e^{i\langle x,t\rangle} \tag{4.6}$$

(当 u_j, x 及 μ 给定时) 并不是分布函数的一个试验函数. (4.4) 或 (4.5) 的积分可能并不存在, 所以不能直接套用广义 Fourier 变换来解决这个问题. 幸运的是 $g(t)$ 有性质:

引理 4.2.1　对每个允许向量 $u \in K_{\mu,q}(x)$, 当 x 及数据点 x_j 都给定, 并且 $0 \leqslant |\mu| \leqslant q$, 函数 $g(t)$ 在零点的行为是 $\|t\|^{q+1}$, 而在无穷远处的行为是 $\|t\|^{|\mu|}$.

证明　令

$$e^x = p(x) + x^{q+1}\rho(x), \qquad |\rho(x)| \leqslant e^{|x|}$$

为 e^x 的 q 阶的 Taylor 展开式, 而 u 是允许向量 $u \in K_{\mu,q}(x)$, 那么

$$\begin{aligned}g(t)e^{-i\langle x,t\rangle} &= \sum_{j=1}^{M} u_j e^{i\langle x_j - x,t\rangle} - (it)^{\mu}\\&= \sum_{j=1}^{M} u_j p(i\langle x_j - x,t\rangle) - (it)^{\mu}\end{aligned}$$

$$
\begin{aligned}
&+\sum_{j=1}^{M} u_j(i\langle x_j - x, t\rangle)^{q+1}\rho(i\langle x_j - x, t\rangle)\\
&=\sum_{j=1}^{M} u_j(i\langle x_j - x, t\rangle)^{q+1}\rho(i\langle x_j - x, t\rangle).
\end{aligned}
$$

因为 $p(i\langle y-x,t\rangle)$ 是一个关于 y 的多项式, 它的 μ 阶导数在点 x 是 $(it)^{\mu}$, 所以当 x, 所有的 x_j, $0\leqslant|\mu|\leqslant q$ 及 u 都给定时,

$$
|g(t)| \leqslant \begin{cases} \mathcal{O}(\|t\|^{q+1}), & t=0, \\ \mathcal{O}(\|t\|^{|\mu|}), & t=\infty. \end{cases}
$$

□

综上所述, 得到定理

定理 4.2.1　假设

$$
2|\mu| < \beta < 2q+2, \tag{4.7}
$$

ϕ 在 $\mathbb{R}^n\setminus\{0\}$ 的广义 Fourier 变换是 $\hat{\phi}$. 对所有的 $t\in\mathbb{R}^n\setminus\{0\}$, 满足

$$
0\leqslant \hat{\phi}(t)\leqslant c||t||^{-n-\beta}, \tag{4.8}
$$

那么对所有的允许向量 $U^{(\mu)}\in K_{\mu,q}(x)$, 有 (4.4) 及 (4.5).

证明　由上面的引理及 $2|\mu|<\beta<2q+2$, 得到了通常意义下的 (4.5) 积分存在性. 由 (4.6) 单调收敛定理, 利用试验函数

$$
G_m(t) = |g(t)|^2 e^{-||t||^2/m^2},
$$

在广义 Fourier 变换意义下, (4.5) 可以表示为

$$
\lim_{m\to\infty}\int_{\mathbb{R}^n} |g(t)|^2 e^{-||t||^2/m^2}\hat{\phi}(t)dt = \lim_{m\to\infty}\int \hat{G}_m(z)\phi(z)dz. \tag{4.9}
$$

进一步地, G_m 的 Fourier 变换 $\hat{G}_m(z)$ 可以至多差一个常数 σ_{mn} 显式表出:

$$
\begin{aligned}
&m^n\sum_{j,k} u_j u_k e^{-||z-(x_j-x_k)||^2 m^2/4}\\
&-2m^n(-1)^n\sum_{k} u_k D^{\mu}(e^{-||z-(x-x_k)||^2 m^2/4})\\
&+m^n D^{2\mu}(e^{-||z||^2 m^2/4}).
\end{aligned}
$$

把它代入 (4.9), 用 δ 序列 $\sigma_{mn}m^n e^{-||z||^2 m^2/4}$ 的性质得到 (4.5).　□

现在可以对 Kriging 函数给出一个积分定义

定理 4.2.2 在上一个定理的假设下, Kriging 函数可以表示成

$$\kappa_q^{(\mu)}(x) = \min_{u \in K_{\mu,q}(x)} \int_{\mathbb{R}^n} \left| \sum_{j=1}^{M} u_j e^{i\langle x_j, t\rangle} - (it)^{\mu} e^{i\langle x,t\rangle} \right|^2 \hat{\phi}(t)dt.$$

其中 $K_{\mu,q}(x)$ 由 (3) 定义. 而这个积分是在通常意义下存在的.

1. 误差估计

如果数据 $\{x_j, f_j\}$ 采自于一个可以由 Fourier 积分

$$f(x) = \int_{\mathbb{R}^n} e^{i\langle x,t\rangle} \hat{f}(t)dt$$

表示的函数, 可以利用式 (4.5) 中的 $u^{(\mu)}(x)$ 得到误差表示

$$|f^{*(\mu)}(x) - f^{(\mu)}(x)|^2 = \left| \int_{\mathbb{R}^n} \left(\sum_{j=1}^{m} u_j^{(\mu)}(x) e^{i\langle x_j, t\rangle} - (it)^{\mu} e^{i\langle x,t\rangle} \right) \hat{f}(t)dt \right|^2. \quad (4.10)$$

这个式子与 Kriging 函数有一些相像的地方. 如果

$$c_f^2 := \int_{\mathbb{R}^n} |\hat{f}(t)|^2 (\hat{\phi}(t))^{-1} dt < \infty, \quad (4.11)$$

利用 Cauchy-Schwarz 不等式, 得到

$$\begin{aligned}
&|f^{*(\mu)}(x) - f^{(\mu)}(x)|^2 \\
&\leqslant \left(\int_{\mathbb{R}^n} \left| \sum_{j=1}^{m} u_j^{(\mu)}(x) e^{i\langle x_j, t\rangle} - (it)^{\mu} e^{i\langle x,t\rangle} \right| |\hat{f}(t)| dt \right)^2 \\
&\leqslant \int_{\mathbb{R}^n} \left| \sum_{j=1}^{m} u_j^{(\mu)}(x) e^{i\langle x_j, t\rangle} - (it)^{\mu} e^{i\langle x,t\rangle} \right|^2 \hat{\phi}(t)dt \cdot \int_{\mathbb{R}^n} |\hat{f}(t)|^2 (\hat{\phi}(t))^{-1} dt \\
&= \kappa_q^{\mu}(x) \cdot c_f^2,
\end{aligned}$$

从而插值误差是点点受控于 Kriging 函数.

定义 4.2.2 称函数 $f: \mathbb{R}^n \to \mathbb{R}$ 受控于一个在 $\mathbb{R}^n \setminus \{0\}$ 满足 (4.7) 及 (4.8) 的径向函数 ϕ, 当且仅当, 如果 f 有一个广义的 Fourier 变换在 $\mathbb{R}^n \setminus \{0\}$ 表示为 $\hat{f}$, 满足 (4.11) 且

$$|\hat{f}(x)| \leqslant c\|x\|^{-n-\gamma_2}, \quad x \in \mathbb{R}^n \setminus \{0\},$$

及

$$2\gamma_2 = \beta.$$

定理 4.2.3 如果 f 受控于一个满足 (4.8) 及 (4.7) 的径向函数 ϕ, 那么插值误差

$$|f^{*(\mu)} - f^{(\mu)}|^2 \leqslant \kappa_q^\mu(x) \cdot c_f^2$$

受控于 Kriging 函数.

证明 从式 (4.7) 及 $2\gamma_2 = \beta$ 导得 $|\mu| < \gamma_2$, 用式 (4.5) 表示式 (4.10), 从而从式 (4.11) 得到结论. □

2. 允许向量的构造

现在知道径向基函数插值的误差可由 Kriging 函数控制, 而径向基函数插值又使得 Kriging 函数在允许向量空间取最小, 以下的问题是如何构造允许向量, 使得 Kriging 函数尽可能地小. 有

引理 4.2.2 对任何的 $k > 0$, $r > 0$ 及任何的点 $x \in \Omega$, 存在正的常数 h_0, c_1, 使得在任何的具有局部密度

$$h_r(x) := \max_{\|y-x\|<r} \min_{1\leqslant i\leqslant M} \|y - x_i\| \leqslant h_0$$

的数据分布 $x_i \in \Omega$, $1 \leqslant i \leqslant M$ 中, 可以找到一个子集 $z_\beta \in X := \{x_i \bigm| 1 \leqslant i \leqslant M\}$, 其中 $\beta \in \mathbb{N}_0^n$ 是满足 $0 \leqslant |\beta| \leqslant k$ 的多元记号, 成立

$$\|z_\beta - x\| \leqslant c_1 \cdot h_r(x) < r, \tag{4.12}$$

$$Z := ((z_\beta - x)^\mu)_{\mu,\beta} \quad \text{满足 } \det Z \neq 0, \text{ 其中 } 0^0 := 1,$$

$$Z^{-1} = B^* \cdot (\delta_{\mu\beta} \cdot h_r^{-|\mu|}(x))_{\mu,\beta} = BC^{-1}(N^{-|\mu|}\delta_{\mu\beta})(h^{-|\mu|}\delta_{\mu\beta}),$$

$$\|B\|_\infty \leqslant 2, \qquad \|B^*\|_\infty \leqslant c. \tag{4.13}$$

这里及以下的多元记号 μ 和 β 总是满足 $0 \leqslant |\beta|$, $|\mu| \leqslant k$. 如果多元记号发生在矩阵中, 总是假设以字典顺序排列. 而在矩阵括号外的下标的第一个元代表矩阵的行. 譬如 $B = (b_{\mu\beta})_{\mu,\beta}$ 表示矩阵的行以 μ 排, 列以 β 排.

证明 矩阵 $C = (\beta^\mu)_{\mu,\beta}$ 是通常的 Vondermonde 矩阵的多元形式. 因为次数不超过 k 的多项式在数据点 $\{\beta \bigm| 0 \leqslant |\beta| \leqslant k\}$ 上的插值是唯一存在的, 所以矩阵 C 是一个非奇异的矩阵. 利用矩阵 C 定义常数

$$N \geqslant 2k(2k+1)^{k-1}Q\|C^{-1}\|_\infty,$$

$$c_1 \geqslant (1+Nk)\sqrt{n},$$

$$h_0 < \tfrac{r}{Nk}.$$

现在假设数据分布稠密, 使得 $h = h_r(x) \leqslant h_0$. 在点 $x + N\beta h$ 的邻近存在点 $z_\beta \in X$, 满足

$$\|z_\beta - x - N\beta h\| \leqslant h, \tag{4.14}$$

及 (4.12).

下面利用 (4.14) 和 (4.12) 来估计矩阵 $((\beta \cdot N \cdot h)^\mu)_{\mu,\beta}$ 和 $((z_\beta - x)^\mu)_{\mu,\beta}$ 差的上界. 利用多项式展开, 得到

$$|t^\mu - (t+y)^\mu| \leqslant |\mu| \, \|y\|_\infty \left(\max_{0\leqslant\tau\leqslant 1} (\|t + \tau y\|_\infty) \right)^{|\mu|-1},$$

从而对矩阵 $Z - V$ 的元素得到估计式

$$|(z_\beta - x)^\mu - (\beta N h)^\mu| \leqslant |\mu| h((c_1 + kN)h)^{|\mu|-1},$$

这里变形的 Vondermonde 矩阵 $V = ((\beta N h)^\mu)_{\mu,\beta}$ 有形式

$$V = ((\beta N h)^\mu)_{\mu,\beta} = (\delta_{\mu\beta} \cdot (Nh)^{|\mu|})_{\mu,\beta} \cdot C,$$

可以选择 N 足够大, 使得

$$\begin{aligned} \|V^{-1}(Z - V)\|_\infty &= \|C^{-1} \cdot (\delta_{\mu,\beta}(Nh)^{-|\mu|})_{\mu,\beta}(Z - V)\|_\infty \\ &\leqslant \|C^{-1}\|_\infty \max_\mu (Nh)^{-|\mu|} |\mu| h^{|\mu|} (c_1 + kN)^{|\mu|-1} Q \\ &\leqslant \|C^{-1}\|_\infty \frac{1}{N} \cdot k \left(\frac{c_1}{N} + k \right)^{k-1} Q \\ &\leqslant \|C^{-1}\|_\infty \frac{1}{N} \cdot k(2k+1)^{k-1} Q \leqslant \frac{1}{2} \end{aligned}$$

有界. 这样 Neumann 序列矩阵

$$\begin{aligned} B &= Z^{-1}V = (V^{-1}Z)^{-1} = (I - V^{-1}(V - Z))^{-1} \\ &= \sum_{j=0}^{\infty} [V^{-1}(V - Z)]^j \end{aligned}$$

存在, 且它的范数小于 2. 从而矩阵 $Z^{-1} = BV^{-1}$ 满足引理. □

现在要用引理的结果来为式 (4.2) 构造允许向量 $\tilde{U}^{(\mu)}$. 如果 $B^* = (b_{\beta\mu})_{\beta,\mu}$, 对

任何的 r, 满足 $0 \leqslant |r| \leqslant k$, 得到一个关于 y 的多项式

$$\begin{aligned}
&\sum_{\beta} b_{\beta\mu} h^{-|\mu|}(z_\beta - x + y)^r \\
&= \sum_{\beta} b_{\beta\mu} h^{-|\mu|} r! \sum_{r_1+r_2=r} \frac{1}{r_1! r_2!} (z_\beta - x)^{r_1} y^{r_2} \\
&= r! \sum_{r_1+r_2=r} y^{r_2} \frac{1}{r_2! r_1!} \sum_{\beta} b_{\beta\mu} \cdot h^{-|\mu|}(z_\beta - x)^{r_1} \\
&= \frac{r!}{\mu!(r-\mu)!} y^{r-\mu} = \frac{1}{\mu!} (y^r)^{(\mu)}.
\end{aligned}$$

上式中令 $y = x$, 得到

$$(x^r)^{(\mu)} = \mu! \sum_{\beta} b_{\beta\mu} h^{-|\mu|} z_\beta^r = \sum_{i=1}^{m} \tilde{u}_i^{(\mu)} x_i^r, \tag{4.15}$$

其中

$$\tilde{u}_i^{(\mu)} := \begin{cases} \mu! b_{\beta\mu} h^{-|\mu|}, & x_i = z_\beta, \\ 0, & x_i \neq z_\beta. \end{cases}$$

由方程 (4.15), $\tilde{U}^{(\mu)} = (\tilde{u}_i^{(\mu)})_i$ 可以成为式 (4.2) 的允许向量, 所以

$$\begin{aligned}
\tilde{g}(t) &:= \sum_{j=1}^{M} \tilde{u}_j^{(\mu)} e^{i\langle x_j, t\rangle} - (it)^\mu e^{i\langle x, t\rangle} \\
&= \sum_{\beta} \mu! b_{\beta\mu} h^{-|\mu|} e^{i\langle z_\beta, t\rangle} - (it)^\mu e^{i\langle x, t\rangle} \\
&= e^{i\langle x, t\rangle} \left(\mu! \sum_{\beta} b_{\beta\mu} h^{-|\mu|} e^{i\langle z_\beta - x, t\rangle} - (it)^\mu \right) \\
&= e^{i\langle x, t\rangle} \left(\mu! \sum_{j=0}^{\infty} \frac{i^j}{j!} \sum_{\beta} b_{\beta\mu} h^{-|\mu|} \langle z_\beta - x, t\rangle^j - (it)^\mu \right) \\
&= e^{i\langle x, t\rangle} \left\{ \mu! \sum_{j=k+1}^{\infty} \frac{i^j}{j!} \sum_{\beta} b_{\beta\mu} h^{-|\mu|} \langle z_\beta - x, t\rangle^j \right. \\
&\quad \left. + \mu! \sum_{j=0}^{k} \frac{i^j}{j!} \sum_{|\rho|=j} \frac{t^\rho j!}{\rho!} \underbrace{\sum_{\beta} b_{\beta\mu} h^{-|\mu|} (z_\beta - x)^\rho}_{\delta_{\mu\rho}} - (it)^\mu \right\} \\
&= e^{i\langle x, t\rangle} \mu! \sum_{j=k+1}^{\infty} \frac{i^j}{j!} \sum_{\beta} b_{\beta\mu} h^{-|\mu|} \langle z_\beta - x, t\rangle^j.
\end{aligned}$$

进一步得到, 对任何的 $\|t\| \leqslant 1/h$, 有

$$
\begin{aligned}
|\tilde{g}(t)e^{-i\langle x,t\rangle}| &\leqslant \mu! h^{-|\mu|}\sum_{j=k+1}^{\infty}\frac{c_1^j h^j\|t\|^j}{j!}\left|\sum_{\beta} b_{\beta\mu}\right| \\
&\leqslant \text{const} \cdot h^{-|\mu|}\cdot h^{k+1}\|t\|^{k+1}\cdot \exp(c_1 h\|t\|) \\
&\leqslant \text{const} \cdot h^{k+1-|\mu|}\cdot \|t\|^{k+1}.
\end{aligned}
$$

由 (4.13), 当 $\|t\| \to \infty$ 时, 有

$$
|\hat{g}(t)| \leqslant ch^{-|\mu|} + t^{|\mu|}.
$$

把上述讨论归结为一个定理

定理 4.2.4 对任何的 $k \geqslant q$, $r > 0$, $x \in \Omega$ 及 $|\mu| \leqslant k$, 存在一个与 k, r, μ 及 x 有关的 (2) 的允许向量 $\tilde{U}^{(\mu)} \in \mathbb{R}^M$, 使得在 $\|t\| \leqslant 1/h$, 函数

$$
\tilde{g}(t) := \sum_{j=1}^{M}\tilde{u}_j^{(\mu)} e^{i\langle x_j,t\rangle} - (it)^{\mu} e^{i\langle x,t\rangle}
$$

绝对小于 $C_1\cdot h^{k+1-|\mu|}\cdot\|t\|^{k+1}$, 而且在 $\|t\| \geqslant 1/h$, 绝对小于 $C_2\cdot h^{-|\mu|} + \|t\|^{|\mu|}$. 此式对任何的 $h = h_r(x) \leqslant h_0$ 成立, 其中 h_0, C_1 及 C_2 与 k, r, μ 及 x 有关, 但与 h 无关.

推论 4.2.1 既然

$$
\|f^{*(\mu)} - f^{(\mu)}\| \leqslant c\sqrt{\int g^2(t)\hat{\Phi}(t)dt} \leqslant c\sqrt{\int \tilde{g}^2(t)\hat{\Phi}(t)dt}.
$$

如果

$$
\int t^{2k+2}\hat{\Phi}(t)dt,
$$

且

$$
\int \frac{\hat{f}^2(t)}{\hat{\Phi}(t)}dt
$$

存在, 得到

$$
\|f^{*(\mu)} - f^{(\mu)}\| \leqslant h^{k+1-|\mu|}.
$$

§4.3 正定径向函数的有关理论

我们已经知道了许多正定或条件正定的径向函数, 譬如 Gauss 分布的协方差函数, 薄板样条的核函数及 Multi-Quadric 函数. 到目前为止, 这些径向函数都不是紧

支柱的, 从而插值问题线性方程组的系数矩阵不会是稀疏的而是满的. 这样当数据点较多时, 系数矩阵的条件数是非常大的, 从而从计算的角度来看, 并不是很理想. 当得到插值函数关于径向基的展开系数以后, 对函数的赋值也需要求一个很大的和式. 事实上从很多实际问题的计算结果可以发现, 径向基函数插值有某种屏蔽的性质, 也就是说距离较远的数据点的影响是非常非常小的. 但是由于 Multi-Quadric 薄板样条等的径向基函数插值的系数矩阵的性质, 在计算过程中会产生不合理的计算误差, 从而导致了利用这类函数的计算不稳定性. 如果能够找到正定的紧支柱径向函数, 那么给径向基函数插值的数值计算会带来很大的帮助. 首先系数矩阵是稀疏的, 几乎集中在矩阵对角线附近, 从而可以获得较为稳定的线性方程的解. 进一步地, 在得到插值函数关于径向基的展开系数以后, 函数赋只要对一个很小的和式求和, 这表示插值函数是局部有关的. 这样, 解的性质就有了非常大的改善, 甚至可以讨论诸如有限元中的多层网格法、区域分解法等与稀疏矩阵相关的内容.

那么, 是否存在紧支柱的正定径向函数呢? 答案是肯定的. 譬如, 奇次 B 样条就是单变量的正定紧支柱的对称 (一元情形的径向函数) 函数, 多元时任何紧支柱径向函数 (譬如单位圆盘的特征函数) 的自身卷积就是紧支柱正定径向函数. 当然 B 样条的张量积是多元的正定紧支柱函数, 但已不再是径向函数了. 另外, B 样条作为多元径向函数不一定正定.

那么进一步地要问, 为什么在文献中很难找到多元紧支柱正定径向函数呢? 多元紧支柱正定径向函数显然是存在的, 从理论上说, 只要任取一个紧支柱的径向函数, 然后作它本身的卷积就可以得到. 但是, 二元径向函数的卷积往往是一个椭圆积分, 一般很难得到其数学表达式. 所以在文献中几乎找不到一个有用的多元紧支柱正定径向函数. 对这样的函数了解较少的另一个原因是: 以往的文献中, 在讨论正定或条件正定函数时往往与一元全单调函数 $F(\cdot)$ 联系起来, 这时在任何维空间 $F(\|x\|^2)$ 都是正定或者条件正定的, 并且除了零点是无限次可微函数. 当然这是非常好的性质, 但是也把我们的研究局限在对任何维空间都是正定或条件正定的函数上了. 正定、条件正定与全单调函数的关系是[23]:

$$\phi(||r||) = F(r^2)$$

是正定 (l 阶条件正定) 的充分必要条件为, $F(r)$ 是全单调 (l 阶往后全单调) 函数

$$(-1)^k F^{(k)}(r) \geqslant 0, \quad \forall k \geqslant l.$$

我们有[42~46]

定理 4.3.1 全单调或往后全单调函数都不是紧支柱的, 从而 $\phi(\|x\|)$ 对任何 d, $x \in \mathbb{R}^d$ 都是正定或者条件正定的函数不可能是紧支柱的.

证明 全单调函数是无限次可微的. 利用积分可知, 往后全单调函数是全单调函数加一个多项式. 利用 Laplace 变换

$$F(r) = \int_0^\infty \hat{F}(t)e^{-rt}dt$$

及全单调性得到, $\hat{F} \geqslant 0$. 如果在某点 r_0, $F(r_0) = 0$, 那么由 $e^{-tr_0} > 0$ 及 $\hat{F} \geqslant 0$ 得到, $\hat{F} = 0$ 几乎处处成立, 这样有 $F(r) \equiv 0$. 既然全单调函数甚至不能有零点, 那么当然不存在紧支柱的全单调函数, 从而不存在紧支柱的在任何维空间都正定的径向函数. 对往后全单调函数, $(-1)^l F^{(l)}$ 是全单调函数. 这个函数不能是紧支柱的, 所以函数 F 本身也不能是紧支柱的. □

上面指出了不存在紧支柱的在任何维空间都正定或条件正定的径向函数. 对于插值问题, 并不需要径向函数对任意维空间都是正定的. 而只需要在指定维空间的紧支柱正定 (条件正定) 径向函数. 那么就要讨论在指定维空间的紧支柱正定 (条件正定) 径向函数. 首先给出一些定义.

记 $\phi \in \mathbf{CS}$, 如果函数 ϕ 是紧支柱的, 一般地, 假设支柱半径是 1, 否则可以通过讨论函数 $\phi(\frac{r}{R})$ 来解决支柱半径是 R 的情况. 记 $\phi \in \mathbf{PD}_n$, 如果函数 $\Phi(\cdot) = \phi(\|\cdot\|)$ 是在空间 $\mathbb{R}^n$ 正定的, 这是说对任何的 $\{x_1, \ldots, x_n\} \in \mathbb{R}^n$ 矩阵 $A = \phi(\|x_j - x_k\|)$ 都是正定的. 由 Bochner 定理, 函数 ϕ 是 $\mathbf{PD}_n$ 函数的充分必要条件是 ϕ 的 n 元的 Fourier 变换

$$\hat{\Phi}(\omega) = \int_{x\in\mathbb{R}^n} e^{i\langle x,\omega\rangle}\phi(\|x\|)dx \overset{\geqslant}{\neq} 0,$$

其中 $\overset{\geqslant}{\neq} 0$ 表示大于且不是几乎处处等于 0. 为了讨论 $\mathbf{CS} \cap \mathbf{PD}_n$ 函数, 先给出如下的一些事实作为引理. 单变量的径向函数是对称函数, 有

引理 4.3.1 单变量对称函数 ϕ 是一个 $\mathbf{CS} \cap \mathbf{PD}_1$ 函数的充分必要条件是, 当 $r > 1$, 有 $\phi(r) = 0$, 且

$$\int_0^1 \phi(x)\cos(x\omega)dx \overset{\geqslant}{\neq} 0.$$

考虑以 $\mathbb{Z} \cap [-\ell, \ell]$ 作为节点的奇次 B 样条, 令 $\phi(x) = B^{2\ell-1}(\ell x)$, 因为函数 $B^{2l-1}(\ell x)$ 的 Fourier 变换是 $\mathrm{sinc}^{2\ell}(\frac{t}{2\ell}) \overset{\geqslant}{\neq} 0$, 既然正函数与正函数的乘积和卷积都是正函数, 由乘积的 Fourier 变换是 Fourier 变换的卷积得到

引理 4.3.2 如果 $\psi_1(x)$ 和 $\psi_2(x)$ 都是 $\mathbf{CS} \cap \mathbf{PD}_1$ 函数, 那么 $\phi = \psi_1\psi_2$ 和 $\phi = \psi_1 * \psi_2$ 也是 $\mathbf{CS} \cap \mathbf{PD}_1$ 函数.

由简单的压缩得到

引理 4.3.3 $\phi(x) = \psi(\frac{x}{a})$ 是一个 $\mathbf{CS} \cap \mathbf{PD}_k$ 函数, 如果 ψ 是一个 $\mathbf{CS} \cap \mathbf{PD}_k$ 函数, 且 $0 < a < 1$. 事实上, 如果 ψ 是 $\mathbf{CS} \cap \mathbf{PD}_k$ 函数, 那么 ϕ 是 $\mathbf{PD}_k$ 函数而它

的支柱半径是 a.

引理 4.3.4　$\phi(x) = \int_0^1 \psi(\frac{x}{a}) g(a) da$ 是 $\mathbf{CS} \cap \mathbf{PD}_k$ 函数, 如果 ψ 是 $\mathbf{CS} \cap \mathbf{PD}_k$ 函数, 且 $g(a) > 0$.

引理 4.3.5　因为当 $k \leqslant n$, 空间 $\mathbb{R}^k$ 可以嵌入到 $\mathbb{R}^n$, 所以从 $\phi(r) \in \mathbf{PD}_n$ 可以导得 $\phi(r) \in \mathbf{PD}_k$. 当然反之不一定成立.

这就指导我们去寻找 $\mathbf{CS} \cap \mathbf{PD}_n$ 函数, 从而可以运用到空间 $\mathbb{R}^k (k \leqslant n)$ 中的问题上.

现在来刻画 $\mathbf{PD}_n$ 函数的特征. 既然一个正数因子不影响径向基函数插值, 用 $\doteq$ 表示差一个正数因子的相等.

$$\Phi(x) = \phi(||x||_2) = F(||x||_2^2),$$

其中 $x \in \mathbb{R}^n$. 如果记 $r = ||x||_2$, $r_s = ||x||_2^2$ 及 $t = ||\omega||_2$, 利用极坐标计算 Φ 的 Fourier 变换得到

$$\hat{\Phi}(\omega) = \int_{\mathbb{R}^n} F(||x||_2^2) e^{ix\omega} dx = \int_0^\infty \int_0^\pi \text{area}(S^{n-2}(r \sin\theta)) F(r^2) e^{irt\cos\theta} r d\theta dr,$$

其中 $S^{n-2}(s)$ 是 $(n-1)$ 维空间中, 半径为 s 的球面. 因为这是一个 $(n-2)$ 维的流形, 记成 S^{n-2}. 那么

$$\hat{\Phi}(\omega) \doteq \int_0^\infty \int_0^\pi F(r^2) e^{irt\cos\theta} r^{n-1} \sin^{n-2}\theta d\theta dr.$$

令 $r\cos\theta = \bar{x}$, $r \sin\theta = \bar{y}$, 那么

$$\hat{\Phi}(\omega) \doteq \int_{-\infty}^\infty \int_0^\infty F(\bar{x}^2 + \bar{y}^2) e^{i\bar{x}t} \bar{y}^{n-2} d\bar{y} d\bar{x}$$

$$\doteq \int_0^\infty \int_0^\infty F(\bar{x}^2 + \bar{y}^2) \cos(\bar{x}t) \bar{y}^{n-2} d\bar{y} d\bar{x}.$$

现在再回到二维的 Euclid 空间, 令 $\bar{x} = r\cos\theta$, $\bar{y} = r\sin\theta$. 得到第一个判别式

定理 4.3.2　$\Phi(x) = \phi(||x||_2) = F(||x||_2^2) \in \mathbf{PD}_n$ 的充分必要条件是

$$\psi(\bar{x}) = \int_0^\infty F(\bar{x}^2 + \bar{y}^2) \bar{y}^{n-2} d\bar{y} \in \mathbf{PD}_1.$$

进一步地, 如果 F 的支柱是 $[0,1]$, 那么

$$\Phi(x) = \phi(||x||_2) = F(||x||_2^2) \in \mathbf{CS} \cap \mathbf{PD}_n$$

的充分必要条件是

$$\int_0^1 F(\bar{x}^2+\bar{y}^2)\bar{y}^{n-2}d\bar{y} \in \mathbf{CS}\cap\mathbf{PD}_1,$$

或者

$$\int_0^1\int_0^1 F(\bar{x}^2+\bar{y}^2)\bar{y}^{n-2}\cos(\bar{x}t)d\bar{y}d\bar{x} \overset{\geqslant}{\neq} 0.$$

这样把一个多元问题转化为一个较为简单的一元问题, 把一个多元积分问题转化为一个一元积分问题.

如果定义

$$I_{F,n}(x)=\int_0^1 F(\bar{x}^2+\bar{y}^2)\bar{y}^{n-2}d\bar{y},$$

那么利用分部积分法容易得到

$$\int_0^1 F(\bar{x}^2+\bar{y}^2)\bar{y}^{n-2}d\bar{y} \doteq -\int_0^1 F'(\bar{x}^2+\bar{y}^2)\bar{y}^{n}d\bar{y},$$

所以

$$I_{F,n}=-I_{F',n+2}.$$

由上面的讨论知道, n 元的紧支柱径向函数的 Fourier 变换是一个 n 元的径向函数, 且

$$\begin{aligned}\mathcal{F}_n\phi(t) &\doteq \int_0^\infty I_{F,n}(r)\cos rtdr\\ &\doteq -\int_0^\infty I_{F',n+2}(r)\cos rtdr.\end{aligned}$$

从而得到定理

定理 4.3.3 函数 $\phi(r)=F(r^2)(n\geqslant 3)$ 为 $\mathbf{CS}\cap\mathbf{PD}_n$ 函数的充分必要条件是: 存在 $G\in C^1[0,\infty)$ 满足 $-G'=F$, 而 $\psi(r)=G(r^2)$, 或者说 $\phi=-\dfrac{\psi'}{r}=\left(-\dfrac{1}{r}\dfrac{d}{dr}\right)\psi$ 是 $\mathbf{CS}\cap\mathbf{PD}_{n-2}$ 函数.

如果定义

$$\mathbb{I}_n(r,t)=\int_0^\pi e^{irt\cos\theta}r^{n-1}\sin^{n-2}\theta d\theta,$$

那么生成函数 ϕ 的 n 元的 Fourier 变换有表达式

$$\int_{\mathbb{R}^n} F(\|x\|^2)e^{ixt}dx=\int_0^\infty F(r^2)\mathbb{I}_n(r,\|t\|)dr.$$

这样, 得到第二个判别式

定理 4.3.4 如果 $F:\mathbb{R}_+ \to \mathbb{R}$ 的支柱是 $[0,1]$, 那么

$$\Phi(x) = \phi(||x||_2) = F(||x||_2^2) \in \mathbf{CS} \cap \mathbf{PD}_n$$

的充分必要条件是

$$\int_0^1 F(r_s) I\!I_n(r_s, t_s) dr_s \overset{\geqslant}{\neq} 0,$$

$$F(r_s) = 0, \quad r_s \geqslant 1.$$

利用这些结果可以得到几个推论.

推论 4.3.1 径向函数 $\phi(r) = F(r^2)$ 是 $\mathbf{CS} \cap \mathbf{PD}_n$ 函数的充分必要条件是, 当 $n > 2k$, 存在函数 $G \in C^k[0,\infty)$, $F = (-1)^k G^{(k)}$, 而径向函数 $\psi(r) = G(r^2)$ 是 $\mathbf{CS} \cap \mathbf{PD}_{n-2k}$ 函数, 这等价于 $\phi = \left(-\dfrac{1}{r}\dfrac{d}{dr}\right)^k \psi$.

推论 4.3.2 如果函数 $\psi(r) = G(r^2)$ 是 $\mathbf{CS}\cap\mathbf{PD}_1$, 而 $G \in C^k[0,\infty)$, 那么 $\phi(r) = F(r^2)$, 其中 $F = (-1)^k G^{(k)}$ 是 $\mathbf{CS} \cap \mathbf{PD}_{2k+1}$ 函数, 这等价于 $\phi = \left(-\dfrac{1}{r}\dfrac{d}{dr}\right)^k \psi$.

这两个推论的证明是平凡的, 但非常有用. 如果定义算子

$$D = -\frac{1}{r}\frac{d}{dr},$$

那么上述推论可以表示为

推论 4.3.3 当 $n \geqslant 3$, $\psi(r) \in \mathbf{CS} \cap \mathbf{PD}_n$ 当且仅当存在函数 $\psi_1(r) \in \mathbf{CS} \cap \mathbf{PD}_{n-2}$, 且 $\psi(r) = D\psi_1(r)$.

推论 4.3.4 $\psi(r) \in \mathbf{CS} \cap \mathbf{PD}_n$ 当且仅当对某个 $k \geqslant 0$, 存在函数 $\psi_1(r) \in \mathbf{CS} \cap \mathbf{PD}_{n-2k}$, 而 $\psi(r) = D^k\psi_1(r)$. 如果 $\psi(r) \in \mathbf{CS} \cap \mathbf{PD}_1$ 且 $\psi_1(r) = D^k\psi(r)$ 存在, 那么 $\psi_1(r) \in \mathbf{CS} \cap \mathbf{PD}_{2k+1}$.

注 4.3.1 如果 $\psi(\sqrt{\cdot}) = G(\cdot) \in C^k$, $D^k\psi(r)$ 存在.

例 4.3.1 以前已经指出奇次 B 样条 $B^{2\ell-1}(\ell\sqrt{\cdot}) \in C^{\ell-1}$, 由上面的推论得到, 对任何的 $k < \ell$, 有

$$D^k B^{2\ell-1}(\ell r) \in \mathbf{CS} \cap \mathbf{PD}_{2k+1}.$$

这样就找到了一系列的多变量紧支柱正定径向函数. 下面还要导出更加简单的多变量紧支柱正定径向函数.

作为上述讨论的推论, 还可以得到如下的命题

命题 4.3.1 如果 $f(r^2)$, $g(r^2)$, $h(r^2) \in \mathbf{CS} \cap \mathbf{PD}_k$, 且 f, g, $h \in C^1$, 那么存在函数 $I_1(r^2)$, $I_2(r^2) \in \mathbf{CS} \cap \mathbf{PD}_k$, 其中 I_1, $I_2 \in C^1$, 满足 $I_1' = f'g'h'$, $I_2' = -f'g'$.

命题 4.3.2 如果 $f(r^2)$, $g(r^2) \in \mathbf{CS} \cap \mathbf{PD}_k$, 且 f, $g \in C^2$, 那么存在函数 $h(r^2) \in \mathbf{CS} \cap \mathbf{PD}_k$, 其中 $h \in C^2$, 满足 $h'' = f''g''$.

这些结果可以用来构造新的 $\mathbf{CS} \cap \mathbf{PD}$ 函数[42~45,47].

在上面讨论的基础上, 可以把注意力放到构造单变量紧支柱对称正定函数上. 利用上面的定理, 容易对单变量紧支柱对称正定函数施行算子 D, 而获得多变量的紧支柱正定径向函数. 确切地说, 只要单变量紧支柱对称正定函数 ϕ 满足 $\phi(\sqrt{\cdot}) \in C^{\ell}$, 那么就可以很容易地对 ϕ 施以 l 次 D 算子构造出定义在 $2l+1$ 维空间上的紧支柱正定径向函数. 下面的定理给出了一个充分条件.

定理 4.3.5 如果 $\phi(r) = F(r^2)$, $\phi(r) \in C^{2\ell}(-\infty, \infty)$, 那么 $F(\cdot) \in C^{\ell}[0, \infty)$, 从而算子 D 可以对 $\phi(r)$ 施行 ℓ 次.

证明 在 $r > 0$ 点的可导性是明显的. 在零点附近, 由函数的对称性, 得到

$$\phi(|x|) = \sum_{0}^{2\ell} a_j |x|^j + \mathcal{O}(|x^{2\ell+1}|),$$

由函数的光滑性 $\phi \in C^{2\ell}$, 得到 $a_{2k-1} = 0$. 进一步地, 当 $\xi = r^2 \to 0$ 时, 有

$$F(r^2) = \phi(r) = \sum_{j=0}^{\ell} a_{2j} r^{2j} + \mathcal{O}(r^{2\ell+1}),$$

进一步地, 得到

$$F(\xi) = \sum_{0}^{\ell} a_{2j} \xi^j + o(\xi^{\ell}) \in C^{\ell}.$$

这就完成了定理的证明. □

注 4.3.2 如果从函数 $\phi(r) = F(r^2)$ 开始, 构造

$$\psi_k(r) = G(r^2) = (-1)^k F^{(k)}(r^2) = D^k \phi(r),$$

那么分析 ψ 的连续性, 有 $\psi_k \in C^{2\ell-2k}$.

构造正定函数的最简单的办法是作卷积. 任取一元函数 $f \in C^{\ell}$, 那么卷积至少有双倍的连续性 $f * f \in C^{2\ell}$, 并且它还是一元的正定函数. 如果对它作用 D 算子 k 次, 就可以得到一个 $C^{2\ell-2k} \cap \mathbf{CS} \cap \mathbf{PD}_{2k+1}$ 的径向函数.

例 4.3.2 令 $f_{\ell}(x) = (1 - x^2)_+^{\ell} \in C^{\ell-1}$ (在 $[-1, 1]$, 其余点设为零) 是一个 $2l$ 次的截断多项式, 那么卷积 $\phi_{\ell} = f_{\ell} * f_{\ell}$ 是一个分段的 $4\ell + 1$ 次多项式函数. 特别地, 在 $[0, 2]$ 是 $4\ell + 1$ 次截断多项式函数, 并且是 $C^{2\ell} \cap \mathbf{CS} \cap \mathbf{PD}_1$ 函数, 而函数 $\phi_{\ell,k}(r) := D^k \phi_{\ell}(2r)$(这里我们把 $\phi_{\ell k}$ 压缩使得它的支柱是 $[0, 1]$) 是一个 $4\ell - 2k + 1$ 次的截断多项式 (在 $[0, 1]$). 而且还是一个 $C^{2\ell-2k} \cap \mathbf{CS} \cap \mathbf{PD}_{2k+1}$ 函数. 这里的截断多项式是一个对称函数, 其支柱半径是 1, 而在区间 $[0, 1]$ 是一个多项式, 在 $[1, \infty)$ 是零. 下面的图表给出了较常用的这类函数. $l = 0$ 时是大家熟悉在分段线性插值中非常有用的 Euclid 帽子函数.

需要指出的是, 这类推广的 Euclid 帽子函数有非常简单的表达式, 即只由一段截断多项式函数构成.

紧支柱正定径向函数

$\ell=0$	$\phi_{0,0}(r)=(1-r)_+\in C^0\cap\mathbf{PD}_1$
$\ell=1$	$\phi_{1,0}(r)\doteq(1-r)_+^3(1+3r+r^2)\in C^2\cap\mathbf{PD}_1$ $\phi_{1,1}(r)=D\phi_{1,0}\doteq(1-r)_+^2(2+r)\in C^0\cap\mathbf{PD}_3$
$\ell=2$	$\phi_{2,0}(r)\in C^4\cap\mathbf{PD}_1$ $\doteq(1-r)_+^5(1+5r+9r^2+5r^3+r^4)$ $\phi_{2,1}(r)=D\phi_{2,0}(r)\in C^2\cap\mathbf{PD}_3$ $\doteq(1-r)_+^4(4+16r+12r^2+3r^3)$ $\phi_{2,2}(r)=D^2\phi_{2,0}(r)\in C^0\cap\mathbf{PD}_5$ $\doteq(1-r)_+^3(8+9r+3r^2)$
$\ell=3$	$\phi_{3,0}(r)\in C^6\cap\mathbf{PD}_1$ $\doteq(1-r)_+^7(5+35r+101r^2+147r^3+101r^4+35r^5$ $+5r^6)$ $\phi_{3,1}(r)=D\phi_{3,0}(r)\in C^4\cap\mathbf{PD}_3$ $\doteq(1-r)_+^6(6+36r+82r^2+72r^3+30r^4+5r^5)$ $\phi_{3,2}(r)=D^2\phi_{3,0}(r)\in C^2\cap\mathbf{PD}_5$ $\doteq(1-r)_+^5(8+40r+48r^2+25r^3+5r^4)$ $\phi_{3,3}(r)=D^3\phi_{3,0}(r)\in C^0\cap\mathbf{PD}_7$ $\doteq(1-r)_+^4(16+29r+20r^2+5r^3)$

注意到 $\phi_{\ell,k}(r)$ 在 $r=1$ 有一个 $2\ell+1-k$ 阶零点, 容易得到 $\phi_{\ell,k}\in C^{2\ell-2k}\cap\mathbf{CS}\cap\mathbf{PD}_{2k+1}$. 经过拉伸压缩, 如果取支柱的半径是 R, 那么利用这个函数做出的径向基函数插值由一个分片 C^∞ 的关于 $\mathbb{R}^d$ Euclid 距离多项式组成, 而在 $\|x-x_j\|=R$(支柱的边界) 上是 $C^{2\ell+1-k}$ 阶连续的, 在点 $\{x_j\}$ 是 $C^{2\ell-2k}$ 阶连续的.

§4.4　径向函数的 Bochner 定理

上一节讨论了用一元的生成函数刻画正定径向函数的可能性, 这一节从理论上对这个问题进行更加深入的讨论. 径向函数 $\Phi(x)$ 可以由它的生成函数 $\phi(\cdot)$ 通过公式 $\Phi(x)=\phi(\|x\|)$ 表示. 在讨论中更关心的是正定的径向函数. 要判别一个径向函数是否正定, 自然可以运用判别一般多元函数是否正定的 Bochner 定理, 通过验证其 Fourier 变换的正性来判别函数本身的正定性. 这要求计算一个 (并不是非常简单的) d 元的 Fourier 变换, 而且在很多情形是一个椭圆积分, 不能得到显式解. 很多实际应用中希望从一个生成函数 ϕ 出发在不同的维数空间构造插值, 那么需要对每个固定的维数 d 计算一次 Fourier 变换, 来验证这个生成函数是否生成一个 d 元的正定径向函数. 用全单调函数来判别径向函数是否正定是一个简单的方法, 但它只适用于无限次可微对任何维空间都正定 (条件正定) 的函数, 而这只是正定 (条件正定) 函数类里的非常小的一个子类, 所以很多在应用中非常有实际意义的正定函数, 譬如上一节提到的紧支柱的径向函数就不能用这个方法判别. 当然可以对径向函数作多变量的卷积来获得正定的径向函数, 而这也需要作一个多元的积分, 而且

这类积分一般也是椭圆积分. 这意味着还没有找到一个强有力的判别准则来判别一个生成函数是否能生成一个 d 元的正定径向函数, 或者说对正定径向函数的特征刻画还不够.

首先要问, 是否如同全单调性方法, 存在一种判别方法, 从函数 ϕ 的性质直接确定该函数是否能生成 d 元的正定 (条件正定) 径向函数 Φ 呢?

在一元情形, 对称函数的 Fourier 变换是正的, 就能保证函数的正定性, 那么如果函数不仅是正的而且还是单调下降的, 会有什么样的结果呢? 在这一节我们首先要讨论这样的函数. 然后在这个基础上进一步地刻画正定径向函数的特征. 得到推广的针对径向函数的推广的 Bochner 定理.

定义 4.4.1 函数 $f: \mathbb{R}_+ \to \mathbb{R}$ 称为是 $\mathbf{ICM}_K$ 函数 (K 阶不完全单调函数), 如果 $f \in C^K$, 且对任何 $k = 0, \cdots, K$, 满足 $(-1)^k f^{(k)} > 0$. 进一步地, 我们称 $f: \mathbb{R}_+ \to \mathbb{R}$ 是 $\mathbf{ICM}_\alpha$ 函数 ($\alpha = K + \dfrac{1}{2}$ 不完全单调函数), 如果 $f \in \mathbf{ICM}_K$ 且

$$\int_0^\infty (-1)^{K+1} \frac{f^{(K+1)}(t+\omega)}{\sqrt{\omega}} d\omega > 0.$$

可见正函数是 $\mathbf{ICM}_0$ 函数, 正的单调下降函数是 $\mathbf{ICM}_1$ 函数, 正的单调下降且下凸函数是 $\mathbf{ICM}_2$ 函数, 经典的全单调函数是 $\mathbf{ICM}_\infty$ 函数. 在这个定义基础上可以得到

定理 4.4.1 如果径向函数可以写成

$$\Phi(x) = \phi(||x||) = F\left(\frac{||x||^2}{2}\right), \tag{4.16}$$

而 n 维空间的 Fourier 变换算子 $\mathcal{F}_n$ 是可作用的 (譬如条件 $\phi(r)r^{n-1} \in C \cap L_1$ 成立). 生成函数 ϕ 的一元的 Fourier 变换 $\mathcal{F}_1\phi$ (或 ϕ 的余弦 Fourier 变换) 可以写成

$$\mathcal{F}_1\phi(r) = \int_0^\infty \phi(r)\cos(rt)dr = \tilde{F}\left(\frac{t^2}{2}\right),$$

那么生成函数 $\phi(r)$ 生成一个 $\mathbf{PD}_{2\alpha+1}$ 径向函数的充分必要条件为 $\tilde{F}(\cdot)$ 是 $\mathbf{ICM}_\alpha$ 函数. 换一句话说 $\phi \in \mathbf{PD}_{2k+1}$ 当且仅当 ϕ 可以表示成

$$\phi(r) = \int_0^\infty \cos(rt) \int_0^\infty \cdots \int_0^\infty g(t_1 + \cdots + t_k + \frac{t^2}{2}) dt_1 \cdots dt_k dt.$$

其中 g 是一个非负函数. 进一步地, $\phi \in \mathbf{PD}_{2k+2}$ 当且仅当 g 还满足

$$\int_0^\infty \frac{-g'(\omega+t)}{\sqrt{\omega}} d\omega > 0.$$

这个定理意味着:

(1) 可以利用余弦 Fourier 变换, 通过检验生成函数, 直接验证径向函数是否一个 $\phi \in \mathbf{PD}_n$ 函数, 是否可以生成一个 n 元正定函数 Φ;

(2) 可以通过不完全单调函数直接构造生成函数, 得到一个 $\phi \in \mathbf{PD}_n$ 函数而可以不用考虑 Φ 本身.

可见, 一元对称函数的 Bochner 定理就是这个定理当 $\alpha = 0$ 时的特例, 而我们对 Bochner 定理进行了多元的针对径向函数的推广. 在上一节曾经定义了算子 $D = \frac{-1}{r}\frac{d}{dr}$, 现在还要介绍它的逆算子及对偶算子.

定义 4.4.2 算子 D 由

$$D = \frac{-1}{r}\frac{d}{dr}$$

定义. 它的逆算子或对偶算子 I 由

$$I\psi(r) = \phi(r) = \int_r^\infty r\psi(r)dr$$

定义.

如果 $\phi(r) = F(\frac{r^2}{2})$, 且 $\psi(r) = G(\frac{r^2}{2})$, 这等价于 $G = -F'$ 及 $F(t) = \int_t^\infty G(\omega)d\omega = \int_0^\infty G(t+\omega)d\omega$. 称 I 为 D 的逆算子, 因为对在无限远处趋于零的函数, 满足 $DI\psi = \psi$ 及 $ID\phi = \phi$. 称 I 为 D 的对偶算子, 因为还有如下的对偶关系 (详细讨论见下一节)

$$\hat{\phi} = D\widehat{D\phi}, \qquad \widehat{D\phi} = I\hat{\phi}.$$

这将导致如下定理

定理 4.4.2 所有 $\mathbf{PD}_n$ 函数可以分类成

$$\Omega_{n,k} = \{F|F\left(\frac{r^2}{2}\right) \in \mathbf{PD}_n, F \in C^k[0,\infty)\},$$

进一步成立如下关系:

$$\Omega_{m,k} = \{F|F = -G', \ \ G \in \Omega_{m-2,k+1}\},$$

$$\Omega_{2m+1,k} = \{F|F = (-1)^m G^{(m)}, \ \ G \in \Omega_{1,k+m}\}.$$

第二个关系式非常重要, 它说明可以从一个较差的 (只能生成较低维的正定径向函数) 生成函数出发, 利用算子 D 获得一个较好的生成函数. 这也意味着所有在 $\mathbf{PD}_{2m+1}$ 的函数 ϕ 可以由在 $\mathbf{PD}_1$ 函数 ψ 作用算子 D(对函数 G 求导, 如果 $G(\frac{t^2}{2}) = \psi(t)$) 导得. 从而只要把研究注意力放到一元的对称函数或者生成函数本身上, 就可以大大简化原问题.

下面将深入讨论上面的问题. 如同上几节, 记 $\doteq$ 表示差一个正常数因子的相等, $\phi \in \mathbf{CS}$ 表示 ϕ 是紧支柱的. 如果函数 $\Phi(\cdot) = \phi(\|\cdot\|)$ 是在 $\mathbb{R}^n$ 正定的, 那么记作 $\phi \in \mathbf{PD}_n$. $\mathbf{ICM}_\alpha$ 是在定义 4.4.1 中定义的不完全单调函数.

函数 ϕ 是 $\mathbf{PD}_n$ 函数的充分必要条件是 n 维的 Fourier 变换 $\mathcal{F}_n\phi$ (即 $\Phi(\cdot) = \phi(\|\cdot\|)$ 的 Fourier 变换) 在 $\mathbb{R}^n$ 是非负的并且至少在一个开集是正的, 记作

$$\mathcal{F}_n\phi(\|\omega\|) = \hat{\Phi}(\omega) = \int_{\mathbb{R}^n} e^{i<x,\omega>}\phi(\|x\|)dx>0.$$

如果径向函数可以写成

$$\Phi(x) = \phi(||x||) = F\left(\frac{||x||^2}{2}\right), \qquad x \in \mathbb{R}^n,$$

那么其生成函数的一元的 Fourier 变换 (由对称性关于生成函数的 Fourier 变换事实上是余弦变换) 为

$$\mathcal{F}_1\phi(\omega) = \int_0^\infty \phi(r)\cos(r\omega)d\omega = \tilde{F}\left(\frac{\omega^2}{2}\right).$$

一个生成函数可以生成一个一元正定径向函数的充分必要条件是

$$\int_0^\infty \phi(x)\cos(x\omega)dx > 0.$$

由于 $\mathbb{R}^k$ 可以嵌入到 $\mathbb{R}^n$, 如果 $k < n$, 那么 $\phi(r) \in \mathbf{PD}_n$ 蕴含着 $\phi(r) \in \mathbf{PD}_k$.

这都是一些平凡的结果, 但是引导我们去寻找 $\mathbf{PD}_n$ 或 $\mathbf{CS} \cap \mathbf{PD}_n$ 函数, 以便于在 $\mathbb{R}^k$ 应用. 较常用的空间当然是 $n = 3$ 及 $n = 4$.

由 Stein & Weiss 的著作[40], 如果记 $\mathcal{F}_n$ 为对生成函数 $\phi(r)$ 的 n 元的 Fourier 变换, 并把它写成径向函数的生成函数形式

$$\begin{aligned}(\mathcal{F}_n\phi)(t) &\doteq \int_{\mathbb{R}^n} e^{i<\omega,x>}\phi(||x||)dx \\ &\doteq \int_0^\infty \phi(r)r^{n-1}(rt)^{-\frac{n-2}{2}}\mathcal{J}_{\frac{n-2}{2}}(rt)dr,\end{aligned}$$

这里 $t = ||\omega||$, 而 $\mathcal{J}_{\frac{n-2}{2}}$ 是第一类的 Bessel 函数[48].

下面要对第一类的 Bessel 函数证明一个递推关系式

引理 4.4.1 第一类 Bessel 函数满足如下的递推关系式

$$(z^{-\mu}\mathcal{J}_\mu(z))' = -z^{-\mu}\mathcal{J}_{\mu+1}.$$

证明 Bessel 函数可以展开成 Bessel 级数

$$\mathcal{J}_\mu(z) = \sum_{j=0}^\infty \frac{(-1)^j(\frac{z}{2})^{2j+\mu}}{j!\Gamma(\mu+j+1)}.$$

对 $\mu \geqslant 0$, 这个级数及其导数都是绝对收敛的. 并且当 $z \to \infty$ 有很好的渐近行为[21], 这样, 上述递推关系是这个展开式的直接的推论. □

有了这个递推式, 对第二个定义的算子有如下的结果

引理 4.4.2 如果算子 D 由上面定义, 函数 $\phi(r)r^{k+1} \in L_1$, 那么

$$D\mathcal{F}_k\phi \doteq \mathcal{F}_{k+2}\phi,$$

$$D\mathcal{F}_k^{-1}\phi \doteq \mathcal{F}_{k+2}^{-1}\phi.$$

证明　其证明是非常简单的, 只要把算子 $\mathcal{F}_k$ 用 Bessel 函数的积分表示然后利用 Bessel 函数的递推公式就得到了本引理　□

为了研究由生成函数 ϕ 生成的径向函数 $\Phi(x)=\phi(\|x\|)$, 将介绍与之有关的一类伴随函数组.

对生成函数 ϕ 及 $k \leqslant n$, 定义第一类伴随函数组

$$\phi_k : \mathbb{R}_+ \to R, \qquad \phi_k(r) = (\mathcal{F}_k^{-1}\psi)(r),$$

其中

$$\phi(r) = (\mathcal{F}_n^{-1}\psi)(r).$$

因为 $\phi \in \mathbf{PD}_n$, 由 Bochner 定理得到, $\psi(\|\cdot\|) \in L_1(\mathbb{R}^n)$, 那么对于 $k \leqslant n$, 函数 ψ 是 $\mathcal{F}_k^{-1}$ Fourier 可变换的, 从而可以定义 $\phi_k := \mathcal{F}_k^{-1}\psi$. 根据上面的讨论得到

定理 4.4.3　如果 $\phi(r)r^{n-1} \in L_1(\mathbb{R})$, 那么对于 $k+2 \leqslant n$, 有

$$D\phi_k = \phi_{k+2}.$$

这个定理说明: 每个 $\mathbf{PD}_n$ 函数 $\phi(r)$ 都有一个伴随函数组 $\{\phi_k\}$, 它们的代表元是 $\phi_1 \in \mathbf{PD}_1$, 而 $\phi(r)=\phi_n(r)$.

特别地, 如果 $n=2k+1$, $\phi(r)=\phi_{2k+1}(r)=D^k\phi_1(r)$. 从另一方面说, 如果 $\phi_k \in \mathbf{PD}_k$, 且算子 D 可以对这个函数作用, 那么 $\phi_{k+2}=D\phi_k \in \mathbf{PD}_{k+2}$. 也把这个结果写成定理.

定理 4.4.4　所有 $\mathbf{PD}_n$ 函数可以由如下的函数分类

$$\Omega_{n,k} = \{F | F\left(\frac{\|x\|^2}{2}\right) \in \mathbf{PD}_n,\ \ F \in C^k[0,\infty)\},$$

并且有关系式

$$\begin{aligned}\Omega_{m,k} =& \{F | F = -G',\ \ G \in \Omega_{m-2,k+1}\},\\ \Omega_{2m+1,k} =& \{F | F = (-1)^m G^{(m)},\ \ G \in \Omega_{1,k+m}\}.\end{aligned}$$

证明　显然, 对 (4.16) 定义的记号有 $D\phi(r) = -F'(\frac{r^2}{2})$, 既然 F 多少次可导与 D 多少次可作用到 ϕ 等价, 这个定理是上一个定理的直接的推论.　□

这意味着可以从一个 $\mathbf{PD}_1$ 函数出发, 作用几次 D 算子得到 $\mathbf{PD}_n$ 函数. 这样就可以只研究一元对称正定函数, 而这样的函数比起多元径向正的函数就比较容易刻画, 也比较容易构造. 从另一方面, 如果已经有了一个 (坏的) 生成函数, 它只能生成 $\mathbf{PD}_k$ 函数, 而算子 D 还可以作用于它, 那么总能通过作用 D 算子得到一个

(好的) 可以生成 $\mathbf{PD}_{k+2}$ 函数的生成函数 (好的意味着在更高维空间正定的径向函数, 但连续性弱了).

从这里可以看到, 算子 $D = \frac{-1}{r}\frac{d}{dr}$ 在讨论中扮演了一个非常重要的角色. 所以要对它作进一步的研究.

如果 $\phi_{k+2}(r) = D\phi_k(r)$, 计算对称函数一元的余弦 Fourier 变换, 基于 $\phi(r)r^{n-1} \in L_1$ 及函数 ϕ 的第一类伴随函数组的定义, 得到下列等式

$$\hat{\phi}_{k+2}(t) = \int_0^\infty \cos(rt)\phi_{k+2}(r)dr = -\int_0^\infty \cos(rt)\phi_k'(r)/rdr,$$

$$\hat{\phi}_{k+2}'(t) = \int_0^\infty \sin(rt)\phi_k'(r)dr = -t\int_0^\infty \phi_k(r)\cos(rt)dr,$$

从而导得 $D\mathcal{F}_1\phi_{k+2}(t) = \mathcal{F}_1\phi_k$, 或者 $\mathcal{F}_1\phi_k = D\mathcal{F}_1(D\phi_k)$, 换一句话说, $I\mathcal{F}_1\phi_k = \mathcal{F}_1(D\phi_k)$.

这些结果可以归结为

定理 4.4.5 $\phi_{k+2} = D\phi_k$ 当且仅当 $D\mathcal{F}_1\phi_{k+2} = \mathcal{F}_1\phi_k$, 或者说

$$\mathcal{F}_1\phi_{k+2} = D^{-1}\mathcal{F}_1\phi_k = I\mathcal{F}_1\phi_k.$$

递推地得到 $\phi = D^k\phi_1$ 当且仅当 $\mathcal{F}_1\phi = I^k\mathcal{F}_1\phi_1$.

注意以上定义, 得到了在本节开始介绍的主要定理——推广的 Bochner 定理在 $n = 2k+1$ 时的证明

定理 4.4.6 如果径向函数可以写成

$$\Phi(x) = \phi(\|x\|) = F\left(\frac{\|x\|^2}{2}\right),$$

且算子 $\mathcal{F}_n$ 可以作用 (或简单地 $\phi(r)r^{n-1} \in L_1$), ϕ 的一元 Fourier 变换 $\mathcal{F}_1$ 或者余弦 Fourier 变换可以写成

$$\mathcal{F}_1\phi(t) = \tilde{F}\left(\frac{t^2}{2}\right),$$

那么 $\phi(r)$ 是 $\mathbf{PD}_{2\alpha+1}$ 函数, 当且仅当 $\tilde{F}(\cdot)$ 是 $\mathbf{ICM}_\alpha$ 函数. 换一句话说, $\phi \in \mathbf{PD}_{2k+1}$ 当且仅当 ϕ 可以表示成

$$\begin{aligned}\phi(r) &= \int_0^\infty \cos(rt)\tilde{F}\left(\frac{t^2}{2}\right)dt \\ &= \int_0^\infty \cos(rt)\int_0^\infty \cdots \int_0^\infty g\left(t_1 + \cdots + t_k + \frac{t^2}{2}\right)dt_1\cdots dt_k dt.\end{aligned}$$

其中 g 是一个正的函数. 进一步地, $\phi \in \mathbf{PD}_{2k+2}$ 当且仅当 g 还满足

$$\int_0^\infty \frac{-g'(\omega+t)}{\sqrt{\omega}}d\omega > 0.$$

证明 由以上的讨论已经得到当空间维数是奇数时的结果. 对偶数维空间, 先来分析二维情形. 由引理, ϕ 是 $\mathbf{PD}_2$ 函数当且仅当

$$\int_0^\infty \phi(r)r\mathcal{J}_0(rt)dr > 0.$$

利用 Parseval 公式及正弦 Fourier 变换[22], 这个式子等价于

$$\int_t^\infty D\mathcal{F}_1\phi(\omega)\frac{\omega}{\sqrt{\omega^2-t^2}}d\omega > 0,$$

或

$$\int_0^\infty \frac{-\tilde{F}'(\omega+t)}{\sqrt{\omega}}d\omega > 0.$$

再利用上一个定理的递推式就得到了本定理的证明. □

有时还需要计算函数 Φ 的 Fourier 变换或者生成函数的 n 元 Fourier 变换 $\mathcal{F}_n\phi$. 为了讨论 $\mathcal{F}_n\phi$ 这个问题, 或者说为了讨论 $\mathcal{F}_1\phi$ 与 $\mathcal{F}_n\phi$ 的关系, 对 $k \leqslant n$ 定义另一个伴随函数组 (第二类伴随函数组):

$$\hat{\psi}_k := \mathcal{F}_k\phi.$$

再一次应用上面的引理, 得到 $D\hat{\psi}_k = \hat{\psi}_{k+2}$, 从而有

定理 4.4.7 $\mathcal{F}_{2k+1}\phi = D^k\mathcal{F}_1\phi$.

利用上面的定理可以得到如下的推论

推论 4.4.1 奇次 B 样条是 $\mathbf{PD}_1$ 函数, 但不是 $\mathbf{PD}_3$ 函数. 既然它的 Fourier 变换是 sinc函数的偶次方. 它是正的而不是单调的. 事实上它甚至也不是 $\mathbf{PD}_2$ 函数. 其证明可以参考上面推广的 Bochner 定理的关于偶次空间的证明.

现在可以从许多熟悉的一元正定函数出发, 构造得到更多有用的多元正定径向函数.

例 4.4.1 奇次 B 样条 $B^{2\ell-1}(\ell\sqrt{\cdot}) \in C^{\ell-1}$, 由定理得到一系列紧支柱正定径向函数

$$D^kB^{2\ell-1}(\ell r) \in \mathbf{CS} \cap \mathbf{PD}_{2k+1}, \quad \forall\ k < \ell.$$

它由分片的关于 Euclid 距离的有理函数构成.

例 4.4.2 任取一个正函数 $g(t)$, 譬如 [0,1] 区间的特征函数, 并且作用 I 算子 k 次, 那么它的 Fourier 变换 $\phi(r) = \mathcal{F}_1I^kg(t)$ 是一个 $\mathbf{PD}_{2k+1}$ 函数, 并且 $\mathcal{F}_n\phi(\|2\pi\alpha\|) = 0$. 从而得到一系列 $\mathbf{PD}_n$ 函数, 并且满足 Strang-Fix 条件.

例 4.4.3 $(1-\cdot)_+^k$ 是 $\mathbf{ICM}_k$ 函数, 从而函数

$$\phi_k(x) = \int_0^1 (1-t^2)^k\cos(xt)dt$$

是 $\mathbf{PD}_{2k+1}$ 函数. 有

$$\phi_0(x) = \operatorname{sinc}(x)$$

是 $\mathbf{PD}_1$ 函数,

$$\phi_1(x) = (\operatorname{sinc}(x) - \cos(x))/x^2$$

是 $\mathbf{PD}_3$ 函数, 递推得到

$$\phi_k(x) = k[(4k-2)\phi_{k-1}(x) - 4(k-1)\phi_{k-2}(x)]/x^2$$

是 $\mathbf{PD}_{2k+1}$ 函数并且满足 Strang-Fix 条件 (参见下一节).

§4.5 径向函数与 Strang-Fix 条件

在一元及张量积情形的插值或逼近问题中, 人们特别推崇 B 样条基. 这是因为 B 样条基有如下好的性质:

(1) 对称性: $B(x) = B(-x)$;

(2) 紧支柱性质: $B_n(x) = 0$, 如果 $|x| > n/2$;

(3) Strang-Fix 条件 (参见关于网格数据的径向函数逼近理论章节): $\hat{B}(0) > 0$ 且 $\hat{B}(2\pi j) = 0$. 从而可以构造拟插值 (B 样条曲线, B 样条曲面), 使得它有局部多项式再生及较高的逼近阶;

(4) 分段多项式表示 (计算简单);

(5) 可细分性质: 从而可以应用细分算法快速生成函数, 并且是构造小波函数的基础 (即所谓的样条小波);

(6) 正定性: 奇次 B 样条是正定函数.

函数 $\Phi: \mathbb{R}^d \to \mathbb{R}$ 称为径向的, 如果存在函数 $\phi: \mathbb{R}_+ \to \mathbb{R}$, 满足 $\Phi(x) = \phi(\|x\|)$, 其中 $\|\cdot\|$ 表示 $\mathbb{R}^d$ 中的 Euclid 范数. 在多元情形对称性将由径向函数的各向同性体现. 前几节已经得到了紧支柱的分段多项式正定径向函数, 那么在多元情形是否也有紧支柱的分段多项式正定径向函数满足 Strang-Fix 条件呢? 进一步地, 是否它还可以满足可细分条件呢? 在这一节就要讨论这样的问题. 首先给出 d 变元 ℓ 阶的 Strang-Fix 条件, 并且介绍利用 Strang-Fix 条件构造拟插值的性质.

一个 d 变元的函数 Φ 满足 ℓ 阶的 Strang-Fix 条件, 如果它的 Fourier 变换 $\hat{\Phi}$ 在 $2\pi\alpha$ $(\alpha \in \mathbb{Z}^d - \{0\})$ 有 ℓ 阶的零点, 而 $\hat{\Phi} - 1$ 在原点也有 ℓ 阶的零点, 这一般称为完全的 Strang-Fix 条件. 这时可以利用函数 Φ 的平移及参数压缩构造拟插值

$$f^*(x) = \sum f(\alpha h)\Phi\left(\frac{x}{h} - \alpha\right),$$

而完全的 Strang-Fix 条件及紧支柱隐含着拟插值的局部多项式再生性, 从而拟插值有逼近精度

$$\left\| \sum f(\alpha h) \frac{1}{h^{|\beta|}} \Phi^{(\beta)} \left(\frac{x}{h} - \alpha \right) - f^{(\beta)} \right\| = \mathcal{O}(h^{\ell - |\beta|}).$$

Strang-Fix 条件中关于原点的条件可以放松到 $\hat{\Phi}(0) \neq 0$ 且具有一定的连续性, 只要这个条件满足, 在前一节讨论过, 可以找到 Φ 的整点平移的线性组合使得它满足完全的 Strang-Fix 条件. 所以可以从寻找满足这种在原点放松条件的函数出发, 寻找紧支柱正定函数的线性组合满足 Strang-Fix 条件.

首先利用上一节介绍的算子, 仍然记“$\doteq$”表示差一个常数因子的等于, 算子 D 及它的逆算子和对偶算子 I 由下式定义

$$D: \ \psi(r) = (D\phi)(r) = \frac{-1}{r} \frac{d}{dr} \phi(r),$$

$$I: \ \phi(r) = (I\psi)(r) = \int_r^\infty s\psi(s) ds.$$

进一步地, 利用上一节对偶数维空间的讨论, 定义算子

$$I_{\frac{1}{2}}: \ \phi(r) = (I_{\frac{1}{2}}\psi)(r) = \int_r^\infty \frac{s\psi(s)}{\sqrt{s^2 - r^2}} ds.$$

计算可得 $I_{\frac{1}{2}}^2 = I$. 利用生成函数生成 d 变元的径向函数的 Fourier 变换, 以及 Fourier 变换把径向函数映照到径向函数的性质, 对生成函数定义算子 $\mathcal{F}_d$,

$$(\mathcal{F}_d \phi)(\|\omega\|) = \int_{\mathbb{R}^d} e^{ix\omega} \phi(\|x\|) dx = \hat{\Phi}(\omega),$$

把函数 $\phi: \mathbb{R}_+ \to \mathbb{R}$ 映照成 $\mathcal{F}_d \phi: \mathbb{R}_+ \to \mathbb{R}$, 那么, 当这些算子对某函数都是可作用时, 有如下的关系式成立:

$$\begin{aligned}
&DI = E, && ID = E, \\
&\mathcal{F}_k D \doteq I \mathcal{F}_k, && \mathcal{F}_k I \doteq D \mathcal{F}_k, \\
&\mathcal{F}_{k+2} D \doteq \mathcal{F}_k, && \mathcal{F}_{k+2} \doteq D \mathcal{F}_k, \\
&\mathcal{F}_{k+2} \doteq \mathcal{F}_k I, && I \mathcal{F}_{k+2} \doteq \mathcal{F}_k, \\
&\mathcal{F}_{k+1} \doteq \mathcal{F}_k I_{\frac{1}{2}} \doteq \mathcal{F}_1 I_{\frac{1}{2}}^k, && I_{\frac{1}{2}} \mathcal{F}_{k+1} \doteq \mathcal{F}_k, \\
&I_{\frac{1}{2}}^2 \doteq I,
\end{aligned}$$

其中 E 表示恒等算子, 其证明已由上节给出.

现在给出一些经典数学中的著名定理作为引理. 从中读者也可以体会到经典著名定理在现代数学的影响和应用, 并且体会到各学科的互相贯穿性. 第一个引理是非常著名的四平方和定理, 是由 Lagrange 给出的, 读者可以在任何关于数论的教科书中找到.

引理 4.5.1 (Lagrange) 任何正整数可以写成四个整数的平方和.

要讨论正整数写成两个整数的平方和问题, Landau 给出了如下的结果.

引理 4.5.2 如果 a_n 是第 n 个可以写成两个整数平方和的整数 ($a_n = l^2+m^2$), 那么存在常数 c_1 , c_2 及正整数 n_0, 满足当 $n > n_0$ 时,

$$c_2 n(\log n)^{\frac{1}{2}} < a_n < c_1 n(\log n)^{\frac{1}{2}}.$$

在复分析中有如下的著名定理, 这是由 Pólya 在 1931 年提出, 由 Szász 在 1933 证明.

引理 4.5.3 序列 $\{m_j\}$, $0 < m_1 < \cdots < m_n < \cdots$, 满足

$$\varliminf_{n\to\infty} \frac{n}{m_n} > \frac{b-a}{2\pi} > 0.$$

如果函数 $f \in C(a,b)$ 且对任何的 m_n, 有

$$\int_a^b f(x)\cos(m_n x)dx = \int_a^b f(x)\sin(m_n x)dx = 0,$$

那么 f 在 (a,b) 是零函数.

下面简单但非常有用的定理可以在 Stein & Weiss 的专著[36] 中找到.

引理 4.5.4 径向函数的 Fourier 变换是径向函数.

现在把焦点对准本节开始提出的问题. 假设有 d 变元的紧支柱径向函数 $\Phi(x) = \phi(\|x\|)$ (先讨论 $d \geqslant 4$ 而支柱半径是 R, 即 $\phi(r) = 0$, 当 $r > R$) 满足 Strang-Fix 条件, 或者说 $\hat{\Phi}(\omega)$ 在 $2\pi\alpha$ 为 0, 那么利用算子 $\mathcal{F}$ 及径向性质得到, 对任何的 $t_n = \sqrt{n}$, $n = 1, 2, 3, \cdots$, 有

$$(\mathcal{F}_1 I^d_{\frac{1}{2}}\phi)(2\pi t_n) \doteq (\mathcal{F}_d\phi)(2\pi t_n) = \hat{\Phi}(2\pi\alpha) = 0.$$

由四平方和定理, 当 $d \geqslant 4$ 时, 函数 $\mathcal{F}_d\phi$ 的第 n 个零点是 $\|2\pi\alpha\| = 2\pi\sqrt{n}$. 如果记 $m_n = 2\pi\sqrt{n}$, 这导致

$$0 = \mathcal{F}_d\phi(m_n) = \mathcal{F}_1 I^d_{\frac{1}{2}}\phi(m_n) \doteq \int_{-R}^{R} I^d_{\frac{1}{2}}\phi(|x|)\cos(m_n x)dx,$$

而由函数的对称性, 还成立

$$0 = \int_{-R}^{R} I^d_{\frac{1}{2}}\phi(|x|)\sin(m_n x)dx,$$

所以 $I^d_{\frac{1}{2}}\phi$ 满足 Pólya 定理的条件, 其中 $m_n = 2\pi\sqrt{n}$, 这样得到 $I^d_{\frac{1}{2}}\phi \equiv 0$, 进一步地, $\phi \doteq D^d I^d_{\frac{1}{2}} I^d_{\frac{1}{2}}\phi \equiv 0$. 把这些讨论归结为一个定理

定理 4.5.1 当空间维数 $d \geqslant 4$, 不存在紧支柱径向连续函数满足 Strang-Fix 条件.

对空间维数是 2 或者 3 时, 由 Landau 定理可以相似得到

$$\lim_{n\to\infty}\frac{n}{m_n} = \infty,$$

从而可以证明

定理 4.5.2 当空间维数 $d \geqslant 2$, 不存在紧支柱径向连续函数满足 Strang-Fix 条件.

很可惜除了一元的 B 样条, 它是正定紧支柱对称函数且满足 Strang-Fix 条件. 在空间维数大于等于 2, 不存在紧支柱径向函数满足 Strang-Fix 条件. 那么退一步, 是否存在紧支柱径向函数的有限线性组合满足 Strang-Fix 条件呢? 即 $\Psi(x) \in \{\phi(\|x-\alpha\|)\}$ 的线性组合空间, 并且满足 Strang-Fix 条件. 如果这个结果是对的, 那么仍然可以利用径向基函数的线性组合构造拟插值, 其基函数由紧支柱径向函数的线性组合构成. 这样的函数在应用中是非常有意义的, 可惜的是这个命题也只有否定的回答.

定理 4.5.3 当空间维数 $d \geqslant 2$, 不存在紧支柱径向连续函数的有限线性组合满足 Strang-Fix 条件.

证明 如果 $\Psi(x) = \sum \lambda_\alpha \Phi(x-\alpha)$, 而 $\Phi(x) = \phi(\|x\|)$ 是紧支柱的径向函数. 那么 Ψ 的 Fourier 变换是

$$\hat{\Psi}(\omega) = \sum \lambda_\alpha e^{i\alpha\omega}\hat{\Phi}(\omega).$$

当空间维数大于等于 2 时, 根据上面的讨论, 存在 $0 \neq \alpha_0 \in \mathbb{Z}^d$, 满足 $\hat{\Phi}(2\pi\alpha_0) \neq 0$. 如果 Ψ 满足 Strang-Fix 条件, 那么 $\sum \lambda_\alpha = \sum \lambda_\alpha e^{2i\pi\alpha\cdot\alpha_0}$ 必须是 0. 这意味着 $\hat{\Psi}(0) = 0$, 而与 Strang-Fix 在零点的条件矛盾. □

读者可以比较条件正定时构造满足 Strang-Fix 条件的函数的技巧. 正如在讨论网格数据的径向基函数拟插值时得到的, 如果函数是条件正定的, 即如果函数的 Fourier 变换在原点是极点, 那么容易构造满足 Strang-Fix 条件的函数. 那时正是利用了上面三角多项式函数在原点的零点与径向函数的 Fourier 变换在原点的极点抵销的方法, 使得函数在零点也满足 Strang-Fix 条件. 但是条件正定函数一定不能是紧支柱的, 因为 Fourier 变换在原点是极点意味着函数本身当 $x \to \infty$ 时是无穷大. 当然如同在讨论网格数据的拟插值的收敛性时已经给出的方法, 可以构造满足渐近 Strang-Fix 条件的函数, 从而获得具有较好的收敛逼近阶的拟插值.

如果拟插值由下式定义

$$f_h^* = \sum f(kh)\psi_h(x-kh), \tag{4.17}$$

而 ψ_h 由

$$\psi_h = \sum \lambda_{jh}\phi(x-jh)$$

定义. 那么可以把拟插值误差写成

$$\begin{aligned}
& f_h^*(x) - f(x) \\
=& \frac{1}{2\pi}\int \left[\sum e^{-ikht}\sum \lambda_{jh}\phi(x-kh-jh) - e^{-ixt}\right]\hat{f}(t)dt \\
=& \frac{1}{2\pi}\int \left[\sum \lambda_{jh}\sum e^{i(x-kh)t}\phi(x-jh-kh) - 1\right]e^{-ixt}\hat{f}(t)dt \\
=& \frac{1}{2\pi}\int \left[\left(\frac{1}{h}\sum \lambda_{jh}e^{-iht}\right)\cdot\left(h\sum e^{i(x-kh)t}\phi(x-kh)\right) - 1\right]e^{-ixt}\hat{f}(t)dt \\
=& \frac{1}{2\pi}\int \left[T_h(t)\tilde{\phi}_{h,x}(t) - 1\right]e^{-ixt}\hat{f}(t)dt,
\end{aligned}$$

其中 $\tilde{\phi}_{h,x}(t)$ 是一个积分的 Riemann 和, 并且 $h\to 0$ 时收敛于 $\hat{\phi}(t)$. 当函数 ϕ 是绝对 Riemann 可积时, 函数 $T_h(t)$ 是一个周期为 $2\pi/h$ 的周期函数. 如果函数 $\hat{\phi}(t)>0$, 当 t 非常大的时候是单调下降的, 进一步地, 函数 f 可以由 Fourier 积分表示

$$f(x) = \frac{1}{2\pi}\int e^{-ixt}\hat{f}(t)dt,$$

且 $\hat{f}(t)$ 绝对可积可以构造 $T_h(t)$ 作为 $\hat{\phi}(t)^{-1}$ 在区间 $(-\pi/h,\pi/h)$ 上的三角函数逼近, 并且 $T_h(t)\hat{\phi}(t)$ 在整个 R 上是有界的. 把积分分成 $|t|<\pi/h$ 及 $|t|>\pi/h$ 得到, 当 h 趋于零时, 有 $\|f_h^*(x)-f(x)\|$ 趋于零. 如果深入讨论这个问题, 还可以得到一个逼近阶估计.

注 4.5.1 式 (4.17) 拟插值的逼近阶并不直接依赖于 Strang-Fix 条件. 而是依赖于好的 $T_h(t)$ 构造使之逼近 $\tilde{\phi}_{h,x}(t)$.

注 4.5.2 式 (4.17) 中的函数 ψ_h 是依赖于 h 的, 并且是不容易计算的. 所以 Strang-Fix 条件仍然是一个好的拟插值判别准则.

上面的讨论说明, 除了 $d=1$, 不存在紧支柱径向函数或它们的有限线性组合满足 Strang-Fix 条件. 事实上, 即使无限的在整格子点上的平移的线性组合也不能满足 Strang-Fix 条件. 其证明方法是相似的, 这时在 Fourier 变换空间整格子点上的平移表现为周期函数, 而 Strang-Fix 条件对拟插值公式的收敛阶是充分必要条

件. 拟插值的优点是：插值基由一个函数的拉伸压缩平移的线性组合构成, 并且可以直接赋值而不用解线性方程, 从而计算简单. 那么就要提出如下问题[30]：

S 是由 ϕ 及其平移 (可能还包括拉伸压缩) 的线性组合构成的函数空间. 这个空间是否能逼近我们讨论的函数空间? 如果能, 是否也有类似渐近 Strang-Fix 条件来判别或构造拟插值.

先讨论渐近 Strang-Fix 条件[49]. 函数空间 S 满足渐近 Strang-Fix 条件, 如果在这个空间中有序列 $\{\psi_n\} \in S$, 满足

$$\left|1-\sum\left|\hat{\psi}_n\left(\frac{t}{n}-2\pi j\right)\right|\right|$$

有界, 并且

$$\left|1-\hat{\psi}_n\left(\frac{t}{n}\right)\right|+\sum_{j\neq 0}\left|\hat{\psi}_n\left(\frac{t}{n}-2\pi j\right)\right| < \text{const}\cdot\left(\frac{1+t^\ell}{n^\ell}\right).$$

如果拟插值是由下式给出

$$f_n^*(x)=\sum f\left(\frac{j}{n}\right)\psi_n(nx-j),$$

利用 Poisson 公式

$$\sum g(x-j)=\sum \hat{g}(-2\pi k)e^{2i\pi kx},$$

得到拟插值误差

$$\begin{aligned}
&|f(x)-f_n^*(x)|\\
&=\frac{1}{2\pi}\left|\int_{-\infty}^{\infty}e^{-ixt}\left[1-e^{i(x-\frac{j}{n})t}\sum\psi_n(nx-j)\right]\hat{f}(t)dt\right|\\
&=\frac{1}{2\pi}\left|\int_{-\infty}^{\infty}e^{-ixt}\left[1-\sum\hat{\psi}_n\left(\frac{t}{n}-2\pi j\right)e^{2i\pi jnx}\right]\hat{f}(t)dt\right|,
\end{aligned}$$

从而拟插值的逼近阶是 ℓ, 如果 $\int t^\ell \hat{f}(t)dt$ 是绝对可积的, 并且 $\hat{\psi}_n$ 满足渐近 Strang-Fix 条件.

现在面对的问题是如何从函数 ϕ 出发构造函数空间 S. 另一种获得较好的收敛逼近阶的拟插值方法可能是修改拟插值公式. 下面是几种可能的拟插值公式, 我们分别对这几种拟插值公式寻找合适的基函数. 先讨论空间 S 的构成.

(1) S 由 $\phi(x-\frac{j}{n})$ 的线性组合构成.

$$\begin{aligned}
\psi_n(x)&=\sum\lambda_{nj}\phi\left(x-\frac{j}{n}\right),\\
\hat{\psi}_n(\omega)&=\left(\sum\lambda_{nj}e^{ij\omega/n}\right)\hat{\phi}(\omega)\\
&=T_n(\omega/n)\hat{\phi}(\omega),
\end{aligned}$$

其中 $T_n(\omega/n)$ 是以 λ_{nj} 为系数的三角多项式. 函数 $T_n(\omega/n)$ 是周期为 $2n\pi$ 的周期函数, 并且在周期为 $2n\pi$ 的周期函数的函数空间是稠密的.

(2) S 由 $\phi(x-j)$ 的线性组合构成. 这事实上是第 (1) 类的特殊形式.

$$\begin{aligned}\psi_n(x) &= \sum \lambda_{nj}\phi(x-j),\\ \hat{\psi}_n(\omega) &= \left(\sum \lambda_{nj}e^{ij\omega}\right)\hat{\phi}(\omega)\\ &= T_n(\omega)\hat{\phi}(\omega),\end{aligned}$$

其中 $T_n(\omega/n)$ 是以 λ_{nj} 为系数的三角多项式. 函数 $T_n(\omega/n)$ 是周期为 2π 的周期函数, 并且在周期为 2π 的周期函数的函数空间是稠密的.

(3) S 由 $\phi(nx-j)$ 的线性组合构成.

$$\begin{aligned}\psi_n(x) &= \sum \lambda_{nj}\phi(nx-j),\\ \hat{\psi}_n(\omega) &= \left(\sum \lambda_{nj}e^{ij\omega/n}\right)\hat{\phi}(\omega/n)/n\\ &= T_n(\omega/n)\hat{\phi}(\omega/n)/n,\end{aligned}$$

其中 $T_n(\omega/n)$ 是以 λ_{nj} 为系数的三角多项式. 函数 $T_n(\omega/n)$ 是周期为 $2n\pi$ 的周期函数, 并且在周期为 $2n\pi$ 的周期函数的函数空间是稠密的.

(4) S 由 $\phi(nx-nj)$ 的线性组合构成. 这是情形第 (3) 类的特殊形式.

$$\begin{aligned}\psi_n(x) &= \sum \lambda_{nj}\phi(nx-nj),\\ \hat{\psi}_n(\omega) &= \left(\sum \lambda_{nj}e^{ij\omega}\right)\hat{\phi}(\omega/n)\\ &= T_n(\omega)\hat{\phi}(\omega/n),\end{aligned}$$

其中 $T_n(\omega/n)$ 是以 λ_{nj} 为系数的三角多项式. 函数 $T_n(\omega/n)$ 是周期为 2π 的周期函数, 并且在周期为 2π 的周期函数的函数空间是稠密的.

我们还要讨论更加广泛的一类拟插值公式, 然后讨论与渐近 Strang-Fix 条件有关的性质. 候选的拟插值公式是:

(1) 拟插值由公式

$$f_n^*(x) = \sum f\left(\frac{j}{n}\right)\psi_n(nx-j) \tag{4.18}$$

定义.

(2) 拟插值由公式

$$f_n^*(x) = \sum f\left(\frac{j}{n}\right)\psi_n\left(x-\frac{j}{n}\right) \tag{4.19}$$

定义.

这两个拟插值公式是 ϕ 的平移的线性组合或者拉伸压缩后的线性组合.

假设 $\hat{\phi}(t)$ 有下降速度 L, 或者用数学公式表示为

$$\hat{\phi}(t) < \text{const} \cdot (1+|t|)^{-L},$$

函数 f 可以由 Fourier 积分表示为

$$f(x) = \frac{1}{2\pi} \int e^{-ixt} \hat{f}(t) dt,$$

而其 Fourier 变换 $\hat{f}$ 满足

$$\int |\hat{f}(t)||t|^k dt < \infty, \quad k \leqslant \ell,$$

那么, 对 (4.18), 拟插值误差可以表示成

$$\begin{aligned}
& f^{(k)}(x) - f_n^{(k)}(x) \\
=& f^{(k)}(x) - \sum f\left(\frac{j}{n}\right) \psi_n^{(k)}(nx-j) n^k \\
=& \frac{1}{2\pi} \int \left[(-it)^k - n^k \sum e^{i(x-\frac{j}{n})t} \psi_n^{(k)}(nx-j)\right] \hat{f}(t) e^{-ixt} dt \\
=& \frac{1}{2\pi} \int \left[(-it)^k - \sum (i(2nj\pi - t))^k \hat{\psi}_n\left(\frac{t}{n} - 2j\pi\right) e^{2ijn\pi x}\right] \hat{f}(t) e^{-ixt} dt.
\end{aligned}$$

这意味着与完全 Strang-Fix 条件有关的误差是 $\bar{\ell}$ 阶的, 如果对任何 $k \leqslant \bar{\ell}$ 有

$$\frac{\left|(-it)^k - n^k \sum e^{i\left(x-\frac{j}{n}\right)t} \psi_n^{(k)}(nx-j)\right|}{(1+|t|)^{\ell}} \leqslant \mathcal{O}(n^{k-\bar{\ell}}).$$

利用 Poisson 公式得到

$$\frac{\left|(-it)^k - n^k \sum \left(-i\left(\frac{t}{n} - 2j\pi\right)\right)^k \hat{\psi}_n\left(\frac{t}{n} - 2j\pi\right) e^{2ijn\pi x}\right|}{(1+|t|)^{\ell}} \leqslant \mathcal{O}(n^{k-\bar{\ell}}).$$

既然 $\int t^{\ell} |\hat{f}(t)| dt < \infty$, $\bar{\ell}$ 阶的渐近 Strang-Fix 条件可以定义成

$$\frac{t^k(1-\hat{\psi}_n(\frac{t}{n}))}{(1+|t|^{\ell})} < \mathcal{O}(n^{-\bar{\ell}}),$$

且

$$\frac{n^k \sum_{j\neq 0} \left|\left(\frac{t}{n} - 2\pi j\right)^k \hat{\psi}_n\left(\frac{t}{n} - 2\pi j\right)\right|}{(1+|t|^{\ell})} < \mathcal{O}(n^{k-\bar{\ell}}).$$

如果允许对 $\hat{\psi}$ 的零点作进一步的改进, 那么 ψ 只要一致地满足

$$\begin{cases} t^k(1-\hat{\psi}_n(\frac{t}{n}))/(1+|t|)^\ell \to 0, \\ n^k\left(\sum_{j\neq 0}\left|\left(\frac{t}{n}-2\pi j\right)^k\hat{\psi}_n\left(\frac{t}{n}-2\pi j\right)\right|\right)\Big/(1+|t|)^\ell \to 0, \end{cases} \tag{4.20}$$

从而保证, 当 $k<\ell$, 有 $\|f^{(k)}(x)-f_n^{(k)}(x)\|\to 0$.

对 (4.19), 拟插值误差可以表示成

$$\begin{aligned} & f^{(k)}(x)-f_n^{(k)}(x) \\ =& f^{(k)}(x)-\sum f\left(\frac{j}{n}\right)\psi_n^{(k)}\left(x-\frac{j}{n}\right) \\ =& \frac{1}{2\pi}\int\left[(-it)^k-\sum e^{i(x-\frac{j}{n})t}\psi_n^{(k)}\left(x-\frac{j}{n}\right)\right]\hat{f}(t)e^{-ixt}dt \\ =& \frac{1}{2\pi}\int\left[(-it)^k-n\sum(-i(t-2jn\pi))^k\hat{\psi}_n(t-2jn\pi)e^{2ijn\pi x}\right]\hat{f}(t)e^{-ixt}dt. \end{aligned}$$

这意味着与完全的 Strang-Fix 的误差是 $\bar{\ell}$ 阶的, 如果

$$\frac{\left|(-it)^k-\sum e^{i\left(x-\frac{j}{n}\right)t}\psi_n^{(k)}\left(x-\frac{j}{n}\right)\right|}{(1+|t|)^\ell}\leqslant \mathcal{O}(n^{k-\bar{\ell}}),$$

或者由 $\displaystyle\int t^\ell|\hat{f}(t)|dt<\infty$ 及利用 Poisson 公式得到

$$\frac{|(-it)^k-\sum(-i(t-2jn\pi))^k n\hat{\psi}_n(t-2jn\pi)e^{2ijn\pi x}|}{(1+|t|)^\ell}\leqslant \mathcal{O}(n^{k-\bar{\ell}}).$$

$\bar{\ell}$ 阶的渐近 Strang-Fix 条件可以定义成

$$\frac{t^k(1-n\hat{\psi}_n(t))}{(1+t^\ell)}\leqslant \mathcal{O}(n^{-\bar{\ell}}),$$

且

$$\frac{n\sum_{j\neq 0}|(t-2\pi jn)^k\hat{\psi}_n(t-2\pi jn)|}{(1+t^\ell)}=\mathcal{O}(n^{k-\bar{\ell}}).$$

如果允许对 $\hat{\psi}$ 的零点作进一步的修改, 那么只要要求, ψ 一致地满足

$$\begin{cases} t^k(1-n\hat{\psi}_n(t))/(1+t^\ell)\to 0, \\ \left(n\sum_{j\neq 0}|(t-2\pi jn)^k\hat{\psi}_n(t-2\pi jn)|\right)\Big/(1+t^\ell)\to 0, \end{cases} \tag{4.21}$$

就可以保证, 对任何的 $k < \ell$, 有 $\|f^{(k)}(x) - f_n^{(k)}(x)\| \to 0$.

现在可以对各种 ψ 的形式, 及以上的两种拟插值公式讨论构造满足 Strang-Fix 条件函数的可能性, 不失一般性总假设 $\hat{\phi}(0) = 1$.

在对拟插值 (4.18) 的讨论中, 周期函数

$$P_n(t) = \frac{1}{n}\sum_{j=0}^{n-1} e^{2ij\pi/n}$$

将会起到一定的作用. 显然 $|P_n(t)| \leqslant 1$, 且

$$P_n(2\pi j) = 1,\ j = 0(\mathrm{mod}\ n);\quad P_n(2\pi j) = 0,\ j \neq 0(\mathrm{mod}\ n).$$

(1) 用拟插值公式 (4.18) 及第 (1) 类基函数构造拟插值. $\hat{\psi}_n(t) = T_n(t/n)\hat{\phi}(t)$, 且函数 $T_n(t/n)$ 是一个周期为 $2\pi n$ 的周期函数. 对 (4.20) 的第一个条件, 希望 $T_n(0) \to 1$. 如果定义 $T_n = (P_n)^{\bar{\ell}}$, 那么在 $2\pi j$, 且 $j \neq 0(\mathrm{mod}\ n)$, 函数有 $\bar{\ell}$ 阶的零点. 如果 $\bar{\ell} \leqslant \ell$, 且 $L - k > 1$, 式 (4.20) 中第二个条件的和式可以分解成 $j \neq 0(\mathrm{mod}\ n)$ 及剩余两项, 其中

$$\begin{aligned} & n^k \sum_{j\neq 0(\mathrm{mod}\ n)} \left|\left(\frac{t}{n} - 2\pi j\right)^k \frac{\hat{\psi}_n(\frac{t}{n} - 2\pi j)}{(1+|t|)^\ell}\right| \\ \leqslant\ & n^k \sum_{j\neq 0(\mathrm{mod}\ n)} \left|\left(\frac{t}{n} - 2\pi j\right)^k \frac{\hat{\phi}(\frac{t}{n} - 2\pi j)}{(1+|t|)^\ell}\right| \\ \leqslant\ & \mathcal{O}\left(\frac{t}{n}\right)^{\bar{\ell}} \to 0, \end{aligned}$$

而把另一项 $j = 0(\mathrm{mod}\ n)$, 且 $j \neq 0$ 再分解成 $|t - 2n^2 j_0\pi| < n^2\pi$ 及其剩余两项

$$\begin{aligned} & n^k \sum_{j=0(\mathrm{mod}\ n)} \left|\left(\frac{t}{n} - 2\pi j\right)^k \frac{\hat{\psi}_n(\frac{t}{n} - 2\pi j)}{(1+|t|)^\ell}\right| \\ \leqslant\ & \sum_{j\neq 0} \left|(t - 2\pi j n^2)^k \frac{\hat{\phi}(\frac{t}{n} - 2\pi j n)}{(1+|t|)^\ell}\right| \\ \leqslant\ & \sum_{j\neq 0, j_0} \frac{(t - 2\pi j n^2)^k n^L}{(n + |t - 2\pi j n^2|)^L (1+|t|)^\ell} \\ & + \frac{|t - 2n^2 j_0\pi|^k n^L}{(n + |t - 2n^2 j_0\pi)^L (1 + 2n^2 j_0\pi - n^2\pi)^\ell} \to 0, \end{aligned}$$

如果 $\ell \geqslant \bar{\ell}$, 且 $L - k > 1$, 就得到了一个函数序列 ψ_n 满足渐近的 Strang-Fix 条件.

(2) 用拟插值公式 (4.18) 及第 (2) 类的基函数构造拟插值. 既然函数 T_n 是以 2π 为周期的周期函数, 如果 $T_n(0) \to 1$, 有 $\hat{\psi}_n(2\pi j) \to \hat{\phi}(2\pi j)$, 与渐近 Strang-Fix 条件矛盾, 从而不能获得一个满足渐近 Strang-Fix 条件的函数序列.

(3) 用拟插值公式 (4.18) 及第 (3) 类的基函数构造拟插值. 对式 (4.20) 的第一个条件, 需要 $T_n(0)/n \to 1$, 而 T_n 是 $2\pi n$ 为周期的函数, 得到 $T_n(2\pi n)/n \to 1$. 在式 (20) 的第二个条件中, 当 $j = n$ 且 $t = 0$ 时, 第 n 项 $n^k(2\pi n)^k T_n(2\pi n)\hat{\phi}(2\pi)$ 不是有界的. 从而不能获得一个满足渐近 Strang-Fix 条件的函数序列.

(4) 用拟插值公式 (4.18) 及第 (4) 类的基函数构造拟插值. 既然这是上一类的一个特殊形式, 不能获得一个满足渐近 Strang-Fix 条件的函数序列.

现在对 (4.19) 的拟插值公式进行讨论. 假设

$$C_1/(1+|t|^{\bar{L}}) \leqslant \hat{\phi}(t) \leqslant C_2/(1+|t|^L),$$

且 $\hat{\phi}(t)$ 满足某种单调下降性. 用数学公式表示, 即存在 $J > 0$, 当 $j > J$ 时, 满足

$$\hat{\phi}(|t| + 2\pi j) \leqslant \hat{\phi}(|t|).$$

(1) 用拟插值公式 (4.19) 及第 1 类的基函数构造拟插值. 由 (4.21) 的第一个条件, 需要 $t^k(1 - n\hat{\psi}_n(t))/(1+|t|^\ell) \to 0$. 这等价于 $t^k(nT_n(t)\hat{\phi}(t) - 1)/(1+|t|^\ell) \to 0$, 而可以利用 nT_n 在 $[0, 2\pi n]$ 对 $\hat{\phi}^{-1}$ 作逼近得到. 这里利用三角函数序列逼近可以达到任何给定的精度, 如果 $\hat{\phi}$ 有足够的连续性. 可以构造 nT_n, 当 $|t| < 2\pi n$ 时, 满足 $|nT_n(t)\hat{\phi}(t) - 1| < n^{-1}$, 且当 $|t| > 2\pi n$ 时, 满足 $|nT_n\hat{\phi}(t)| < 2$. 这样就获得了式 (4.21) 的第一个条件. 对任何的 t, 存在一个 $\hat{t}$, 满足 $|\hat{t}| \leqslant n\pi$, $|\hat{t}| \leqslant |t|$, 且 $|t - \hat{t}| = 2\pi j_0 n$. 现在分析 (4.21) 的第二个条件. 如果 $j_0 \neq 0$, 那么 $|t|$ 必须大于 πn. 如果 $k < \ell$, 由 $nT_n(\hat{t})\phi(\hat{t}) \to 1$, 估计第 j_0 项得到

$$|\hat{t}^k/(1+t^\ell)| \leqslant \mathcal{O}(n^{k-\ell}).$$

作一个平移得到 (4.21) 的估计式

$$\begin{aligned}
&\mathcal{O}(n^{k-\ell}) + \sum_{j\neq 0}\left|(\hat{t} - 2\pi jn)^k nT_n(\hat{t} - 2\pi jn)\frac{\phi(\hat{t} - 2\pi jn)}{(1+t^\ell)}\right| \\
\leqslant\, &\mathcal{O}(n^{k-\ell}) + \sum_{j\neq 0}\mathcal{O}\left(\frac{nT_n(\hat{t})}{(1+t^\ell)} \cdot \frac{|\hat{t} - 2\pi jn|^k}{1 + |\hat{t} - 2\pi jn|^L}\right) \\
\leqslant\, &\mathcal{O}(n^{k-\ell}) + \mathcal{O}\left(\frac{1+\hat{t}^{\bar{L}}}{1+t^\ell}\right)(n^{k-L}) \to 0,
\end{aligned}$$

如果 $\bar{L} \leqslant \ell$ 且 $k < L$. 这样得到了一个满足渐近 Strang-Fix 条件的函数序列 ψ_n.

(2) 用拟插值公式 (4.19) 及第 (2) 类的基函数构造拟插值. 与上面第 (2) 类比较, 由于 T_n 只是一个周期为 2π 的周期函数, 式 (4.21) 的第一个条件不能被满足, 所以不能获得一个满足渐近 Strang-Fix 条件的函数序列.

(3) 用拟插值公式 (4.19) 及第 (3) 类的基函数构造拟插值. 由 (4.21) 的第一个条件, 需要 $T_n(0) \to 1$. 由 T_n 的周期性这导致 $T_n(2\pi n) \to 1$. 令 $t = 0$, 式 (4.21) 的第二个条件的第一项将为

$$(2\pi n)^k T_n(2\pi n)\hat{\phi}(2\pi) \sim \mathcal{O}(n^k) \not\to 0,$$

所以不能获得一个满足渐近 Strang-Fix 条件的函数序列.

(4) 用拟插值公式 (4.19) 及第 (4) 类的基函数构造拟插值. 既然这是上一类的一个特殊形式, 不能获得一个满足渐近 Strang-Fix 条件的函数序列.

有关可细分性质的讨论

由于数值计算的原因, 人们希望拟插值的基函数有可细分性质. 譬如 B 样条就要这样的好的性质, 即 $N^n(x)$ 可以写成函数 $N^n(2x-j)$ 的线性组合. 这为 B 样条赋值带来了细分算法并且为构造样条小波带来了可能性, 这是小波理论的基础. 一个多元函数 $\Phi(x)$ 称为是可细分的, 如果存在 $\{\lambda_\alpha\}$ 满足

$$\Phi(x) = \sum \lambda_\alpha \Phi(2x - \alpha),$$

对该式作 Fourier 变换得到

$$\hat{\Phi}(\omega) = \left(\sum \lambda_\alpha e^{i\alpha\omega/2}\right)\hat{\Phi}\left(\frac{\omega}{2}\right) = S(\omega)\hat{\Phi}\left(\frac{\omega}{2}\right), \tag{4.22}$$

其中 $S(\omega) := \sum \lambda_\alpha e^{i\alpha\omega/2}$ 是一个周期为 4π 的周期函数. 因为径向函数的 Fourier 变换是径向函数, 所以如果径向函数 Φ 是可细分的, 那么函数 $S(\omega)$ 也必须是径向的.

由周期性得到 $S(0) = S(4\pi)$, 由径向性得到, 对任何的 $\|\omega\| = 4\pi$, $S(0) = S(\omega)$. 进一步地, 由周期性得到 $S(0) = S(\omega + 4\pi j)$, 再利用径向性得到, 对任何的 ω, $S(\omega) \equiv S(0)$. 比较式 (4.22) 得到

$$\hat{\Phi}(\omega) = S(0)\hat{\Phi}\left(\frac{\omega}{2}\right).$$

由函数 Φ 的正定性得到 $S(0) \neq 0$. 分析 $\omega = 0$ 点, 有 $S(0) = 1$. 进一步地, 如果函数在零点连续, 就有

$$\hat{\Phi}(\omega) = \hat{\Phi}\left(\frac{\omega}{2}\right) = \lim_{n\to\infty} \hat{\Phi}\left(\frac{\omega}{2^n}\right) = \hat{\Phi}(0).$$

把上述讨论归结为

注 4.5.3 如果 $\hat{\Phi}(0) \neq 0$, 且 $\hat{\Phi}(x)$ 不是一个常数函数, 在空间维数大于等于 2 时, 径向函数不可能是可细分函数.

进一步可以得到, 如果 Ψ 是径向函数 Φ 整点平移的线性组合, 那么空间维数大于等于 2 时, Ψ 在也不可能是可细分函数. 其证明与上述讨论相似.

注 4.5.4 在文献中可以看到, 很多作者喜欢用条件正定径向函数. 以上讨论说明: 从条件正定函数出发 (由于它的 Fourier 变换在原点是一个极点), 人们容易利用周期函数 (譬如在一元情形 $(e^{it}-2+e^{-it})^k$) 构造满足 Strang-Fix 条件的拟插值基.

注 4.5.5 如果 ϕ 不是条件正定而是正定函数, 建议采用第 (1) 类的拟插值基, 这时对 (4.18) 及 (4.19) 都能获得一个函数序列 ψ_n, 满足渐近 Strang-Fix 条件, 从而可以构造拟插值并且获得较高阶的逼近.

注 4.5.6 显然, $\left\{\Phi\left(x-\dfrac{j}{2^n}\right)\right\} \subset \left\{\Phi\left(x-\dfrac{j}{2^{n+1}}\right)\right\}$, 所以人们也可以讨论在这个意义下的细分性质.

第 5 章　其他的散乱数据插值方法

§5.1　运动最小二乘法

1. 最小二乘法

为了介绍运动最小二乘方法, 先回顾一下最小二乘法. 设函数组 (不一定是多项式)

$$b(x) = \{b_1(x), \cdots, b_m(x)\} \in C(\Omega)$$

关于数据点 $\{x_j\}_{j=1}^n \in \Omega$ 线性无关, 即矩阵 $B = (b_k(x_j))$ 的秩是 m. 如果函数 $g(x) = \sum a_j b_j(x)$ 与测量值数据 $\{f_j\}$ 有误差向量

$$r^{\mathrm{T}} = (g(x_1) - f_1, \cdots, g(x_n) - f_n),$$

所谓最小二乘法就是在 $b(x)$ 张成的函数空间中, 寻找函数 g, 使得这个误差向量在某种二次度量下取最小. 或者说求数组 $\{a_j\}$, 使得 $r^{\mathrm{T}}Mr$ 为最小. 其中 M 是给定的正定的度量矩阵. 当 $M = E$ 时, 就是使误差的 Euclid 距离的平方和取最小, 也就是通常意义下的最小二乘逼近. 令

$$B = (b_k(x_j))_{n\times m}, \quad a^{\mathrm{T}} = (a_1, \cdots, a_m), \quad f^{\mathrm{T}} = (f_1, \cdots, f_n),$$

那么

$$r^{\mathrm{T}}Mr = (Ba - f)^{\mathrm{T}}M(Ba - f),$$

关于 $\{a_j\}$ 求导并令为零, 得到唯一的极值点

$$a = (B^{\mathrm{T}}MB)^{-1}(B^{\mathrm{T}}Mf).$$

因为 B 满秩且 M 正定, 所以 $(B^{\mathrm{T}}MB)$ 可逆. 这样得到了一个最小二乘意义下的逼近函数

$$g(x) = b^{\mathrm{T}}(x)(B^{\mathrm{T}}MB)^{-1}(B^{\mathrm{T}}Mf).$$

当然这只是一个逼近而不是插值, 一般地, $g(x_j) \neq f_j$, 除非数据值是取自 $b(x)$ 张成的函数空间中的函数. 所谓的运动最小二乘, 就是根据 x 的位置来选取度量矩阵 M, 但仍要求对称正定 $M^{\mathrm{T}}(x) = M(x)$, 且其最小特征值是一致正下有阶的, 即当 $\lambda^{\mathrm{T}}\lambda = 1$ 时, 有 $\lambda^{\mathrm{T}}(M(x))\lambda > c > 0$.

2. 运动最小二乘法 [50]

如果 $b(x)=\{b_0(x)=1,b_1(x),\cdots,b_m(x)\}$, $\{x_j\}_{j=1}^n\in\Omega$, $m\ll n$, $a^{\mathrm{T}}=(a_0,\cdots,a_m)$, $f^{\mathrm{T}}=(f_1,\cdots,f_n)$, 寻找 $g(x)=\sum a_jb_j(x)$. 如果度量矩阵 $M(\hat{x})$ 是与参数 $\hat{x}$ 有关的, 也可以得到一个最小二乘逼近:

$$\begin{aligned}L_{\hat{x}}f(x)=g(x,\hat{x})&=\sum_{j=0}^{m}a_j(\hat{x})b_j(x)\\&=b^{\mathrm{T}}(x)(B^{\mathrm{T}}M(\hat{x})B)^{-1}(B^{\mathrm{T}}M(\hat{x})f),\end{aligned}$$

如果只关心这个最小二乘逼近函数在 $\hat{x}$ 的值, 就可以得到一个运动最小二乘意义下的逼近函数

$$\begin{aligned}Gf(\hat{x})=g(\hat{x},\hat{x})&=\sum_{j=0}^{m}a_j(\hat{x})b_j(\hat{x})\\&=b^{\mathrm{T}}(\hat{x})(B^{\mathrm{T}}M(\hat{x})B)^{-1}(B^{\mathrm{T}}M(\hat{x})f).\end{aligned}$$

容易证明下述定理

定理 5.1.1 如果 $b(x)\in C^{l_1}$, $M(x)\in C^{l_2}$, 那么 $Gf(x)=g(x,x)\in C^L$, 其中 $L=\min\{l_1,l_2\}$. 特别地, 当 $m=0$, 即 $b(x)$ 只包含一个函数 $b_0(x)=1$ 时, 运动最小二乘的结果

$$\begin{aligned}L_{\hat{x}}f(x)=g(x,\hat{x})&=a_0(\hat{x})\\&=\Big(\sum_{jk}m_{jk}(\hat{x})\Big)^{-1}\Big(\sum_{jk}m_{jk}(\hat{x})f_j\Big).\end{aligned}$$

令 $v_k(x)=\sum_j m_{jk}(x), l_k(x)=v_k(x)/(\sum_j v_j(x))$, 由 $M(x)$ 的正定性得到 $\sum_j v_j(x)=\sum_{jk}m_{jk}(x)>0$, 从而有 $Gf(x)=\sum l_k(x)f_k$, 其中 $\sum l_k(x)\equiv 1$, 可见这是一种加权平均. 如果 $M(x)$ 是正定的对角阵, 那么 $v_j(x)=m_{jj}(x)$ 大于零, 从而 $0<l_j(x)<1, \sum l_j(x)=1$. 换一句话说, 当 $b(x)$ 只包含一个函数 $b_0(x)=1$ 时, 运动最小二乘就是运动加权平均. 这时有

$$\min\{f_j\}\leqslant Gf(x)\leqslant\max\{f_j\}.$$

特别地, 当 $M(x)$ 是正定的对角阵

$$v_j(x)=m_{jj}(x)=\|x-x_j\|^{-\beta}$$

时, 容易验证, 得到的运动最小二乘公式就是 Shepard 插值公式. 注意到只要

$$v_j(x)=m_{jj}(x)\begin{cases}\to\infty, & x\to x_j,\\>0, & x\to x_k,\ k\neq j,\end{cases}$$

运动最小二乘是一个插值. 而 Shepard 方法正是 $b(x)$ 只包含一个函数 $b_0(x)=1$ 时运动最小二乘的一个特殊形式.

3. 插值的运动最小二乘方法

为了导出一般的运动最小二乘方法, 适当变换上面公式中的基函数, 生成相同的函数空间, 所以对这组函数基作最小二乘逼近, 其结果与变换后的基相同. 记

$$\begin{aligned}Sf=L_{\hat{x}}f(x)&=\sum l_j(\hat{x})f_j\\&=\Big(\sum_j m_{jj}(\hat{x})\Big)^{-1}\Big(\sum_j m_{jj}(\hat{x})f_j\Big),\end{aligned}$$

在点 $\hat{x}$, 定义内积 $\langle b,c\rangle_{\hat{x}}=\sum m_{jj}(\hat{x})b(x_j)c(x_j)$, 并用来单位化及正交化函数

$$\begin{aligned}u_0(\hat{x},\cdot)&=b_0(\cdot)/\|b_0\|_{\hat{x}}=1\Big/\Big|\sum m_{jj}(\hat{x})\Big|^{\frac{1}{2}},\\u_j(\hat{x},\cdot)&=b_j(\cdot)-\langle b_j,u_0(\hat{x},\cdot)\rangle_{\hat{x}}u_0(\hat{x},\cdot)\\&=b_j(\cdot)-\sum l_k(\hat{x})b_j(x_k)=b_j(\cdot)-Sb_j,\end{aligned}$$

可见, $u_j(\hat{x},\cdot)$ 是 $b_j(\cdot)$ 与 $u_0(\hat{x},\cdot)$ 的线性组合, 且在两次度量 $M(\hat{x})$ 下, $u_j(\hat{x},\cdot)$ 与 $u_0(\hat{x},\cdot)$ 正交. 固定 $\hat{x}$, 函数 $u_j(\hat{x},\cdot)$ 与 $b_j(\cdot)$ 只相差一个常数. $\mathrm{span}\{b_j(\cdot)\}=\mathrm{span}\{u_j(\hat{x},\cdot)\}$, 有下面的定理

定理 5.1.2 矩阵 $(u_j(\hat{x},x_k))$ 是满秩的.

证明 因为矩阵 $(u_j(\hat{x},x_k))$ 的第一行是常数, 所以可以用 1 代替, 即

$$\operatorname{rank}\begin{pmatrix}1,\cdots,1\\(u_j(\hat{x},x_k))\end{pmatrix}=\operatorname{rank}\begin{pmatrix}1,\cdots,1\\(b_j(x_k)-Sb_j(\hat{x}))\end{pmatrix}=\operatorname{rank}(b_j(x_k)),$$

由矩阵 $(b_j(x_k))$ 满秩, 得到矩阵 $(u_j(\hat{x},x_k))$ 满秩. □

现在对修改后的基函数 u_j 作最小二乘, 得到

$$L_{\hat{x}}f(\cdot)=(u_0,u_1,\cdots,u_m)a.$$

由最小二乘法, 写成矩阵形式

$$\begin{pmatrix}\langle u_0,u_0\rangle_{\hat{x}} & 0\\ 0 & (\langle u_j,u_k\rangle_{\hat{x}})\end{pmatrix}a=\begin{pmatrix}\langle u_0,f\rangle_{\hat{x}}\\(\langle u_j,f\rangle_{\hat{x}})\end{pmatrix},$$

或者可以分成两个等式

$$\langle u_0,u_0\rangle_{\hat{x}}a_0=\langle u_0,f\rangle_{\hat{x}},$$

$$(\langle u_j, u_k\rangle_{\hat{x}})\begin{pmatrix} a_1 \\ \vdots \\ a_m \end{pmatrix} = (\langle u_j, f\rangle_{\hat{x}}),$$

这样就有

$$L_{\hat{x}}f(\cdot) = Sf(\hat{x}) + \sum_{j=1}^{m} a_j(\hat{x})u_j(\hat{x},\cdot),$$

从而

$$Gf(x) = Sf(x) + \sum_{j=1}^{m} a_j(x)g_j(x),$$

其中

$$g_j(x) = u_j(x,x) = b_j(x) - Sb_j(x).$$

下面来导出一般的插值运动最小二乘方法, 先看基函数集只有一个函数的情形 $b = \{b_0(x) = 1\}$, $M(x)$ 是正定对角阵. 这时

$$Sf = L_{\hat{x}}f(x) = \sum l_j(\hat{x})f_j = \left(\sum m_{jj}(\hat{x})\right)^{-1}\left(\sum m_{jj}f_j\right) = Sf(\hat{x}).$$

比较 Shepard 方法, 如果正定对角矩阵 $M(x) = (m_{jj}(x))$ 满足: 当 $\lim x \to x_j$, 有 $\lim m_{jj}(x) = \infty$, 同时 $\lim_{j\neq k} m_{kk}(x) < \infty$. 也就是说, 如果连续函数 $l_j(x)$ 满足 $l_j(x_k) = \delta_{jk}$, S 是一个插值算子, 从而 G 满足 $Gf(x) = L_{\hat{x}}f(x)$ 也是一个插值算子. 一般地可给出一个引理, 其证明可参考关于 Shepard 插值的证明.

引理 5.1.1 如果 $m_{jj}(x) = \|x - x_j\|^{-\beta}$, 对 $j \neq k$, $m_{jk}(x) = 0$, 那么上面定义的 $Sf(x)$ 就是 Shepard 插值的解, 从而具有性质:

(1) $Sf(x_j) = f_j$, 或 S 是一个插值算子;

(2) $Sf(x)$ 与 $M^{-1}(x)$ 有一样的连续性;

(3) $l_k(x) = v_k(x)/(\sum v_j(x))$, 那么 $l_j(x_k) = \delta_{jk}$;

(4) $0 \leqslant l_j(x) \leqslant 1$, 且 $l_j(x) = 1$, 当且仅当 $x = x_j$;

(5) $l_j(x) = 0$, 当且仅当对任何 $j \neq k$, $x = x_k$;

(6) $\sum l_j(x) \equiv 1$;

(7) $l_j(x) \to 1/n$, 当 $x \to \infty$.

推论 5.1.1 梯度 $\mathrm{grad} l_k(x)(x_j) = 0$, 从而当 $\beta \geqslant 2$ 时, 有插值函数的梯度 $\mathrm{grad}Sf(x_j) = 0$.

证明亦可参见 Shepard 方法的证明. 比较 Shepard 方法, 这个方法也有在数据点的平坦化现象. 这是这个插值方法的一个缺点, 而一般的运动最小二乘就可以弥补这个缺点. 为了更深入地研究一般的运动最小二乘, 还要给出一个引理

引理 5.1.2　如果 $m_{jj}(x)=\|x-x_j\|^{-\beta}$, β 是正的偶数, 运动最小二乘的基函数 $\{b_j(x)\}\in C^l$, 那么 $u_k(x,\cdot)\in C^l$, 且 $g_k(x)\in C^l$. 进一步地, 对任何 h, $\langle u_k(\hat{x},\cdot),h(\cdot)\rangle_{\hat{x}}$ 是关于 $\hat{x}$ 的 C^∞ 函数.

证明　$u_k(x,\cdot)$ 是 $b_k(\cdot)$ 与 $Sb_k(x)$ 的线性组合, 而 $Sb_k(x)$ 关于 x 无限次可微且与 $\{\cdot\}$ 无关, 所以当 $b_k(\cdot)\in C^l$ 有 $u_k(x,\cdot)\in C^l$. 又

$$g_k(x)=b_k(x)-Sb_k(x)=b_k(x)-\sum l_j(x)b_k(x_j),$$

根据上一个引理, $l_j(x)\in C^\infty$, $b_j(x)\in C^l$, 从而 $g_j(x)\in C^l$. 由上面的分析

$$u_k(x,\cdot)=b_j(\cdot)-Sb_j(x),$$

$$\begin{aligned}I=&\langle u_j(x,\cdot),h(\cdot)\rangle_x=\sum_k m_{kk}u_j(x,x_k)h(x_k)\\=&\sum_k m_{kk}\left[b_j(x_k)-\frac{\sum_i m_{ii}(x)b_j(x_i)}{\sum_i m_{ii}(x)}\right]h(x_k),\end{aligned}$$

可见, 这个函数除数据点外是无限次可微函数, 在数据点 x_k 附近可能造成奇异的项是

$$\begin{aligned}&m_{kk}(x)\left[b_j(x_k)-\frac{\sum_i m_{ii}(x)b_j(x_i)}{\sum_i m_{ii}(x)}\right]h(x_k)\\=&l_k(x)\left(\sum_{i\neq k}m_{ii}(b_j(x_k)-b_j(x_i))\right)h(x_k).\end{aligned}$$

这是一个无限次可微函数. □

现在来分析局部最小二乘逼近

$$L_{\hat{x}}f(\cdot)=Sf(\hat{x})+\sum_{j=1}^m a_j(\hat{x})u_j(\hat{x},\cdot),$$

其中

$$(\langle u_j,u_k\rangle_{\hat{x}})\begin{pmatrix}a_1\\ \vdots\\ a_m\end{pmatrix}=(\langle u_j,f\rangle_{\hat{x}}).$$

由引理等式两边都是无限次可微函数, 再由系数阵的正定性, 得到了方程的唯一可解性, 且解 $a_j(\hat{x})$ 都是无限次可微函数. 把上述的讨论归结为一个定理.

定理 5.1.3　若 $b_j(x)$ 是 C^l 函数, $m_{jj}(x)=\|x-x_j\|^{-\beta}$, β 是正偶数, 那么上面定义的局部最小二乘逼近 $L_{\hat{x}}f(\cdot)$ 是 C^l 函数, 从而 $Gf(x)=L_xf(x)$ 也是 C^l 函数, 而且 $Gf(x)$ 还是一个插值函数.

证明 其连续性已由上述分析得到, 只要证明 $Gf(x)$ 还是一个插值函数. 因为

$$Gf(x) = Sf(x) + \sum_{j=1}^{m} a_j(x) g_j(x),$$

由 Shepard 算子的插值性 $f(x_j) = Sf(x_j)$, 所以只要证明

$$\sum_{j=1}^{m} a_j(x) g_j(x)$$

在数据点 x_k 处为零, 其中 $a_j(\hat{x})$ 是方程

$$(\langle u_j, u_k \rangle_{\hat{x}}) \begin{pmatrix} a_1 \\ \vdots \\ a_m \end{pmatrix} = (\langle u_j, f \rangle_{\hat{x}})$$

的解. 因为 $\langle u_j, u_0 \rangle_{\hat{x}} = 0$, 所以 $a_j(\hat{x})$ 也是方程

$$(\langle u_j, u_k \rangle_{\hat{x}}) \begin{pmatrix} a_1 \\ \vdots \\ a_m \end{pmatrix} = (\langle u_j, f - u_0 Sf \rangle_{\hat{x}})$$

的解. 分析等式的右边

$$\begin{aligned} &\langle u_j, f - u_0 Sf \rangle_{\hat{x}} \\ =&\sum_k m_{kk}(\hat{x}) \left(b_j(x_k) - \frac{\sum_i m_{ii}(\hat{x}) b_j(x_i)}{\sum_i m_{ii}(\hat{x})} \right) (f_k - Sf(\hat{x})) \\ =&\sum_k l_k(\hat{x}) (\sum_i m_{ii}(\hat{x}) (b_j(x_k) - b_j(x_i))) (f_k - Sf(\hat{x})), \end{aligned}$$

由 $l_j(x_k) = \delta_{jk}$, $Sf(x_j) = f_j$ 得到, 当 $\hat{x} \to x_k$ 时, 等式的右边为零. 而由方程的唯一可解性得到, 对任何的 k, 解 $a_j(x_k) = 0$, 所以 $Gf(x_k) = Sf(x_k) = f_k$. □

如果有一族函数 e^k 满足 $e^k(x_j) = \delta_{jk}$. 对这族函数进行运动最小二乘插值得到 $E^k(x) = Ge^k(x)$, 因为 Shepard 方法是一个线性算子, 得到的运动最小二乘插值也是一个线性算子, 所以一般地有表示式

$$Gf(x) = \sum f_k E^k(x).$$

又因为 $E^k(x_j) = \delta_{jk}$, 所以 $E^k(x) = GE^k(x)$, 或者 $GGf = Gf$, 这是说 G 是一个以 $\{E^k(x)\}$ 为基底的插值投影算子, 它的象空间 $\text{span}\{E^k(x)\}$ 是算子 G 的一个不变子空间.

定理 5.1.4 由上一个定理决定的插值算子 G 是一个投影算子, 它有一个 n 维的象空间 $\mathrm{span}\{E^k(x)\}$ 组成的不变子空间. 而且 $\{b_j(x)\}$ 属于这个不变子空间, 构成了更小的 $m+1$ 维不变子空间.

证明 需要证明的是 $Gb_j(x)=b_j(x)$. 因为空间

$$\mathrm{span}\{u_j\}=\mathrm{span}\{b_j\},$$

所以关于 $\{u_j\}$ 的最小二乘事实上也是关于 $\{b_j\}$ 的最小二乘. 而最小二乘对任何的度量 M 都是 $\{b_j\}$ 再生的. □

这个定理说明了运动最小二乘的一个非常好的性质, 运动最小二乘与最小二乘一样是 $\{b_j\}$ 再生的. 譬如讲, 如果 $\{b_j\}$ 是多项式, 那么运动最小二乘是这些多项式再生的. 如果还希望正弦曲线再生或者某些特殊函数再生, 那么只要把正弦曲线或者那些特殊函数加入到 $\{b_j\}$ 中. 虽然运动最小二乘具有一些很好的性质, 但计算比较复杂. 它要对每一个点计算一次最小二乘法. 又因为对每点计算最小二乘时要计算一个函数矩阵的逆阵, 所以运动最小二乘的解一般不能用简单的显式函数表示, 只能计算插值函数在一些点上的值. 当要计算的点较多时, 计算工作量是相当大的. 下面介绍一种由之导出的较为简单的插值投影算子. 这个算子是这样定义的:

$$Pf(x)=\sum_j l_j(x)L_{x_j}f(x),$$

其中 $\{l_j(x)\}$ 是 Shepard 方法解的基函数. 可见

$$Pf(x_k)=L_{x_k}(x_k)=f_k,$$

所以这是一个插值.

$$\begin{aligned}\nabla Pf(x)|_{x=x_k}=&\sum_j \nabla l_j(x)|_{x=x_k}L_{x_j}f(x_k)+\sum_j l_j(x_k)\nabla L_{x_j}f(x)|_{x=x_k}\\=&\nabla L_{x_k}f(x)|_{x=x_k},\end{aligned}$$

这样新构造的插值函数 Pf 在数据点与运动最小二乘插值 Gf 有一样的梯度. 既然 P 是只用到 $\{f_k\}$ 的插值算子, 所以 $P^2=P$. 又

$$Pb_j(x)=\sum_k l_k(x)L_{x_k}b_j(x)=\sum_k l_j(x)b_j(x)=b_j(x).$$

若记 $Pf=\sum f_kF_k(x)$, 其中 $F_k=Pe^k$, 那么由上述分析, 有

定理 5.1.5 由 $Pf(x)=\sum_j l_j(x)L_{x_j}f(x)$ 定义的算子是一个插值投影算子. 其象空间 $\mathrm{span}\{F_k\}$ 是该算子的一个不变子空间. 这个象空间还包含了一个子不变空间 $\mathrm{span}\{b_j(x)\}$, 也就是说 $\mathrm{span}\{b_j(x)\}$ 在算子 P 下也是再生的, 并且

$$\nabla Pf(x)|_{x=x_k}=\nabla L_{x_k}f(x)|_{x=x_k}=\nabla Gf(x)|_{x=x_k}.$$

等式中后一个等于的证明可参见 Lancaster 的文章[50]. 这样插值 Pf 与 Gf 不仅在插值点具有相同的测量值, 而且还有相同的梯度, 并且它们的不变子空间都包含最小二乘的基空间 $\text{span}\{b_j(x)\}$, 而 Pf 的计算却大大简化了, 它只要计算 n 个点上的最小二乘. 为了解决实际问题以及对计算的再简化, 有时人们亦如 Shepard 方法采用其他的度量矩阵. 譬如

$$m_{jj}(x)=\begin{cases}\dfrac{R^2}{\|x-x_j\|^2}\cos\left(\dfrac{\pi\|x-x_j\|}{2R}\right), & \|x-x_j\|<R,\\ 0, & \|x-x_j\|\geqslant R,\end{cases}$$

或者

$$m_{jj}(x)=\frac{R^2}{\|x-x_j\|^2}\left(1-\frac{\|x-x_j\|}{R}\right)_+^2.$$

但要注意的是 $\{b_j(x)\}$ 及 $M(x)$ 必须满足

$$\det(B^{\mathrm{T}}M(x)B)\neq 0,$$

这样 Gf 才有意义. 而 Pf 有意义的条件是 $\det(B^{\mathrm{T}}M(x_j)B)$ 非零. 虽然 Pf 的计算工作量已经比 Gf 节约了许多, 但其计算工作量仍然太大, 所以运动最小二乘一般是作为两步法拟合的第一步. 人们用它先对数据加密, 然后采用其他的方法做出整体拟合.

4. 一般的分区域粘接 (拼接) 法

解决科学问题的一个基本方法是把一个大问题分解成一些小问题、子问题, 然后再把小问题的解拼装起来. 假设要分析的区域可以分解成 $\Omega=\cup\Omega_k$, 其中 Ω_k 是一些相交的或者说重叠的开区域, 且对任何 $x\in\Omega$, 至少存在一个子区域 Ω_k, 满足 $x\in\Omega_k$(覆盖). 如果在每个区域 Ω_k, 用以前介绍过的任何的方法, 譬如多项式插值 (或者就是运动最小二乘), 已经获得了一个插值函数 $f_k(x)$, 那么如何构造函数 $f(x)$, 使得它在整个区域 Ω 上是插值呢?

在这里要介绍一种特殊的运动加权平均的方法. 首先寻找局部支柱的权函数

$$w_k(x)\begin{cases}>0, & x\in\Omega_k,\\ =0, & x\notin\Omega_k.\end{cases}$$

定义函数

$$f(x)=\frac{\sum_k w_k(x)f_k(x)}{\sum_k w_k(x)},$$

因为 x 至少在一个子区域的内部, 所以 $\sum_k w_k(x)>0$, 这样定义的函数是有意义的, 其插值性是容易由计算验证的, 这个函数的连续性由 $w_k(x)$ 及 $f_k(x)$ 的连续性

决定. 最简单的区域剖分是把 Ω 剖分成一些相同的, 譬如三角形区域、正方形区域或者球形区域, 这样就容易定义函数 $w_k(x)=w(x-a_k)$, 用一个标准的区域支柱函数的平移得到其他区域的支柱函数, 从而可以减少计算工作量. 而在这种简单区域上也比较容易构造合适的区域支柱函数, 譬如圆盘区域 $w(x)=(\|x\|-1)_+^l$, 方格区域 $w(x)=(\|x\|_\infty-1)_+^l$ 等.

§5.2　Shepard 方法的收敛性分析

在讨论多项式插值时, 我们知道 Runge 的反例. 多项式插值并不因为数据增多了就能得到更好的解, 恰恰相反, 数据增多了, 解有时反而趋于发散, 所以不能直接在实际应用中使用. 对多元散乱数据插值的 Shepard 方法也要进行收敛性讨论. 先给出收敛的一般定义.

定义 5.2.1　数据点 $\{x_j\}$ 在区域 Ω 的密度半径定义为

$$h=\max_{x\in\Omega}\min_{j}\{\|x-x_j\|\},$$

这时任何一个球心在区域 Ω 的半径为 h 的球至少包含有一个数据点.

定义 5.2.2　插值方法 S 称为关于函数 $f(x)$ 收敛, 如果对任何给定的 $\varepsilon>0$, 存在 $\delta>0$, 对任何的数据点集, 只要它的密度半径 $h<\delta$, 那么对数据 $\{x_j,f(x_j)\}$ 的插值 $Sf(x)$ 满足 $\|Sf(x)-f(x)\|<\varepsilon$.

这里范数可以有不同的选择, 譬如最有实际应用意义的可以是最大范数, 这时称这个插值方法是一致收敛的. 为了数学分析方便, 也可以取 L_2 范数, 还可以讨论收敛的速度.

定义 5.2.3　插值方法 S 称为关于函数 $f(x)$ 收敛, 并且它的收敛速度 (收敛阶) 是 k, 如果

$$\|Sf(x)-f(x)\|<Ch^k.$$

定义 5.2.4　插值方法 S 称为关于函数 $f(x)$ 平稳地收敛, 并且收敛速度 (收敛阶) 是 k, 如果还有

$$\|Sf^{(j)}(x)-f^{(j)}(x)\|<Ch^{k-j}.$$

为了解决实际问题, 在这里主要讨论一致收敛. 在一元情形, Rolle 引理在收敛性证明中起了非常重要的作用. 如果函数 $f(x)$ 和 $Sf(x)$ 都是 k 次可导, 并且它们的 k 次导数都有界, 假设 $|f^{(k)}|<L\ |Sf^{(k)}|<L$, 那么由 Rolle 引理, 在任何的 j 个数据点 $\{x_l,\cdots,x_{l+j}\}$ 的区间中, 存在点 ξ_j^l 满足 $Sf^{(j+1)}(\xi_j^l)-f^{(j+1)}(\xi_j^l)=0$, 从而

对任何的 x, 有

$$\begin{aligned}&\|Sf^{(j)}(x)-f^{(j)}(x)\|\\<&\max\left|\int_{\xi_j^l}^{x}(Sf^{(j+1)}(t)-f^{(j+1)}(t))dt\right|\\<&jh\|Sf^{(j+1)}(t)-f^{(j+1)}(t)\|,\end{aligned}$$

逐次积分递推就可以得到

$$\begin{aligned}&\|Sf^{(j)}(x)-f^{(j)}(x)\|\\<&jh\|Sf^{(j+1)}(t)-f^{(j+1)}(t)\|\\<&\frac{(k-1)!}{(j-1)!}h^{k-j}\|Sf^{(k)}(t)-f^{(k)}(t)\|\\<&2L\frac{(k-1)!}{(j-1)!}h^{k-j}.\end{aligned}$$

所以只要函数 $f(x)$ 和 $Sf(x)$ 都是 k 次可导, 并且它们的 k 次导数都是有界的, 那么插值方法 S 是平稳地收敛的, 并且其收敛速度 (收敛阶) 是 k. 在一元情形, 譬如样条函数插值的收敛速度估计, 就是采用这样的方法. 对多变量张量积插值, 仍然可以使用这样的方法.

注 5.2.1 多项式插值的导数不能保证有界. 这也是多项式插值不收敛的原因.

在多变量散乱数据情形, 没有这样类似的 Rolle 引理, 所以多变量散乱数据插值的收敛性估计就比较困难. 在这里介绍对 Shepard 方法的部分结果.

Shepard 方法的收敛性分析

采用一般的多元记号. 显然如果采用最简单的 Shepard 插值, 那么在数据点插值函数表现为平点, 也就是说导数在这些点不收敛, 所以不可能有较高的收敛速度, 要获得较高的逼近阶, 必须采用带导数条件的 Shepard 插值算子. 现在就来讨论带导数条件的 Shepard 插值的逼近阶.

$$S_p^q f(x)=\sum_{j=1}^{n}\sum_{|\alpha|\leqslant q}\frac{1}{\alpha!}D^\alpha f(x_j)(x-x_j)^\alpha l_j(x),$$

其中

$$l_j(x)=\frac{\|x-x_j\|^{-p}}{\sum_k\|x-x_k\|^{-p}},\qquad x\in\mathbb{R}^d.$$

我们取 $q<p-1$, 那么 $S_p^q f(x)$ 是至少 q 阶可导的, 而且

$$D^\alpha S_p^q f(x_j)=D^\alpha f(x_j),\qquad |\alpha|\leqslant q.$$

当 $q=0$ 时, 就是最简单 Shepard 插值. 所以讨论也包括了最简单的 Shepard 插值. 现在对分析的区域也给出一些条件. 首先要求区域 Ω 是紧连通的, 并且满足下述两个正则性条件:

(1) 存在常数 L, 对任何的两点 $x,y\in\Omega$, 存在一条可求长的曲线 $\Gamma\subset\Omega$ 连接 x,y, 并且它的长度满足 $|\Gamma|<L\|x-y\|$;

(2) 存在一个锥状区域 K, 对任何的点 $x\in\Omega$, 存在一个与 K 全等的锥状区域 $K(x)$, 以 x 为顶点, 并且全部落在区域 Ω 的内部. 这里锥状区域可以由两个球来定义 (其中 $B_r(z)$ 表示以 z 为球心, 以 r 为半径的球):

$$K=\{\lambda x|x\in B_r(z),\lambda>0\}\cap B_R(0),\quad 0\notin B_r(z).$$

显然凸区域满足这两个正则条件.

定义 5.2.5 函数 $f:\Omega\to\mathbb{R}$ 称为 C^q 类连续的, 如果存在函数 $R_\alpha(x,y)$, 成立

$$D^\alpha f(x)=\sum_{|\beta|\leqslant q-|\alpha|}\frac{1}{\beta!}D^{\alpha+\beta}f(y)(x-y)^\beta+R_\alpha(x,y),$$

并且满足性质: 对任何的 $\varepsilon>0,\ z\in\Omega$, 存在 $\delta>0$, 当 $\|x-z\|<\delta,\ \|y-z\|<\delta$ 时, $|R_\alpha(x,y)|<\varepsilon\|x-y\|^{q-|\alpha|}$. 可见这等价于通常的 q 阶连续的定义.

定义 5.2.6 函数 $f:\Omega\to\mathbb{R}$ 称为 $C^{q,1}$ 类连续的, 如果函数是 C^q 类连续, 并且它的任何一个 q 阶偏导数 $D^\alpha f(x),|\alpha|=q$ 都是 Lipschitz 连续函数, 这时我们可以定义一个拟范数:

$$|f|_{q,1}=\sup\left\{\frac{|D^\alpha f(x)-D^\alpha f(y)|}{\|x-y\|};\quad x,y\in\Omega;|\alpha|=q\right\}.$$

引理 5.2.1 (Whitney) 如果区域满足正则条件 (1), $f\in C^{q,1}$, 那么对任何的 $x,y\in\Omega$, 有

$$|R_\alpha(x,y)|\leqslant c_{q-|\alpha|}L^{q-|\alpha|}\|x-y\|^{q-|\alpha|+1}|f|_{q,1}.$$

这里不准备引入证明, 证明的基本思想是把连接曲线分成一些小段分析.

如果函数 $f:\Omega\to\mathbb{R}$ 是连续的, 定义函数的连续模

$$\omega_f(\delta)=\sup\{|f(x)-f(y)|;\quad x,y\in\Omega,\quad \|x-y\|<\delta\}.$$

引理 5.2.2 如果区域满足正则条件 1, $f\in C^0(\Omega)$, 那么对任何的 $0<\varepsilon<\delta$, 有 $\omega_f(\delta)\leqslant 2L\varepsilon\delta^{-1}\omega_f(\varepsilon)$. 这个引理的证明也是把连接曲线分成一些小段分析.

上面已经给出了数据点集密度半径 h 的定义, 下面还要对数据点集给出一些定义.

定义 5.2.7 $Q_h(x)=(x-h,x+h]^d$ 是包含 $B_h(x)$ 的正立方体. 如果数据点集的密度半径是 h, 那么 $Q_h(x)$ 也至少包含有一个数据点. M 定义为所有 x 在区

域 Ω 内的边长为 $2h$ 的正立方体 $Q_h(x)$ 包含有数据点的最多的数据点的个数. 如果 M 在数据点的密化过程中是有界的, 那么称这个密化过程是平稳的 (也称为拟均匀的).

现在对平稳密化的数据讨论 Shepard 方法的收敛性, 并且还要估计误差 $\|S_p^q f(x) - f(x)\|_{\infty,\Omega}$.

定理 5.2.1 如果紧集 $\Omega \subset \mathbb{R}^d$ 满足正则条件 (1), 当 $p = d$ 时还满足正则条件 (2), 数据点集是 $\{x_j\}_{j=1}^n$, 其密度半径是 h, 那么

$$\text{当 } f \in C^{q,1} \text{ 时}, \quad \|S_p^q f - f\|_{\infty,\Omega} \leqslant cL^q M|f|_{q,1}\varepsilon_p^q(h);$$
$$\text{当 } f \in C^0 \text{ 时}, \quad \|S_p^0 f - f\|_{\infty,\Omega} \leqslant cLM\omega_f(h)\varepsilon_p^0(h).$$

这里

$$\varepsilon_p^q(h) = \begin{cases} |\log h|^{-1}, & p = d, \\ h^{p-d}, & p - d < q + 1, p > d, \\ h^{p-d}|\log h|, & p - d = q + 1, \\ h^{q+1}, & p - d > q + 1, \end{cases}$$

c 是与 $f, \{x_j\}_{j=1}^n$ 无关的正常数.

证明 定义函数

$$H_p^q(x) = \frac{\sum \|x - x_j\|^{q+1-p}}{\sum \|x - x_j\|^{-p}},$$

如果 $f \in C^0(\Omega)$, 记 $\varepsilon = \varepsilon_p^0(h)$, 那么由第二个引理

$$\begin{aligned} &|S_p^0 f(x) - f(x)| \\ \leqslant &\sum_{|x-x_j|\leqslant\varepsilon} \omega_f(\varepsilon) l_j(x) + \sum_{|x-x_j|>\varepsilon} |f(x_j) - f(x)| l_j(x) \\ \leqslant &\omega_f(\varepsilon)(1 + 2L\varepsilon^{-1} \sum |x - x_j| l_j(x)) \\ \leqslant &\omega_f(\varepsilon) L(1 + c\varepsilon^{-1} H_p^0(x)). \end{aligned}$$

如果 $f \in C^{q,1}(\Omega)$, 那么由第一个引理及 Taylor 展开得到

$$|S_p^q f(x) - f(x)| \leqslant |R_0(x, x_j)| l_j(x) \leqslant c_q L^q |f|_{q,1} H_p^q(x).$$

这样只要证明, 对任意给定的 $x \neq x_j$, 成立 $H_p^q(x) \leqslant cM\varepsilon_p^q(h)$.

定义环状区域 $T_j(x) = \cup\{Q_h(x + 2h\alpha) : \|\alpha\|_\infty = j\}$, $T_0(x) = Q_h(x)$, 可见有 $\Omega \subset \cup T_j(x)$, $j = 1, \cdots, n_0$, 其中 $n_0 = [d(\Omega)(2h)^{-1}] + 1$. 这个环状区域是一个大正方体的厚度为 $2h$ 的外壳, 是由 $(2j+1)^d - (2j-1)^d$ 个边长为 $2h$ 的小立方体构成的, 其个数小于 $2^d(2j+1)^{d-1}$, 所以在这个环状区域中, 数据点的个数小于 $M2^d(2j+1)^{d-1}$, 且数据点到 x 的距离为

$$(2j-1)h \leqslant \|x - x_j\| \leqslant \sqrt{d}(2j+1)h.$$

如果 x_{j_0} 是离 x 最近的数据点, 那么 $\|x-x_{j_0}\| \leqslant \|x-x_j\|$, 从而

$$\begin{aligned} H_p^q(x) \leqslant & \|x-x_{j_0}\|^p \left(\sum_{x_j \in T_0} \|x-x_j\|^{q+1-p} + \sum_{k=1}^{n_0} \sum_{x_j \in T_k} \|x-x_j\|^{q+1-p} \right) \\ \leqslant & M h^{q+1} \left(1 + c \sum_{k=1}^{n_0} j^{d-p+q} \right). \end{aligned}$$

情形 1. $p > d$, 则

$$\sum_{j=1}^{n_0} j^{d-p+q} = \begin{cases} < \infty, & p-d > q+1, \\ \mathcal{O}(\log h) = \mathcal{O}(\log n_0), & p-d = q+1, \\ \mathcal{O}(h)^{p-d-q-1} = \mathcal{O}(n)^{d-p+q+1}, & p-d < q+1, \end{cases}$$

所以 $H_p^q(x) \leqslant cM\varepsilon_p^q(h)$.

情形 2. 若 $p = d$, 则

由区域还满足第二个正则条件, 可以对环状区域中的数据点的个数给出一个下界. 因为有锥体 $K(x) \in \Omega$, 所以存在与 x 无关的 j_0, h_0 及 $j_h \geqslant \max\{h_0/h, j_0\|$, 对于 $j_0 \leqslant j \leqslant j_h$, $h \leqslant h_0$ 至少有 $[j/j_0]^{d-1}$ 个小的正立方体在 $T_j(x) \cap K(x)$ 中, 从而至少有 $[j/j_0]^{d-1}$ 个数据点在 $T_j(x) \cap \Omega$ 中. 如果 M 在密化过程中保持有界, 那么当 $h \to 0$ 时数据点的个数是以 h^{-d} 的速度增长的. 因为

$$\sum_{j=j_0}^{j_h} (1/j) = \mathcal{O}(\log j_h) = \mathcal{O}(\log h),$$

所以

$$\begin{aligned} & \sum_{k=0}^{n_0} \sum_{x_j \in T_k} \|x-x_j\|^{-p} \\ \geqslant & \sum_{x_j \in T_0} \|x-x_j\|^{-p} + \sum_{j=j_0}^{j_h} \left[\frac{j}{j_0} \right]^{d-1} ((2j+1)h)^{-p} \\ \geqslant & \sum_{x_j \in T_0} \|x-x_j\|^{-p} + \frac{c}{h^p} |\log h|, \end{aligned}$$

利用不等式

$$\frac{\sum a_j}{\sum b_j} \leqslant \sum \frac{a_j}{b_j}, \quad a_j, b_j > 0,$$

得到

$$
\begin{aligned}
H_p^q(x) &\leqslant \sum_{x_j\in T_0}\|x-x_j\|^{q+1}+\frac{\sum_{k=1}^{n_0}\sum_{x_j\in T_k}\|x-x_j\|^{q+1-p}}{\sum_{k=1}^{n_0}\sum_{x_j\in T_k}\|x-x_j\|^{-p}}\\
&\leqslant \sum_{x_j\in T_0}\|x-x_j\|^{q+1}+c_1|\log h|^{-1}h^p\sum_{k=1}^{n_0}\sum_{x_j\in T_k}\|x-x_j\|^{q+1-p}\\
&\leqslant Mh^{q+1}\left(1+c_2|\log h|^{-1}\sum_{j=1}^{n_0}j^q\right)\\
&\leqslant Mh^{q+1}(1+c_2|\log h|^{-1}\mathcal{O}(h)^{-(q+1)})\\
&\leqslant cM\varepsilon_p^q(h).
\end{aligned}
$$

□

定理 5.2.2 如果区域 Ω 满足正则条件 1, $f\in C^{q,1}$, $q\geqslant 1$ 且 $p>d+1$, 那么当 $h\to 0$, Shepard 插值的一阶偏导数一致收敛于 f 的一阶偏导数. 确切地说

$$\|D^\mu(S_p^q f-f)\|\leqslant cL^qM^{|\mu|}|f|_{q,1}\varepsilon_p^q(h)h^{-|\mu|},$$

对任何的 $|\mu|=1$. 进一步地有, 对任何的 $|\mu|\leqslant q$, $p>d+|\mu|$, 有

$$\|D^\mu(S_p^q f-f)\|\leqslant cL^qM^{|\mu|}|f|_{q,1}\varepsilon_p^q(h)h^{-|\mu|}.$$

证明 只对 $|\mu|=1$ 证明, 对任何 $x\in\Omega$,

$$
\begin{aligned}
&D^\mu(S_p^q f-f)\\
=&\sum_j\left(\sum_{|\nu|\leqslant q}\frac{1}{\nu!}D^\nu f(x_j)(x-x_j)^\nu-f(x)\right)D^\mu l_j(x)\\
&+\sum_j\left(\sum_{|\nu|\leqslant q-1}\frac{1}{\nu!}D^{\nu_\mu}f(x_j)(x-x_j)^\nu-D^\mu f(x)\right)l_j(x)\\
=&\sum(R_0(x,x_j)D^\mu l_j(x)+R_\mu(x,x_j)l_j(x)),
\end{aligned}
$$

计算得到

$$D^\mu l_j(x)=-p\frac{(x-x_j)^\mu\|x-x_j\|^{-p-2}}{\sum\|x-x_j\|^{-p}}+p\frac{(x-x_j)^\mu\|x-x_j\|^{-p-2}}{\|x-x_j\|^p(\sum\|x-x_j\|^{-p})^2}.$$

由第二个引理

$$|D^\mu(S_p^q f-f)|\leqslant c|f|_{q,1}L^q(H_p^{q-1}(x)+H_p^q(x)H_p^{-2}(x)),$$

其中

$$\begin{aligned}H_p^{-2} &= \frac{\sum \|x-x_j\|^{-p-1}}{\sum \|x-x_j\|^{-p}} \\ &\leqslant \frac{M(1+c_1\sum_{j=1}^{n_0} j^{d-p-2})}{\|x-x_{j_0}\|} \\ &\leqslant \frac{c_2 M}{\|x-x_{j_0}\|},\end{aligned}$$

其中 $j_0 \in T_1(x)$, 并且与 x 的距离最近. 如果 $p > d+1$, 用以前对 $H_p^q(x)$ 的估计, 得到

$$H_p^q(x)H_p^{-2}(x) \leqslant cM^2\varepsilon_p^q(h)h^{-1},$$

又由

$$\varepsilon_p^{q-1}(h) \leqslant c\varepsilon_p^q(h)h^{-1},$$

本定理得证. □

相似地可以证明, 对任何的 $|\mu| \leqslant q$, $p > d+|\mu|$ 有

$$\|D^\mu(S_p^q f - f)\| \leqslant cL^q M^{|\mu|}|f|_{q,1}\varepsilon_p^q(h)h^{-|\mu|}.$$

从上述的证明可见, 分析 Shepard 插值的高阶逼近性质, 要采用函数在节点处的高阶导数信息. 在实际应用中高阶导数往往是很难得到的. 下面我们分析没有高阶导数信息时的逼近阶. 也就是说, 如果采用另外方法估计高阶导数, 并用这些估计出来的导数代替上述公式中的导数会产生什么问题.

定理 5.2.3 如果区域满足第一正则条件, $f \in C^{q,1}$, $q \geqslant 1$ 且 $p > d+1$, $d^\nu f(x_j)$ 是 $D^\nu f(x_j)$ 的逼近, 满足

$$|d^\nu f(x_j) - D^\nu f(x_j)| = \mathcal{O}(h^{q+1-|\nu|}), \qquad |\nu| \leqslant q,$$

那么

$$\|\tilde{S}_p^q f - f\| \leqslant cL^q M|f|_{q,1}\varepsilon_p^q(h),$$

其中

$$\tilde{S}_p^q f(x) = \sum_{j=1}^n \sum_{|\alpha|\leqslant q} \frac{1}{\alpha!} d^\alpha f(x_j)(x-x_j)^\alpha l_j(x),$$

$$l_j(x) = \frac{\|x-x_j\|^{-p}}{\sum_k \|x-x_k\|^{-p}}, \qquad x \in \mathbb{R}^d.$$

证明 只要估计 $\tilde{S}_p^q f(x) - S_p^q f(x)$ 的误差

$$
\begin{aligned}
&|\tilde{S}_p^q f(x) - S_p^q f(x)| \\
\leqslant &\sum_{j=1}^{n} \sum_{|\alpha| \leqslant q} \frac{1}{\alpha!} h^{q+1-|\alpha|} \|x - x_j\|^{|\alpha|} l_j(x) \\
\leqslant &c_1 \left(\sum_{|\alpha| \leqslant q} h^{q+1-|\alpha|} \right) H_p^{|\alpha|-1}(x).
\end{aligned}
$$

由上一定理的分析

$$
H_p^{|\alpha|-1}(x) \leqslant \varepsilon_p^{|\alpha|-1}(h),
$$

$$
h^{q+1-|\alpha|} \varepsilon_p^{|\alpha|-1}(h) = \mathcal{O}(\varepsilon_p^q(h)),
$$

就得到了本定理. □

推论 5.2.1 相似地也可以证明

$$
\|D^\mu(\tilde{S}_p^q f - f)\| \leqslant c L^q M^{|\mu|} |f|_{q,1} \varepsilon_p^q(h) h^{-|\mu|}.
$$

§5.3 隐函数样条

考虑由隐函数表示的曲线与曲面. 在 $\mathbb{R}^2$, 隐函数 $f(x, y) = 0$ 一般表示曲线, 这个曲线有时不止一条 (譬如 $x^2 - y^2 - 1 = 0$), 有时甚至是自交或者分叉的 (譬如 $(x^2 - y^2 - 1)(x^2 + y^2 - 4) = 0$), 甚至还有更加特殊的情形, 譬如, 二元的隐函数 $|x + y| - x - y = 0$ 表示一个区域. 在 $\mathbb{R}^3$, 隐函数 $f(x, y, z) = 0$ 一般表示一张曲面, 情形就更加复杂了. 另外, 隐函数的计算机表示非常不方便. 隐函数表示的曲线曲面也有优点, 譬如, 判别一个点是否落在一个隐函数曲面上就比参数曲面容易得多, 所以在这一节介绍有关隐函数的插值问题, 特别是散乱数据的插值问题.

如果隐函数曲线由方程 $f(x, y) = 0$ 决定, 且这个隐函数可微, 当 (x, y) 是曲线上的点时, 如果又有梯度

$$
\left(\frac{\partial f(x, y)}{\partial x}, \frac{\partial f(x, y)}{\partial y} \right)
$$

不为零, 那么曲线过这点的切向存在且与梯度向量 (法向)

$$
\left(\frac{\partial f(x, y)}{\partial x}, \frac{\partial f(x, y)}{\partial y} \right)
$$

垂直. 换一句话说曲线在该点的切向是

$$
\left(\frac{\partial f(x, y)}{\partial y}, -\frac{\partial f(x, y)}{\partial x} \right),
$$

这时曲线在该点不会有分叉、自交等奇异的现象.

如果隐函数曲面由方程 $f(x,y,z)=0$ 决定, 那么当 (x,y,z) 是曲面上点时, 曲面在这点的梯度 (法向) 是

$$\left(\frac{\partial f(x,y,z)}{\partial x},\frac{\partial f(x,y,z)}{\partial y},\frac{\partial f(x,y,z)}{\partial z}\right),$$

如果 $f(x,y,z)$ 可导, 且梯度向量不是零向量, 那么曲面在该点也非奇异.

定义 5.3.1 称由隐函数定义的曲线或者曲面是正则的, 如果在讨论的曲线或者曲面上的每一个点, 隐函数都可微, 且其梯度不为零. 也就是说曲线存在切线, 曲面存在法向. 这个定义甚至适用于一般的多元隐函数决定的超曲面. 称由隐函数定义的超曲面是正则的, 如果在讨论的超曲面上的每一个点, 隐函数可微, 且其梯度不是一个零向量. 如果这些性质只是局部地满足, 那么称曲面是局部正则的.

如果隐函数定义的曲线或者曲面是正则的, 那么在曲线时就排除了上述分叉自交等奇异的情形.

下面的讨论主要是针对曲线, 并且是正则的曲线, 但其结论亦适合正则的曲面及超曲面情形. 如果有曲线 $f(x,y)=0$, 那么可以利用曲面 $f(x,y)=z$ 来分析曲线. 显然如果函数 $a(x,y)\neq 0$, 那么隐函数 $a(x,y)f(x,y)=0$ 定义了同一条曲线. 如果有两条正则曲线 $f(x,y)=0$, $g(x,y)=0$ 在点 (x_0,y_0) 相交并相切, 那么下述命题是等价的, 其证明是平凡的.

(1) $f(x_0,y_0)=0$, $g(x_0,y_0)=0$, 且法向量

$$\left(\frac{\partial f(x,y)}{\partial x},\frac{\partial f(x,y)}{\partial y}\right),\quad \left(\frac{\partial g(x,y)}{\partial x},\frac{\partial g(x,y)}{\partial y}\right)$$

在点 $(x,y)=(x_0,y_0)$ 平行;

(2) $f(x_0,y_0)=0$, $g(x_0,y_0)=0$, 且矩阵

$$\begin{pmatrix}\dfrac{\partial f(x,y)}{\partial x} & \dfrac{\partial f(x,y)}{\partial y}\\ \dfrac{\partial g(x,y)}{\partial x} & \dfrac{\partial g(x,y)}{\partial y}\end{pmatrix}$$

在点 $(x,y)=(x_0,y_0)$ 奇异;

(3) 存在在 (x_0,y_0) 点不为零的函数 $a(x,y)$, $b(x,y)$, 使得

$$h(x,y)=a(x,y)f(x,y)+b(x,y)g(x,y),$$

满足

$$h(x_0+\Delta x,y_0+\Delta y)=o(\sqrt{(\Delta x)^2+(\Delta y)^2}\ ).$$

注意第三个等价性命题. 一般地, 称这两条曲线 $f(x,y)=0$ 与 $g(x,y)=0$ 在 (x_0,y_0) 有 k 阶切触, 如果 $f(x_0,y_0)=0, g(x_0,y_0)=0$, 且存在在点 (x_0,y_0) 不为零的函数 $a(x,y), b(x,y)$ 使得

$$h(x,y)=a(x,y)f(x,y)+b(x,y)g(x,y)$$

满足

$$h(x_0+\Delta x,y_0+\Delta y)=o(\sqrt{(\Delta x)^2+(\Delta y)^2}\ )^k.$$

这里 k 阶切触与曲线的参数选择无关. 比较参数曲线的函数连续与几何连续的差别, 这里的切触更接近于几何连续[4], 所以 k 阶切触的定义用通俗的语言说是比较几何的 (与几何连续有关) 而非与参数选择无关. 同理, 可以定义曲面的 k 阶切触, 甚至可以推广到一般的超曲面情形:

定义 5.3.2 如果点 $x_0(x\in\mathbb{R}^d)$ 落在两张超曲面 $f(x)=0, g(x)=0$ 上, 存在在点 x_0 不为零的函数 $a(x), b(x)$, 使得函数

$$h(x)=a(x)f(x)+b(x)g(x)$$

满足

$$h(x_0+\Delta x)=o(\|\Delta x\|)^k,$$

那么就称这两张超曲面在点 x_0 有 k 阶切触.

先来考虑如下问题. 如果图 5.1 中, 曲线 l_j 由隐函数方程 $l_j(x,y)=0$ 决定, 其中曲面 $l_j(x,y)=z$ 在 $l_j(x,y)=0$ 处的法向不与 z 轴平行且那些由隐函数定义的曲线都是正则的. 适当选择正负号使得 l_j 在所围区域内大于零.

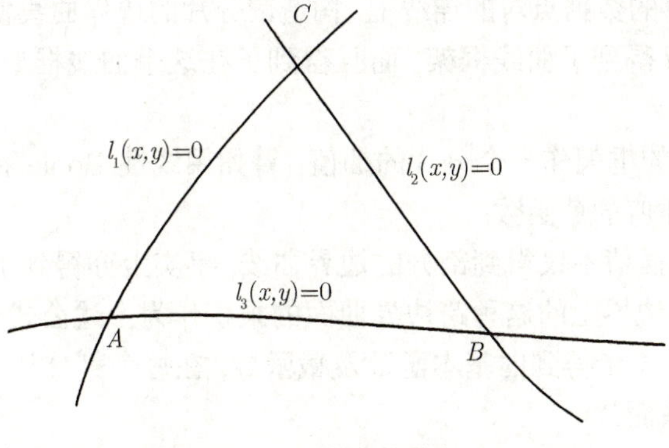

图 5.1 隐函数样条

构造隐函数 (也就是所谓的隐函数样条)

$$l(x,y)=(1-\alpha)l_3^{k+1}(x,y)-\alpha l_1(x,y)l_2(x,y)=0,$$

显然 l_1 与 l_3 的交点 A 以及 l_2 与 l_3 的交点 B 都落在隐函数样条曲线 $l(x,y)=0$ 上. 在点 A 附近令 $a(x,y)=1$, $b(x,y)=\alpha l_2(x,y)$,

$$h(x,y)=a(x,y)l(x,y)+b(x,y)l_1(x,y),$$

那么由

$$l_3(A+(\Delta x,\Delta y))=o(\sqrt{(\Delta x)^2+(\Delta y)^2}),$$

得到

$$h(A+(\Delta x,\Delta y))=o(\sqrt{(\Delta x)^2+(\Delta y)^2})^k.$$

所以在点 A, 曲线 $l(x,y)=0$ 与 $l_1(x,y)=0$ 有 k 阶切触. 同理, 在点 B, 曲线 $l(x,y)=0$ 与 $l_2(x,y)=0$ 有 k 阶切触. 上述的讨论也适用于曲面及更一般的超曲面.$l_1(x,y)l_2(x,y)$ 亦可由多个隐函数乘积代替, 称 $l_1(x,y)l_2(x,y)$ 为基本函数, $l_3(x,y)$ 为截函数.

利用这个思想可以构造一个 k 阶连续的散乱数据插值. 用下面几个步骤实现:

(1) 对给定的数据点先进行三角剖分, 这时剖分片的边界由一些数据点对的连线构成;

(2) 对每个数据点 x_j, 给定 (或者用其他方法估计得到) 一个 k 阶的 Taylor 展开系数 $a_{ij},\ \ i,j\leqslant k$. 构造 k 阶的 Taylor 展开曲面

$$z-\sum a_{ij}x^iy^j=0;$$

(3) 如果 A,B 是某剖分片的一个边界数据点对, 令两个点的 Taylor 展开曲面的乘积为基本函数, 取一过 A,B 的平面为截函数, 用上述的隐函数样条方法在那些构成剖分片边界的数据点对的连线上, 构造剖分片的边界曲线使之形成一个曲线框架. 事实上不仅得到了曲线框架, 而且得到了在这个曲线框架上的 k 阶 Taylor 展式;

(4) 对前一步的框架作一个分片的插值 (譬如用线性 Boole 和的方法), 作为曲面片隐函数样条插值的截函数;

(5) 第 3 步的插值不仅得到剖分的边界曲线, 事实上亦得到了跨边界的一个曲面. 将剖分片的各边界上的这种跨边界曲面的乘积作为上述公式中的基本函数;

(6) 用第 4 第 5 步得到的基本函数及截函数, 在每个剖分片, 再用上述的隐函数样条插值构造曲面片.

由构造过程得到, 这些曲面片可以拼接成一个片与片之间 k 阶切触的曲面. 这个构造 k 阶连续插值曲面的过程, 事实上是从在每个数据点上一个曲面 T_j(Taylor 展式) 出发, 在每一个剖分片的边界上利用隐函数样条得到曲面 T_{jk}, 插值这两个数据点对, 然后在每个剖分片用定义在边界上的三个曲面再次利用隐函数样条在内部

构造曲面片插值这些定义在边界上的曲面, 从而也插值 T_j. 一个局部的例子可以这样给出:

如果在局部剖分的三角形 $\triangle(ABC)$ 与三角形 $\triangle(ABD)$ 有公共边 AB, 在每个数据点上利用 Taylor 展式定义了曲面

$$T_A,\ T_B,\ T_C,\ T_D,$$

用三个向量的混合积定义平面

$$L_{AB}=\begin{pmatrix}(x,y,z)-(A,T_A(A))\\(A,T_A(A))-(B,T_B(B))\\(C,T_C(C))-(D,T_D(D))\end{pmatrix}=0,$$

那么在 AB 上可以定义框架曲线 (曲面)

$$T_{AB}=\alpha L_{AB}^{k+1}+(1-\alpha)T_AT_B=0,$$

如果已经得到了 T_{AB},T_{BC},T_{CA}, 定义三角片的截曲面

$$\begin{aligned}L_{ABC}=&\,d((x,y,z),AB)d((x,y,z),CA)T_{BC}\\&+d((x,y,z),CA)d((x,y,z),BC)T_{AB}\\&+d((x,y,z),AC)d((x,y,z),AB)T_{CA}=0,\end{aligned}$$

其中 $d((x,y,z),AB)$ 表示点 (x,y,z) 到线 AB 的距离. 进一步地可以在三角片 $\triangle(ABC)$ 上定义曲面片

$$T_{ABC}=\beta L_{ABC}^{k+1}+(1-\beta)T_{AB}T_{BC}T_{CA}=0.$$

由上面的讨论得到, 这些曲面片可以拼接成一张 k 阶光滑的插值曲面. 以上的各截曲面的构造读者还可以用自己喜欢的其他方法定义.

其他的散乱数据插值方法

除了以上介绍的一些散乱数据插值方法, 散乱数据插值方法还有很多. 在实际应用中较常用的还有:

(1) 两步法及多步法

由于 B 样条函数的计算机表示简单的优点, 很多计算机辅助设计的软件中, 大多采用 B 样条函数来表示曲线曲面. 这些软件已经有了很好的界面, 包括输入输出界面, 图形显示、打印界面, 甚至计算机辅助加工界面. 所以在散乱数据插值问题中, 经常采用先用某种方法得到曲线曲面上的一组网格点上的数据, 然后采用 B

样条逼近或插值的方法. 当然也可以采用其他的插值方法的混合方法, 最后得到一个逼近函数. 这些方法都可以归结为两步法或多步法. 当然采用什么样的方法的配合, 这样的配合对结果有什么样的影响, 要针对不同的方法配合给予不同的讨论. 在这门课程中不准备深入讨论这个问题.

(2) 神经网络的方法

在外形设计中, 往往根据一位有艺术眼光的专家先做出一个模型, 然后用测量仪测量数据, 再用计算机拟合这些数据, 得到可以进行计算机辅助加工的输出数据. 那么专家是怎么做出他的模型的呢? 事实上他是采用不断修改的方法, 先做出一个毛胚, 然后不断地用他的判别准则进行修改加工. 用计算机模拟这个过程就是神经网络的方法. 所谓的神经网络方法是用一组离散的点表示 (一般是一组网格点, 并且有网结构) 曲面, 对这组离散点给定某种判别准则, 在满足一定的条件情形下 (限定这些点在空间的一个子集合中), 允许计算机逐步地进行优化. 其中较常用的判别准则有:

①构成网的网线的长度最短;

②构成网的网眼的面积和最小;

③ 对这个网的每一点加上一个外力, 希望网的位移变化最小;

④ 模拟风或水的冲刷, 逐步得到曲面;

⑤用一系列线形光源或环形光源照射曲面, 希望高光线 (high light 所有曲面上法线通过光源线的点全体构成的曲线) 与直线或者圆的形状相差较小.

用计算机神经网络模拟这个过程, 这些判别准则都可以作为神经网络的反馈. 然后根据反馈信息进行修改, 逐步得到一个好的目标函数.

§5.4　单位分划

在插值及拟插值的公式中, 基的单位分划 (partition of unity) 是一个普遍的现象. 譬如 B 样条就满足

$$\sum B_j^n(x) = 1.$$

Bernstein 多项式基也满足这个公式. 先讨论网格数据点情形.

如果 $\sum \phi(x-j) = 1$ 且 ϕ 是紧支柱的, 那么对足够连续的函数 f, 当 $h \to 0$ 时, 一致地成立

$$\sum f(jh)\phi\left(\frac{x}{h}-j\right) \to f(x). \tag{5.1}$$

如果 ϕ 的支柱半径是 R, 一个简略的证明思路可由下式给出:

$$
\begin{aligned}
&\left|\sum f(jh)\phi(\frac{x}{h}-j)-f(x)\right| \\
=&\left|\sum_{|x-jh|\leqslant Rh} f(jh)\phi(\frac{x}{h}-j)-f(x)\right| \\
=&\left|\sum_{|x-jh|\leqslant Rh} [f(jh)-f(x)]\phi(\frac{x}{h}-j)\right| \\
\leqslant&\|f'\|_\infty\|\phi\|_\infty(R+1)Rh.
\end{aligned}
\tag{5.2}
$$

进一步地, 如果 ϕ 还是非负的, 甚至可以得到

$$
\left|\sum f(jh)\phi\left(\frac{x}{h}-j\right)-f(x)\right| \leqslant \|f'\|_\infty Rh.
$$

条件 ϕ 是紧支柱的并不是必要的, 事实上只要 ϕ 快速下降. 这个思想事实上可由 Strang-Fix 条件推广到更一般的形式. 如果 ϕ 还满足

$$
\sum \phi(x-j)j^\alpha = x^\alpha, \qquad |\alpha| \leqslant m,
$$

那么

$$
\sum f(jh)\phi\left(\frac{x}{h}-j\right)-f(x)=\mathcal{O}(h^{m+1}).
$$

在前面的章节关于拟插值已经进行了讨论.

这样就构造了一个高阶逼近的拟插值 (5.1), 它收敛于 $f(x)$. 我们希望把这个思想推广到多元散乱数据情形.

如果多元函数 $\phi \geqslant 0$, 并且是紧支柱的, 那么拟插值基

$$
\psi_j(x)=\frac{\phi\left(\frac{x-x_j}{h}\right)}{\sum_{k=-\infty}^{\infty}\phi\left(\frac{x-x_k}{h}\right)}
$$

对散乱数据 $\{x_j\}$ 满足单位划分的条件, 其中

$$
h=\max_x \min_j \|x-x_j\|
$$

是数据密度. 所以

$$
\sum f(x_j)\psi_j(x) \sim f(x), \qquad h\to 0.
$$

其证明过程与 (5.2) 相似. 这时拟插值的基函数是 ϕ 的有理函数. 如何构造非有理的函数, 并且满足单位划分的条件是一个非常有意义的问题[49].

§5.5　R 函数法

我们最熟悉的插值方法是 Lagrange 方法, 构造 Lagrange 函数

$$L_j(x) = \frac{\prod_{k\neq j}(x - x_k)}{\prod_{k\neq j}(x_j - x_k)}$$

满足 $L_j(x_k) = \delta_{jk}$, 从而 $\sum f_j L_j(x)$ 是一个插值公式. 这个思想也可以用来构造多元散乱数据的插值, 在本书的开始已经介绍了这种思想, 进一步地, 还可以考虑数据是更为复杂的情形. 设 Ω_j 是一些不相交的集合, 这些集合可以由一个点 (一些点)、一条曲线 (一些曲线)、甚至一些区域构成, 如果给定函数在 Ω_j 上的值 $f_j(x)$, 及集合 Ω_j 的隐函数表示式

$$\chi_j(x)\begin{cases} = 0, & x \in \Omega_j \\ >\neq 0, & x \notin \Omega_j. \end{cases}$$

那么可以构造函数

$$f^*(x) = \frac{\sum f_j(x)\prod_{k\neq j}\chi_k(x)}{\sum\prod_{k\neq j}\chi_k(x)}.$$

当 $x \in \Omega_j$, 满足 $f^*(x) = f_j(x)$. 进一步地, 如果可以测量或者估计函数在 Ω_j 上的一个 m 价的 Taylor 展式 $T_j(x)$, 那么

$$f^*(x) = \frac{\sum T_j(x)\prod_{k\neq j}\chi_k^{m+1}(x)}{\sum\prod_{k\neq j}\chi_k^{m+1}(x)}$$

还插值了这些导数信息.

第 6 章　用散乱数据插值方法求微分方程的数值解

§6.1　泛函信息插值与微分方程的数值解

一般的线性偏微分方程可以由下式表示[29,51]

$$
\begin{aligned}
Pu &= \sum p_\alpha(x) D^\alpha u(x) = f(x), \quad x \in \Omega \subset \mathbb{R}^d, \\
Qu &= \sum q_\alpha(x) D^\alpha u(x) = g(x), \quad x \in \partial\Omega \subset \mathbb{R}^d.
\end{aligned}
$$

由线性算子表示定理, 存在广义函数

$$
\begin{aligned}
P(x,y) &= \sum p_\alpha(x) \delta^{(\alpha)}(x-y), \\
Q(x,y) &= \sum q_\alpha(x) \delta^{(\alpha)}(x-y),
\end{aligned}
$$

上述线性偏微分方程可以用积分表示

$$
\begin{aligned}
Pu &= \int_\Omega P(x,y) u(y) dy = f(x), \quad x \in \Omega \subset \mathbb{R}^d, \\
Qu &= \int_{\partial\Omega} Q(x,y) u(y) dy = g(x), \quad x \in \partial\Omega \subset \mathbb{R}^d.
\end{aligned}
$$

这样可以讨论更一般的方程.

如果有广义函数 $\{P(x,y), Q(x,y)\}$(其中 x 可以看成为参数) 关于 y 有

$$
P(x,y) \in C^*(\Omega),\ Q(x,y) \in C^*(\partial\Omega).
$$

讨论以下形式的方程

$$
\begin{aligned}
Pu &= \int_\Omega P(x,y) u(y) dy = f(x), \quad x \in \Omega \subset \mathbb{R}^d, \\
Qu &= \int_{\partial\Omega} Q(x,y) u(y) dy = g(x), \quad x \in \partial\Omega \subset \mathbb{R}^d.
\end{aligned}
$$

这类方程包括线性偏微分方程、线性积分方程、线性积分微分混合方程及时间滞后的方程等大量在实际应用中会碰到的线性微积分方程, 其基本的假设是, 有两个 (也可以是多个) 线性的方程变换算子 $\{P, Q\}$, 把函数 (未知函数)u 变换成一些已知的函数 $f \in C(\Omega)$ 及 $g \in C(\partial\Omega)$:

$$
\{P, Q\}u = \{f, g\}.
$$

所谓解方程就是寻找函数 u, 或者 $\{P,Q\}$ 的逆算子. 下面是这类方程的一个典型的例子.

例 6.1.1

$$P(x,y)=\sum c_\alpha(x)\frac{\partial^{|\alpha|}\delta(x-y-\bar{c}_\alpha)}{\partial y^\alpha}+p_1(x,y),$$

$$Q(x,y)=\sum d_\alpha(x)\frac{\partial^{|\alpha|}\delta(x-y-\bar{d}_\alpha)}{\partial y^\alpha}+q_1(x,y). \tag{6.1}$$

为了对这个微分方程的数值解方法进行进一步的讨论, 我们给出如下的定义.

定义 6.1.1 (1) 方程算子 $\{P,Q\}$ 是 l 阶的, 如果函数 $P(x,y),Q(x,y)$ 对固定的 x 是 $C^l(\Omega)$ 的对偶空间 $C^{l*}(\Omega)$ 中的函数 (式 (1) 中求和是在 $|\alpha|\leqslant l$ 范围内);

(2) 方程算子 $\{P,Q\}$ 是 L 阶连续的, 如果算子把 C^∞ 函数映照成 C^L 函数. $\{P,Q\}(C^\infty)\subset(C^L(\Omega),C^L(\partial\Omega))$. 这意味着 $P(x,y),Q(x,y)$ 关于 x 的直到 L 阶的导数是 $(C^l)^*$ 空间的函数 (比较式 (1) 如果 $c_\alpha(x),d_\alpha(x)\in C^L$ 且 $p_1(x,y),q_1(x,y)$ 关于 x 有直到 L 次的连续导数, 关于 y 可积);

(3) 如果方程算子是 l 阶的, 那么空间 S_l^p(注意这里的空间定义比通常的 Sobolev 空间定义严格, 是从连续函数出发的) 是由所有的 C^l 函数组成, 而这个空间的 p 范数由函数的所有的不超过 l 阶的导数的 p 范数的和定义, 即

$$\|u\|=\sum_{|\alpha|\leqslant l}\left\|\frac{\partial^\alpha u}{\partial x^\alpha}\right\|_p,$$

由泛函分析知识得到这个范数等价于

$$\|u\|_p+\sum_{|\alpha|=l}\left\|\frac{\partial^\alpha u}{\partial x^\alpha}\right\|_p.$$

这里主要讨论微分方程在 S_l^∞ 中的解 (而不考虑弱解, 弱解可以采用磨光逼近的办法处理), 所以把它简记为 S_l.

如果方程是 l 阶的, 且是 L 阶连续的, 那么方程算子把 C^l 函数映照成连续函数, 且把 C^∞ 函数映照成 C^L 函数.

$$\{P,Q\}(S_l)\to C^0(\Omega)\times C^0(\partial\Omega),$$

$$\{P,Q\}(S_l\cap C^\infty)\to C^L(\Omega)\times C^L(\partial\Omega).$$

记 $O:\ Ou=(Pu,Qu)=(f,g)$.

现在对方程离散化. 在区域 Ω 内取一些点 $\{x_j\}_{j=1}^n$, 边界 $\partial\Omega$ 上取一些点 $\{x_j\}_{j=n+1}^{n+m}$. 令

$$h=\max_{x\in\Omega,y\in\partial\Omega}\{\min_{j=1,\cdots,n}\|x-x_j\|,\min_{k=n+1,\cdots,n+m}\|y-x_k\|\}$$

为方程的离散密度, 从而把微分方程离散成一组线性泛函方程

$$\begin{aligned} &P_j u = f(x_j) = \int_\Omega p(x_j, y)u(y)dy, \\ &x_j \in \Omega \subset \mathbb{R}^d,\ j = 1, \cdots, n, \\ &Q_j u = g(x_j) = \int_{\partial\Omega} q(x, y)u(y)dy, \\ &x_j \in \partial\Omega \subset \mathbb{R}^d, j = n+1, \cdots, n+m. \end{aligned} \tag{6.2}$$

由关于线性泛函信息数据的插值章节, 求解这个离散方程 (6.2) 等价于求解一个线性泛函数据 (Hermite 型) 的插值问题, 如果算子 $\{P_j\}_{j=1}^n, \{Q_j\}_{j=n+1}^{n+m}$ 线性无关, 那么就可以利用前面的关于 Hermite 数据的插值介绍的方法做出泛函信息值的 Kriging 插值或径向基函数插值, 它的解可以写成关于数据 $f(x_j), g(x_k)$ 的线性组合或者说可以写成如下的对偶形式

$$u^*(x) = \sum_j \lambda_j P_j \Phi(x - x_j) + \sum_k \mu_k Q_k \Phi(x - x_k), \tag{6.3}$$

其中 P_j, Q_k 算子由离散方程定义, 而 λ, μ 满足下面的线性方程

$$\begin{pmatrix} A_{11} & A_{12} \\ A_{21} & A_{22} \end{pmatrix} \begin{pmatrix} \lambda_j \\ \mu_k \end{pmatrix} = \begin{pmatrix} f(x_j) \\ g(x_k) \end{pmatrix},$$

其中子矩阵

$$\begin{aligned} A_{11} &= \left(\int\int P(x_{j1}, s)P(x_{j2}, t)\Phi(s - t)dsdt \right), \\ A_{12} &= \left(\int\int P(x_{j1}, s)Q(x_{k2}, t)\Phi(s - t)dsdt \right), \\ A_{21} &= \left(\int\int Q(x_{k1}, s)P(x_{j2}, t)\Phi(s - t)dsdt \right), \\ A_{22} &= \left(\int\int Q(x_{k1}, s)Q(x_{k2}, t)\Phi(s - t)dsdt \right). \end{aligned}$$

这样离散方程的解可以写成

$$u^*(x) = (P(D)\Phi(x - x_j), \quad Q(D)\Phi(x - x_k))A^{(-1)} \begin{pmatrix} f(x_j) \\ g(x_k) \end{pmatrix}. \tag{6.4}$$

这只要通过求解一个线性代数方程组得到. 当系数矩阵 A 非奇异时, 容易验证, u^* 满足离散方程, 我们把这个离散方程的解当作微分方程的一个近似.

现在面临两个重要的问题 [29,51]:

(1) 离散方程什么时候是有解的, 也就是解的存在唯一性问题;

(2) 离散方程解与原始方程解之间的误差估计.

第一个问题等价于: 满足怎样的条件矩阵 A 才是非奇异的. 先给出一个引理.

引理 6.1.1 原方程对 $C(\Omega)\times C(\partial\Omega)$ 空间的任意函数都是唯一可解的充分必要条件是存在唯一的广义函数 $\{\lambda,\mu\}$, 使得

$$\int_\Omega\int_\Omega \lambda(s,x)P(x,y)e^{ity}dydx+\int_{\partial\Omega}\int_{\partial\Omega}\mu(s,x)Q(x,y)e^{ity}dydx=e^{its}.$$

证明 如果方程唯一可解, 那么算子 O 的逆算子存在. 由算子本身的线性性质, 得到, 逆算子是线性的. 再由算子表示定理, 存在唯一的广义函数 $\{\lambda,\mu\}$, 满足上述表示式. 反之如果上述表示式成立, 那么由函数 e^{itx} 的基性质 (它的线性组合可以张成全空间), 得到, (λ,μ) 表示了 (P,Q) 的逆算子, 从而解可以写成

$$u(s)=\int_\Omega \lambda(s,x)f(x)dx+\int_{\partial\Omega}\mu(s,x)g(x)dx. \qquad \square$$

现在导出离散方程解的存在性定理

定理 6.1.1 如果 $\{x_j\}_{j=1}^n$ 两两不同, $\{x_j\}_{j=n+1}^{n+m}$ 也两两不同, 那么当原方程是唯一可解时, 离散的方程也是唯一可解的.

证明 根据泛函信息值 Kriging 插值条件[20], 要证泛函 $\{P_j\}_{j=1}^n$ 及 $\{Q_j\}_{j=n+1}^{n+m}$ 的线性无关性. 用反证法, 假设它们是线性相关的, 那么存在不全为零的数组 $\{a_j\}_{j=1}^n$, $\{b_j\}_{j=n+1}^{n+m}$, 满足 $\sum a_jP_j+\sum b_jQ_j$ 是零泛函. 又由上述取点的方法知道, $\sum a_jP_j$ 与 $\sum b_jQ_j$ 不能都是零泛函, 否则

$$\{\lambda(s,x)+\sum a_j\delta(x_j),\mu(s,x)+\sum b_j\delta(x_j)\}$$

是另一个与 $\{\lambda,\mu\}$ 不同的满足上一个引理的表示式. 这与原方程的唯一可解性条件矛盾. $\square$

利用针对 Hermite 数据的插值方法, 已经有了微分方程近似数值解的一个方法及解的存在唯一性定理. 要指出的是这个方法还有如下优点:

(1) 只要布点, 而不需要如有限元法对这些点进行区域剖分;

(2) 与空间的维数无关, 这个方法适应多变量的问题, 与有限元法比较, 多元的高连续的有限元构造是一个非常困难的问题;

(3) 这个方法适应于分段不同边界条件, 有交界面及不同混合介质的区域问题;

(4) 数值解有明确的数学表达式, 从而可以用来进行后期分析 (譬如风洞试验等);

(5) 这个数值解可以达到高次光滑连续, 而有限元法一般是低次连续的.

现在已经得到离散方程唯一可解性条件, 当然还希望离散方程解是对原方程解的逼近.

由 (6.4), 离散方程解有一个对偶表示

$$u^*(x) = \sum_j \lambda_j(x) f(x_j) + \sum_k \mu_k(x) g(x_k), \tag{6.5}$$

其中 λ, μ 满足下面的线性方程

$$\begin{pmatrix} A_{11} & A_{12} \\ A_{21} & A_{22} \end{pmatrix} \begin{pmatrix} \lambda_j \\ \mu_k \end{pmatrix} = \begin{pmatrix} P(D)\Phi(x - x_j) \\ Q(D)\Phi(x - x_k) \end{pmatrix},$$

注意这里 $\lambda(x), \mu(x)$ 与以前的记号 λ, μ 的不同.

由关于径向基函数插值的收敛性分析知道, 径向基函数插值使得 Kriging 范数

$$\int \hat{\Phi}(w) I^2(w, x) dw$$

最小化. 其中

$$\begin{aligned} I(w, x) := & \sum_j \lambda_j(x) \int P(x_j, s) e^{iws} ds \\ & + \sum_k \mu_k(x) \int Q(x_k, s) e^{iws} ds - e^{iwx}. \end{aligned}$$

利用 Schwarz 不等式, 误差 $u^*(x) - u(x)$ 的范数受 Kriging 范数控制

$$\begin{aligned} \|u - u^*\|^2 &= \left| \int \hat{u}(w) I(w, x) dw \right|^2 \\ &\leqslant \left(\int \frac{\hat{u}^2(w)}{\hat{\Phi}(w)} dw \right) \left(\int \hat{\Phi}(w) I^2(w, x) dw \right). \end{aligned}$$

显然, 如果选择合适的径向函数 (譬如, 由 $u \in C^l$, 得到 $\hat{u} < \mathcal{O}(1 + \|\omega\|)^{-l-d}$, 选取 $\hat{\Phi}(w) \sim C(1 + \|w\|)^{-K}$), 其中 $K < 2l + d$, 那么积分

$$\left(\int \frac{\hat{u}^2(w)}{\hat{\Phi}(w)} dw \right)$$

有界, 这时 K 满足

$$\hat{\Phi}(w) \leqslant C(1 + \|w\|)^{-K}.$$

如同径向基函数插值的证明, 要估计离散方程的误差, 只要分析

$$\int (1 + \|w\|)^{-K} I^2(w, x) dw$$

可以达到怎样小的值.

给定 w, 假设 $\hat{a}(x), \hat{b}(x)$ 是 e^{ixw} 在方程算子下的象

$$\hat{a}(x) = \int P(x,s)e^{isw}ds, \qquad \hat{b}(x) = \int Q(x,s)e^{isw}ds,$$

用形式为

$$a^*(x) = \sum c_j(x)\hat{a}(x_j), \qquad b^*(x) = \sum d_j(x)\hat{b}(x_j) \tag{6.6}$$

的函数 $a^*(x), b^*(x)$ 来逼近函数 $\hat{a}(x), \hat{b}(x)$. 这样逼近的存在性与逼近阶将在以后的定理中给出. 令

$$\lambda_j(x) = \int \Lambda(x,s)c_j(s)ds, \quad \mu_j(x) = \int \Gamma(x,s)d_j(s)ds,$$

那么

$$\{P,Q\}(e^{ixw}) = (\hat{a}, \hat{b}),$$

$$\{P,Q\}\left(\sum \lambda_j(x)\int P(x_j,s)e^{isw}ds + \sum \mu_k(x)\int Q(x_k,s)e^{isw}ds\right) = (a^*, b^*),$$

这样得到如下的关系图

$$\begin{array}{lcl} e^{ixw} & \overset{\{P,Q\}}{\rightarrow} & (\hat{a}, \hat{b}) \\ \updownarrow \text{error} & & \updownarrow \text{approximation} \\ \cdot & \overset{\{P,Q\}^{-1}}{\leftarrow} & (a^*, b^*). \end{array}$$

函数 e^{ixw} 的象是 $(\hat{a}, \hat{b})$, $(\hat{a}, \hat{b})$ 的逼近是 (a^*, b^*), 而它是一个记为 $\cdot$ 的函数的象. 要估计的误差是

$$I(x,w) = \cdot - e^{ixw}.$$

而方程算子将误差 $I(x,w)$ 映照成 (a^*, b^*) 对 $(\hat{a}, \hat{b})$ 的逼近误差. 这样可以通过证明逆算子的有界性并估计逼近误差得到方程的数值解误差.

首先来讨论逆算子的有界性问题.

定理 6.1.2 如果微分方程对任何给定的右端唯一有解, 那么逆算子 $\{P,Q\}^{-1} = \{\Lambda, \Gamma\}$ 在 $\{P,Q\}(S_l \cap C^{l+1})$ 有界.

证明 为了证明逆算子的有界性, 证明方程算子对 $\|u\|_{S^l} = 1$, 且 $l+1$ 阶微分有界的函数下有界 $\|\{P,Q\}u\| > c\|u\|$. 用反证法. 如果命题不成立, 那么有函数列 u_n, 满足 $\|u_n\|_{S^l} = 1$ 及 $|u_n^{(l+1)}| < c$, 而 $\|\{P,Q\}u_n\| \to 0$. 这个函数列 u_n 是在 S^l 范数意义下等度连续的. 运用 Arzelà-Ascoli 定理, 有 u_n 的子列一致收敛于函数 u (不妨假设就是函数列本身 u_n 一致收敛于函数 u), 这样有 $\|\{P,Q\}u\| = 0$, 然而由解的存在唯一性定理, 从 $\|u\|_{S^l} = \lim \|u_n\|_{S^l} = 1$ 知道 $u \neq 0$, 这与方程的解的存在唯一性定理矛盾. □

下面的问题是利用形式 (6.6) 构造 $(\hat{a},\hat{b})$ 逼近 (a^*,b^*). 这并不是一个平凡的逼近, 还要求 (a^*,b^*) 的逆象一致地在空间 C^{l+1} 中有界 (即要求 $l+1$ 阶微分是有界的). 显然计算 $a(x_j),b(x_j)$ 要用到数据 $u^\alpha(x_j)$.

利用带导数信息的 Shepard 插值来插值函数 e^{ixw}(参见以前章节)

$$E(x)=\frac{\sum_{j=1}^{n+m}(\sum_{|\alpha|\leqslant l+L}\frac{(iw)^\alpha e^{ix_jw}}{\alpha!}(x-x_j)^\alpha)\prod_{k\neq j}\|x-x_k\|^{l+L+d+2}}{\sum_{j=1}^{n+m}\prod_{k\neq j}\|x-x_k\|^{l+L+d+2}},$$

其中 d 是空间的维数, $(\sum_{|\alpha|\leqslant l+L}\frac{(iw)^\alpha}{\alpha!}(x-x_j)^\alpha)$ 是函数 e^{ixw} 在 x_j 点的 Taylor 展开式, 该式对任何的 $j=1,\cdots,n+m,|\alpha|\leqslant l+L$ 插值了数据 $(e^{ixw})^{(\alpha)}|_{x=x_j}$. 由 Shepard 插值的收敛性讨论知道, 如果区域 Ω 满足某种正则性 (譬如凸区域) 并且数据的密化过程是均匀的 (即存在常数 c_1,c_2, 使得数据点在 $\{x_j\}\cap O(x,h)$ 的个数始终在 c_1 与 c_2 之间), 那么插值误差可以由下式给出

$$\|e^{ixw}-E(x)\|_\infty\leqslant C\|w\|^{l+L+1}h^{l+L+1},$$

进一步地

$$\|(e^{ixw}-E(x))^{(\alpha)}\|_\infty\leqslant C\|w\|^{l+L+1}h^{l+L+1-|\alpha|},$$

从而函数 $E^{(\alpha)}(x)$ 的 $|\alpha|\leqslant l+L+1$ 阶导数都有界.

既然 $E(x)$ 是插值, 所以 $E(x)$ 的象可以写成形式 (6.6), 譬如可以令

$$E_j^*(x)=P(D)\frac{\left(\sum_{|\alpha|\leqslant l+L}\frac{(iw)^\alpha}{\alpha!}(x-x_j)^\alpha\right)\prod_{k\neq j}\|x-x_k\|^{l+L+d+2}}{\sum_{j=1}^{n+m}\prod_{k\neq j}\|x-x_k\|^{l+L+d+2}},$$

那么 $E_j^*(x_k)=\delta_{jk}a(x_j)$, 从而 $\{P(D)E(x),Q(D)E(x)\}$ 可以写成为形式 (6.6). 把上述讨论归结为一个定理

定理 6.1.3 如果方程算子是 L 连续的, 区域 Ω 及数据点 $\{x_j\}$ 满足某种正则条件, 那么可以得到 $\{a^*,b^*\}$ 对 $\{\hat{a},\hat{b}\}$ 的逼近, 并且 $\{a^*,b^*\}$ 的逆象是关于 S^{l+1} 一致有界的. 其逼近误差是

$$|\{a^*,b^*\}-\{\hat{a},\hat{b}\}|\leqslant\mathcal{O}(1+\|w\|)^{l+L+1}h^{L+1},$$

这意味着

$$\|I(x,w)\|_{S^l}\leqslant\mathcal{O}(1+\|w\|)^{l+L+1}h^{L+1},$$

其中的 S^l 范数是关于变量 x 的, 而把 w 看成是参数.

这样可以导出下一个定理

定理 6.1.4 离散方程与原方程的解的误差是与方程算子 $\{P,Q\}$ 的阶 l 及方程的连续阶 L 有关的. 更明确地, 可以选择正定的径向函数 $\Phi\in S^{2(K+l+1)}$

$$|\hat{\Phi}(w)|\sim C(1+\|w\|)^{-2(L+l+1)-d-\varepsilon},$$

使得 $\|u-u^*\|_{S^l}\leqslant\mathcal{O}(h)^{L+1}$.

§6.2　利用其他的多元函数逼近法求解微分方程

上一节把解微分方程的离散方程看作是多元散乱数据的泛函信息的插值问题，获得了一种微分方程数值解的方法. 回顾微分方程数值解方法，事实上可以这样叙述微分方程数值解方法：选取一个有限维的函数空间，在这个空间中，在某种范数下，寻找一个微分方程的近似解. 譬如，有限元方法是用基于剖分的分片线性或多项式函数逼近解，差分方法是用张量积样条函数逼近解，而谱方法是用三角多项式逼近解. 所以事实上可以采用任何的多元散乱数据的逼近方法得到微分方程数值解方法. 在选定了有限维函数空间以后，采用不同的逼近的度量或范数可以得到不同的微分方程数值解. 下面介绍几种方法，人们可以在其他的微分方程数值解的书籍中找到，但是采用径向基函数来逼近微分方程的解. 作为例子，讨论的方程还是

$$\begin{aligned} P(D)u(x) &= f(x), \quad x \in \Omega \subset \mathbb{R}^d, \\ Q(D)u(x) &= g(x), \quad x \in \partial\Omega \subset \mathbb{R}^d. \end{aligned}$$

1. 最小二乘法

径向基函数在闭区域上连续的函数空间中是稠密的，也就是说任何闭区域上连续函数可以由径向函数的线性组合逼近. 假设微分方程的解 $u(x)$ 已经有逼近形式

$$u(x) \sim \sum \lambda_j \Phi(x - x_j),$$

这里一般取密集的节点 $x_j \in \Omega$，也可以取一些 x_j 在区域外，那么称使得

$$\int_\Omega \left(\sum \lambda_j P(D)\Phi(x - x_j) - f(x)\right)^2 dx$$

$$+w^2 \int_{\partial\Omega} \left(\sum \lambda_j Q(D)\Phi(x - x_j) - g(x)\right)^2 dx \tag{6.7}$$

达到最小的函数 $\sum \lambda_j \Phi(x - x_j)$ 为微分方程最小二乘解. $\lambda = (\cdots, \lambda_j, \cdots)^{\mathrm{T}}$ 满足

$$A\lambda = D,$$

其中

$$\begin{aligned} A = (a_{jk}) = \Bigg(&\int_\Omega [P(D)\Phi(x - x_j)][P(D)\Phi(x - x_k)]dx \\ &+w^2 \int_{\partial\Omega} [Q(D)\Phi(x - x_j)][Q(D)\Phi(x - x_k)]dx\Bigg), \end{aligned}$$

$$D = (d_j) = \left(\int_\Omega P(D)\Phi(x - x_j)f(x)dx + w^2 \int_{\partial\Omega} Q(D)\Phi(x - x_j)g(x)dx\right),$$

而 w 是权, 由实际问题对边界及区域内部的不同要求决定. 如果函数 Φ 满足, 当 λ_j 不全为零时, $\sum \lambda_j P(D)\Phi(x-x_j)$ 在 Ω, $\sum \lambda_j Q(D)\Phi(x-x_j)$ 在 $\partial\Omega$ 至少有一个不是零函数, 那么

$$\lambda^T A\lambda = \int_{\Omega}\left[P(D)\sum \lambda_j\Phi(x-x_j)\right]^2 dx$$

$$+w^2\int_{\partial\Omega}\left[Q(D)\sum \lambda_j\Phi(x-x_j)\right]^2 dx >\neq 0,$$

所以系数矩阵是非奇异的, 从而有唯一的解. 当方程算子 $\{P,Q\}: S_2^l \to S_2^0$ 以及它的逆算子 $\{P,Q\}^{-1}: S_2^0+\omega S_2^0 \to S_2^l$ 都有界, $\bar{u}(x)=\sum \bar{\lambda}_j\Phi(x-x_j)$ 是方程解 $u(x)$ 在 Ω 的最佳 S_2^l 逼近, 那么

$$\|\{P,Q\}\bar{u}(x)-\{f,g\}\|_{S_2^0} \leqslant \|\{P,Q\}\|\|\bar{u}(x)-u(x)\|_{S_2^0},$$

通过简单的计算得到, 数值解 $u^*(x)$ 满足

$$\|P(u^*(x)-u(x))\|_{S^0}+\omega\|Q(u^*(x)-u(x))\|_{S^0}$$

$$\leqslant \|P(\bar{u}(x)-u(x))\|_{S^0}+\omega\|Q(\bar{u}(x)-u(x))\|_{S^0},$$

从而

$$\|u^*(x)-u(x)\| \leqslant C\|\bar{u}(x)-u(x)\|,$$

其中 $C=\|\{P,Q\}\|\|\{P,Q\}^{-1}\|$, 所以在径向基函数子空间, 方程的最小二乘解的逼近阶可以达到径向函数子空间最佳逼近的逼近阶.

注 6.2.1 实际问题中 f,g 往往并不是解析给出的, 这时可以用数值积分的办法获得 D.

2. 配置法

上述的方法是希望在象空间中误差的 L^2 范数达到最小, 这个范数可以由积分 (6.7) 表示, 如果取 Ω 的内部密集的点 $\{x_j\}_{j=1}^n$, 边界 $\partial\Omega$ 上密集的点 $\{x_j\}_{j=n+1}^{n+m}$, 用 Riemann 和近似表示积分 (6.7)

$$\sum_{k=1}^{n}\left(\sum_{j=1}^{n+m}\lambda_j P(D)\Phi(x_k-x_j)-f(x)\right)^2\Delta_k$$

$$+w^2\sum_{k=n+1}^{n+m}\left(\sum_{j=1}^{n+m}\lambda_j Q(D)\Phi(x_k-x_j)-g(x)\right)^2\Delta_k,$$

其中 Δ_j 是包含点 x_j 的 Riemann 面积元. 求 λ_j, 使得这个式子取最小得到

$$A^{\mathrm{T}}\Delta A\lambda = A^{\mathrm{T}}\Delta\begin{pmatrix} f \\ g \end{pmatrix},$$

其中 $A = (a_{jk})$,

$$a_{jk} = P(D)\Phi(x_j - x_k), \quad k = 1, \cdots, n,$$
$$a_{jk} = Q(D)\Phi(x_j - x_k), \quad k = n+1, \cdots, n+m,$$

$$\Delta = \begin{pmatrix} \Delta_j & \\ & w^2\Delta_j \end{pmatrix}$$

是正的对角阵, 从而是非奇异的.

$$f^{\mathrm{T}} = (f(x_1), \cdots, f(x_n)), \quad g^{\mathrm{T}} = (g(x_{n+1}), \cdots, g(x_{n+m})).$$

如果矩阵 A 本身是非奇异的, 方程还有更简洁的形式

$$A\lambda = \begin{pmatrix} f \\ g \end{pmatrix},$$

这个结果也可以看成, 对解 $u(x)$ 用 $u^*(x) = \sum \lambda_j \Phi(x - x_j)$ 逼近, 而要求[52]

$$P(D)u^*(x_j) = f(x_j), \quad j = 1, \cdots, n,$$
$$Q(D)u^*(x_j) = g(x_j), \quad j = n+1, \cdots, n+m,$$

这就是所谓的配置法. 由上面的讨论, 这个方法是最小二乘法的一个近似, 所以也有明确的数学意义. 这个方法还有计算简单的优点 (最小二乘法的系数阵要求大量的积分). 大量的实际问题计算结果显示, 这是一个简便又能得到非常好的逼近误差的计算方法. 矩阵 A 的非奇异条件是一个尚未解决的问题, 但是在大量的工程计算中, 由于数据非常多, 矩阵 A 往往非奇异.

3. Galerkin 方法

上述的方法使得误差

$$\sum \lambda_j P(D)\Phi(x - x_j) - f(x),$$

$$\sum \lambda_j Q(D)\Phi(x - x_j) - g(x)$$

在某种最小二乘意义下取最小. 而 Galerkin 希望, 误差与某个径向基函数张成的函数空间正交, 也就是说, 在某个径向基函数张成的函数空间上的投影为零 (很小). 具体地, 取 $\{x_j\}_{j=1}^n \in \Omega$, $\{x_k\}_{k=n+1}^{n+m} \in \partial\Omega$, Galerkin 希望

$$\int_\Omega \left(\sum_{j=1}^{n+m} \lambda_j P(D)\Phi(x - x_j) - f(x) \right) \Phi(x - x_k) dx = 0, \quad k = 1, \cdots, n,$$

$$\int_{\partial\Omega}\left(\sum_{j=1}^{n+m}\lambda_j Q(D)\Phi(x-x_j)-g(x)\right)\Phi(x-x_k)dx=0,\qquad k=n+1,\cdots,n+m,$$

这时 $\lambda=(\cdots,\lambda_j,\cdots)^{\mathrm{T}}$ 满足

$$A\lambda=D,$$

其中 $A=(a_{jk})$(第一个下标表示行, 第二个下标表示列), 并且

$$a_{kj}=\int_{\Omega}\Phi(x-x_k)P(D)\Phi(x-x_j)dx,\qquad k=1\leqslant n,$$

$$a_{kj}=\int_{\partial\Omega}\Phi(x-x_k)Q(D)\Phi(x-x_j)dx,\quad k>n,$$

$D=(d_j)$, 并且

$$d_j=\int_{\Omega}\Phi(x-x_j)f(x)dx,\qquad j=1,\cdots,n,$$

$$d_j=\int_{\partial\Omega}\Phi(x-x_j)g(x)dx,\qquad j=n+1,\cdots,n+m.$$

由径向函数的稠密性, 当取的点分别在区域 Ω 及 $\partial\Omega$ 趋于稠密时, 近似解趋于真实解, 关于径向基函数 Galerkin 方法的收敛性讨论可以参见 Wendland 的文章 [40].

4. Golberg 方法

Golberg 采用利用径向基函数逼近方程右端的方法来逼近微分方程的解. 具体的是, 假设方程右端有径向基函数逼近

$$f^*(x)=\sum_{j=1}^{n+m}\lambda_j\Phi(x-x_j),$$

可以假设就是径向基函数插值, 满足

$$f^*(x_j)=f(x_j),\qquad j=1,\cdots,n,$$

这时线性方程的个数是 n 个, 而未知量有 $n+m$ 个. 所以 λ_j 还不能唯一决定, 求解

$$P(D)\bar{\Phi}(x)=\Phi(x),$$

从而对方程的解得到了一个逼近公式

$$u^*(x)\sim\sum\lambda_j\bar{\Phi}(x-x_j).$$

Golberg 希望

$$Q(D)u^*(x)-g(x)$$

也取较小的值. 这时可采用任何的逼近方法, 譬如插值的方法, 迫使

$$Q(D)u^*(x_j) = g(x_j), \qquad j = n+1, \cdots, n+m.$$

从而得到一个插值意义下的逼近. 当然还可以采用其他的逼近方法 (譬如最小二乘法).

针对一些各向同性的方程, 由于函数 Φ 的径向性质, 方程

$$P(D)\bar{\Phi}(x) = \Phi(x)$$

用极坐标表示是一个常微分方程, 从而一般是比较容易求解的 (将一个多元偏微分方程的求解问题转化为一元常微分方程的求解问题), 这时也只要通过解一个线性方程得到解. 如果我们一开始就从 $\bar{\Phi}$ 出发, 那么这个方法与配置法没有本质的区别, 也就是说, 如果一开始就认为 $\bar{\Phi}$ 已知, 那么这个方法等价与利用 $\bar{\Phi}(x)$ 的配置法.

这样类似的方法还可以给出许多, 在有限元方法中无非是采用分片多项式的函数基构成的函数子空间逼近方程的解, 而所有这些过程, 现在都可以用径向基函数构成的径向函数空间逼近代替.

参 考 文 献

[1] Barnhill R, Riesenfeld R. *Computer aided geometric design.* Academic Press, 1974.

[2] Barnhill R. *Representation and approximation of surfaces.* In: Rice J. eds. Mathematical Software. Academic Press, 1977.

[3] Barnhill R. *Surfaces in computer aided geometric design.* North-Holland Amsterdam, 1983.

[4] Farin G. *Curves and surfaces in computer aided geometric design -A practical guide.* Academeic Press, 1988.

[5] 李岳生, 黄友谦. 数值逼近. 人民教育出版社, 1978.

[6] 苏步青, 刘鼎元. 计算几何. 上海科学技术出版社, 1981.

[7] 苏步青, 华宣积. 应用几何教程. 复旦大学出版社, 1990.

[8] Powell M, Sabin M. *Piecewise quadratic approximation on Triangulations.* ACM Trans. on Mathematical Software, 1977, 4: 316 -325.

[9] Gregory J. *C^1 rectangular and non-rectangular surface patch.* in: Barnhill eds. *Surfaces in computer aided geometric design.* North-Holland Amsterdam, 1983, 25-34.

[10] Nielson G, Frank R. *Surface construction based upon trigulations.* in: Barnhill eds. *Surfaces in computer aided geometric design.* North-Holland Amsterdam, 1983.

[11] Schumaker L. *Triangulation methods.* in: Chui C. Schumaker L. Utreras F. eds. Topics in Multivariate Approximation. Academic Press, 1987, 219-232.

[12] Coons S. *Surfaces for computer aided design of space forms.* MIT Project MAC 41, 1967.

[13] Chaikin G. *An algorithm for high speed curve generation.* Computer Graphics and Image Processing, 1974, 3: 346-349.

[14] Doo D, Sabin M. *Behavior of recusive division surface near extraordinary points.* Computer aided Design, 1978, 10: 356-360.

[15] Farin G. *Surfaces over Dirichlet tessellations.* Computer Aided Geometric Design, 1990, 7: 281-292.

[16] Sibson R. *A brief description of the natural neighbour interpolation.* In: V.Barnett ed. Interpolating Multivariate Data. Wiley, 1978.

[17] Gordon W, Wixson J. *Shepard method of metric interpolation to bivariate and multivariate data.* Math. Comp, 1978, 32: 253-264.

[18] Shepard D. *A two dimensional interpolation function for irregularly spaced data.* ACM Nat. Conf, 1965, 517 -524.

[19] Wu Zongmin. *Die Kriging Methode zur Lösungen mehrdimensionaler Interpolationsprobleme.* Ph. D. Dissertation. Universität Göttingen, 1986.

[20] Wu Zongmin. *Hermite-Birkhoff interpolation of scattered data by radial basis function.* Approx. Theory & its Appl, 1992, 8: 1-10.

[21] Duchon J. *Splines minimizing rolation-invariant semi-norms in Sobolev space.* In: Schempp W. eds. Constructive Theory of Functions of Several Variables. Springer-Verlag, 1976.

[22] Oberhettinger F. *Tables of Fourier transforms and Fourier transforms of distributions.* Springer-Verlag, 1990.

[23] Hardy R. *Multiquadric equations of topography and other irregular surfaces.* J. Geophysical Research, 1971, 76: 1905-1915.

[24] Powell M. *Radial basis functions for multivariable interpolation: a review.* In: Griffiths D. Watson G. eds. Numerical Analysis. Longman Scientific & Technical, 1987, 223-241.

[25] Micchelli C. *Interpolation of scattered data: distance matrix and conditionally positive definite functions.* Constructive Approximation, 1986, 2: 11-22.

[26] Beatson R, Powell M. *Univariate multiquadric approximation: quasi interpolation to scattered data.* DAMTP NAT reports. University of Cambridge, 1990.

[27] Wu Zongmin, Schaback R. *Shape preserving properties and convergence of univariate multiquadric quasi- interpolation.* ACTA Mathematice Applicatae Sinica, 1994, 10: 441-446.

[28] 吴宗敏. 函数的径向基表示. 数学进展, 1998, 27: 202-208.

[29] 吴宗敏. 径向基函数、散乱数据拟合与无网格微分方程数值解. 工程数学学报, 2002, 19: 1-12.

[30] Buhmann M. *Multivariable interpolation using radial basis functions.* Ph.D. dissertation, University of Cambridge, 1989.

[31] Light W. *Some aspects of radial basis function approximation.* In: Singh S. ed. Approximation Theory, Spline Functions and Applications. NATO ASI Series, 1992, 356: 163-190.

[32] Schaback R. *Lower bounds for norms of inverses of interpolation matricds for radial basis functions.* J. Approx. Theory, 1994, 79: 287-300.

[33] Schaback R. Wu Zongmin *Operators on radial functions.* J. Computational and Applied Mathematics, 1996, 73: 257- 270.

[34] Schaback R. Wu Zongmin *Construction techniques for highly accurate quasi- interpolation operators.* Journal of Approximation Theory, 1997, 91: 320-331.

[35] Golberg M, Chen C. *A bibliography on radial basis function approximation.* Boundary Elements, 1996, 7: 155-163

[36] Frank R. *Scattered data interpolation: tests of some methods.* Mathematical Computation, 1982, 38: 181-200.

[37] Narcowich F, Ward J. *Norm of inverses and condition numbers for matrices associated with scattered data.* J. Approximation Theory, 1991, 64: 69-94.

[38] Wu Zongmin, Schaback R.*Local error estimates for radial basis function interpolation of scattered data.* IMA Journal of Numerical Analysis, 1993, 13: 13-27.

[39] Madych W, Nelson S. *Multivariate interpolation and conditionally positive definite function.* Mathematics of Computation, 1990, 54(189): 211-230.

[40] Stein E, Weiss G. *Introduction to Fourier analysis on Euclidean spaces.* Princeton University Press, 1971.

[41] Strang G, Fix G. *An Analysis of the finite element method.* Prentice-Hall, Englewood Cliffs, 1978.

[42] Wu Zongmin. *Multivariate compactly supported positive definite radial functions.* Advances in Computational Mathematics, 1995, 4: 283-292.

[43] Wu Zongmin. *Characterization of positive definite radial functions.* In: Dælen M. Lyche T. Schumaker L. eds. Mathematical Methods for Curves and Surfaces. Vanderbilt University Press, 1995, 573-578.

[44] Wu Zongmin. *Compactly supported radial function and the Strang-Fix conditions.* Applied Mathematics and Computation, 1997, 84: 115-124.

[45] Wu Zongmin. *Generalized Bochner's theorem for radial function.* Appox. Theory & its Appl, 1997, 3: 47-57.

[46] Schoenberg I. *Metric space and completely monotone functions.* Ann. Math, 1938, 39: 811-841.

[47] Wendland H. *Piecewise polynomial, positive definite and compactly supported radial functions of minimal degree.* Adv. Comput. Math, 1995, 4: 389-396.

[48] Luke Y. *The special functions and their applications.* Academic Press, 1969.

[49] Wu Zongmin, Liu Jianping. *Generalized Strang-Fix condition for scattered data quasi- interpolation.* Advance in Computational Mathematics, 2005, 23: 200-214.

[50] Lancaster P, Salkauskas K. *Surfaces generated by moving least squares methods.* Math. Comp, 1981, 37: 141-158.

[51] Wu Zongmin. *Solving differential equation with radial basis functions.* In: Wang D. eds. Advances in Computational Mathematics-Lecture Note in Pure and Applied Mathematics. Marcel Dekker, 1999, 202: 537-544.

[52] Kansa E. *Multiquadrics-a scattered data approximation schem with applications to computational fluid dynamics-II. Sollution to parabolic, hyperbolic and elliptic partial differential equations.* Computers Math. Applic, 1990, 19: 147-161.

[53] Ma Limin and Wu Zongmin. *Approximation to the k-th derivatives by multiquadric quasi-interpolation method.* J. Computational and Applied Mathematics, 2009, 231: 925-932.

[54] Ma Limin and Wu Zongmin. *Stability of Multiquadric Quasi-interpolation to Approximate High Order Derivatives.* Science China Mathematics, 2010, 53: 1-10.

《现代数学基础丛书》已出版书目

(按出版时间排序)

1　数理逻辑基础(上册)　1981.1　胡世华　陆钟万　著
2　紧黎曼曲面引论　1981.3　伍鸿熙　吕以辇　陈志华　著
3　组合论(上册)　1981.10　柯　召　魏万迪　著
4　数理统计引论　1981.11　陈希孺　著
5　多元统计分析引论　1982.6　张尧庭　方开泰　著
6　概率论基础　1982.8　严士健　王隽骧　刘秀芳　著
7　数理逻辑基础(下册)　1982.8　胡世华　陆钟万　著
8　有限群构造(上册)　1982.11　张远达　著
9　有限群构造(下册)　1982.12　张远达　著
10　环与代数　1983.3　刘绍学　著
11　测度论基础　1983.9　朱成熹　著
12　分析概率论　1984.4　胡迪鹤　著
13　巴拿赫空间引论　1984.8　定光桂　著
14　微分方程定性理论　1985.5　张芷芬　丁同仁　黄文灶　董镇喜　著
15　傅里叶积分算子理论及其应用　1985.9　仇庆久等　编
16　辛几何引论　1986.3　J.柯歇尔　邹异明　著
17　概率论基础和随机过程　1986.6　王寿仁　著
18　算子代数　1986.6　李炳仁　著
19　线性偏微分算子引论(上册)　1986.8　齐民友　著
20　实用微分几何引论　1986.11　苏步青等　著
21　微分动力系统原理　1987.2　张筑生　著
22　线性代数群表示导论(上册)　1987.2　曹锡华等　著
23　模型论基础　1987.8　王世强　著
24　递归论　1987.11　莫绍揆　著
25　有限群导引(上册)　1987.12　徐明曜　著
26　组合论(下册)　1987.12　柯　召　魏万迪　著
27　拟共形映射及其在黎曼曲面论中的应用　1988.1　李　忠　著
28　代数体函数与常微分方程　1988.2　何育赞　著
29　同调代数　1988.2　周伯壎　著

30 近代调和分析方法及其应用 1988.6 韩永生 著
31 带有时滞的动力系统的稳定性 1989.10 秦元勋等 编著
32 代数拓扑与示性类 1989.11 马德森著 吴英青 段海鲍译
33 非线性发展方程 1989.12 李大潜 陈韵梅 著
34 反应扩散方程引论 1990.2 叶其孝等 著
35 仿微分算子引论 1990.2 陈恕行等 编
36 公理集合论导引 1991.1 张锦文 著
37 解析数论基础 1991.2 潘承洞等 著
38 拓扑群引论 1991.3 黎景辉 冯绪宁 著
39 二阶椭圆型方程与椭圆型方程组 1991.4 陈亚浙 吴兰成 著
40 黎曼曲面 1991.4 吕以辇 张学莲 著
41 线性偏微分算子引论(下册) 1992.1 齐民友 许超江 编著
42 复变函数逼近论 1992.3 沈燮昌 著
43 Banach 代数 1992.11 李炳仁 著
44 随机点过程及其应用 1992.12 邓永录等 著
45 丢番图逼近引论 1993.4 朱尧辰等 著
46 线性微分方程的非线性扰动 1994.2 徐登洲 马如云 著
47 广义哈密顿系统理论及其应用 1994.12 李继彬 赵晓华 刘正荣 著
48 线性整数规划的数学基础 1995.2 马仲蕃 著
49 单复变函数论中的几个论题 1995.8 庄圻泰 著
50 复解析动力系统 1995.10 吕以辇 著
51 组合矩阵论 1996.3 柳柏濂 著
52 Banach 空间中的非线性逼近理论 1997.5 徐士英 李 冲 杨文善 著
53 有限典型群子空间轨道生成的格 1997.6 万哲先 霍元极 著
54 实分析导论 1998.2 丁传松等 著
55 对称性分岔理论基础 1998.3 唐 云 著
56 Gel'fond-Baker 方法在丢番图方程中的应用 1998.10 乐茂华 著
57 半群的 S-系理论 1999.2 刘仲奎 著
58 有限群导引(下册) 1999.5 徐明曜等 著
59 随机模型的密度演化方法 1999.6 史定华 著
60 非线性偏微分复方程 1999.6 闻国椿 著
61 复合算子理论 1999.8 徐宪民 著
62 离散鞅及其应用 1999.9 史及民 编著
63 调和分析及其在偏微分方程中的应用 1999.10 苗长兴 著

64　惯性流形与近似惯性流形　2000.1　戴正德　郭柏灵　著
65　数学规划导论　2000.6　徐增堃　著
66　拓扑空间中的反例　2000.6　汪　林　杨富春　编著
67　拓扑空间论　2000.7　高国士　著
68　非经典数理逻辑与近似推理　2000.9　王国俊　著
69　序半群引论　2001.1　谢祥云　著
70　动力系统的定性与分支理论　2001.2　罗定军　张　祥　董梅芳　编著
71　随机分析学基础(第二版)　2001.3　黄志远　著
72　非线性动力系统分析引论　2001.9　盛昭瀚　马军海　著
73　高斯过程的样本轨道性质　2001.11　林正炎　陆传荣　张立新　著
74　数组合地图论　2001.11　刘彦佩　著
75　光滑映射的奇点理论　2002.1　李养成　著
76　动力系统的周期解与分支理论　2002.4　韩茂安　著
77　神经动力学模型方法和应用　2002.4　阮炯　顾凡及　蔡志杰　编著
78　同调论——代数拓扑之一　2002.7　沈信耀　著
79　金兹堡-朗道方程　2002.8　郭柏灵等　著
80　排队论基础　2002.10　孙荣恒　李建平　著
81　算子代数上线性映射引论　2002.12　侯晋川　崔建莲　著
82　微分方法中的变分方法　2003.2　陆文端　著
83　周期小波及其应用　2003.3　彭思龙　李登峰　谌秋辉　著
84　集值分析　2003.8　李　雷　吴从炘　著
85　数理逻辑引论与归结原理　2003.8　王国俊　著
86　强偏差定理与分析方法　2003.8　刘　文　著
87　椭圆与抛物型方程引论　2003.9　伍卓群　尹景学　王春朋　著
88　有限典型群子空间轨道生成的格(第二版)　2003.10　万哲先　霍元极　著
89　调和分析及其在偏微分方程中的应用(第二版)　2004.3　苗长兴　著
90　稳定性和单纯性理论　2004.6　史念东　著
91　发展方程数值计算方法　2004.6　黄明游　编著
92　传染病动力学的数学建模与研究　2004.8　马知恩　周义仓　王稳地　靳　祯　著
93　模李超代数　2004.9　张永正　刘文德　著
94　巴拿赫空间中算子广义逆理论及其应用　2005.1　王玉文　著
95　巴拿赫空间结构和算子理想　2005.3　钟怀杰　著
96　脉冲微分系统引论　2005.3　傅希林　闫宝强　刘衍胜　著
97　代数学中的 Frobenius 结构　2005.7　汪明义　著

98 生存数据统计分析 2005.12 王启华 著

99 数理逻辑引论与归结原理(第二版) 2006.3 王国俊 著

100 数据包络分析 2006.3 魏权龄 著

101 代数群引论 2006.9 黎景辉 陈志杰 赵春来 著

102 矩阵结合方案 2006.9 王仰贤 霍元极 麻常利 著

103 椭圆曲线公钥密码导引 2006.10 祝跃飞 张亚娟 著

104 椭圆与超椭圆曲线公钥密码的理论与实现 2006.12 王学理 裴定一 著

105 散乱数据拟合的模型方法和理论 2007.1 吴宗敏 著

106 非线性演化方程的稳定性与分歧 2007.4 马 天 汪守宏 著

107 正规族理论及其应用 2007.4 顾永兴 庞学诚 方明亮 著

108 组合网络理论 2007.5 徐俊明 著

109 矩阵的半张量积:理论与应用 2007.5 程代展 齐洪胜 著

110 鞅与 Banach 空间几何学 2007.5 刘培德 著

111 非线性常微分方程边值问题 2007.6 葛渭高 著

112 戴维-斯特瓦尔松方程 2007.5 戴正德 蒋慕蓉 李栋龙 著

113 广义哈密顿系统理论及其应用 2007.7 李继彬 赵晓华 刘正荣 著

114 Adams 谱序列和球面稳定同伦群 2007.7 林金坤 著

115 矩阵理论及其应用 2007.8 陈公宁 著

116 集值随机过程引论 2007.8 张文修 李寿梅 汪振鹏 高 勇 著

117 偏微分方程的调和分析方法 2008.1 苗长兴 张 波 著

118 拓扑动力系统概论 2008.1 叶向东 黄 文 邵 松 著

119 线性微分方程的非线性扰动(第二版) 2008.3 徐登洲 马如云 著

120 数组合地图论(第二版) 2008.3 刘彦佩 著

121 半群的 S-系理论(第二版) 2008.3 刘仲奎 乔虎生 著

122 巴拿赫空间引论(第二版) 2008.4 定光桂 著

123 拓扑空间论(第二版) 2008.4 高国士 著

124 非经典数理逻辑与近似推理(第二版) 2008.5 王国俊 著

125 非参数蒙特卡罗检验及其应用 2008.8 朱力行 许王莉 著

126 Camassa-Holm 方程 2008.8 郭柏灵 田立新 杨灵娥 殷朝阳 著

127 环与代数(第二版) 2009.1 刘绍学 郭晋云 朱 彬 韩 阳 著

128 泛函微分方程的相空间理论及应用 2009.4 王 克 范 猛 著

129 概率论基础(第二版) 2009.8 严士健 王隽骧 刘秀芳 著

130 自相似集的结构 2010.1 周作领 瞿成勤 朱智伟 著

131 现代统计研究基础 2010.3 王启华 史宁中 耿 直 主编

132　图的可嵌入性理论(第二版)　2010.3　刘彦佩　著
133　非线性波动方程的现代方法(第二版)　2010.4　苗长兴　著
134　算子代数与非交换 L_p 空间引论　2010.5　许全华　吐尔德别克　陈泽乾　著
135　非线性椭圆型方程　2010.7　王明新　著
136　流形拓扑学　2010.8　马　天　著
137　局部域上的调和分析与分形分析及其应用　2011.6　苏维宜　著
138　Zakharov 方程及其孤立波解　2011.6　郭柏灵　甘在会　张景军　著
139　反应扩散方程引论(第二版)　2011.9　叶其孝　李正元　王明新　吴雅萍　著
140　代数模型论引论　2011.10　史念东　著
141　拓扑动力系统——从拓扑方法到遍历理论方法　2011.12　周作领　尹建东　许绍元　著
142　Littlewood-Paley 理论及其在流体动力学方程中的应用　2012.3　苗长兴　吴家宏　章志飞　著
143　有约束条件的统计推断及其应用　2012.3　王金德　著
144　混沌、Mel'nikov 方法及新发展　2012.6　李继彬　陈凤娟　著
145　现代统计模型　2012.6　薛留根　著
146　金融数学引论　2012.7　严加安　著
147　零过多数据的统计分析及其应用　2013.1　解锋昌　韦博成　林金官　编著
148　分形分析引论　2013.6　胡家信　著
149　索伯列夫空间导论　2013.8　陈国旺　编著
150　广义估计方程估计方法　2013.8　周　勇　著
151　统计质量控制图理论与方法　2013.8　王兆军　邹长亮　李忠华　著
152　有限群初步　2014.1　徐明曜　著
153　拓扑群引论(第二版)　2014.3　黎景辉　冯绪宁　著
154　现代非参数统计　2015.1　薛留根　著
155　三角范畴与导出范畴　2015.5　章　璞　著
156　线性算子的谱分析(第二版)　2015.6　孙　炯　王　忠　王万义　编著
157　双周期弹性断裂理论　2015.6　李　星　路见可　著
158　电磁流体动力学方程与奇异摄动理论　2015.8　王　术　冯跃红　著
159　算法数论(第二版)　2015.9　裴定一　祝跃飞　编著
160　偏微分方程现代理论引论　2016.1　崔尚斌　著
161　有限集上的映射与动态过程——矩阵半张量积方法　2015.11　程代展　齐洪胜　贺风华　著
162　现代测量误差模型　2016.3　李高荣　张　君　冯三营　著
163　偏微分方程引论　2016.3　韩丕功　刘朝霞　著
164　半导体偏微分方程引论　2016.4　张凯军　胡海丰　著
165　散乱数据拟合的模型、方法和理论(第二版)　2016.6　吴宗敏　著